JN173598

兵士を救え！ 珍軍事研究

Grunt

The Curious Science of Humans at War

メアリー・ローチ
村井理子＝訳

亜紀書房

兵士を救え！　(珍)軍事研究

ウィリアム・S・レイチェルズに捧げる

砲座にしっかりと設置された十八メートルの砲身。チキン砲は重さ約一・八キロの鶏肉を時速六百五十キロという異常な速度で飛ばす、殺人砲であるにもかかわらず、その目的は人間の殺傷ではない。それどころかチキン砲は、人間の命を守ることを目的として作られた。ニワトリの死骸は、無人のジェット機や、「ニセ乗務員」の搭乗するジェット機に撃ち込まれる。空軍や航空業界の人間が、早口で男っぽい独特の言い方で「バードストライク」と呼ぶ現象に、飛行機が耐えうるかどうかをテストしているのだ。鶏肉は、ガチョウ、カモメ、鴨など、年間三千回程度もアメリカ空軍のジェット機と衝突する鳥たちの代役を務めている。被害総額は年間五千万ドルから八千万ドル。数年に一度、搭乗していた人間の命が奪われる。

鳥代表を決める時にニワトリが選ばれるというのは、あまり見ないことである。何しろ飛ばないのだから。真鴨や雁が羽を大きく広げ、長い足をなびかせて突っ込むようには、ジェット機には突っ込まないからだ。ニワトリはまるで、投げつけられた食料品のようにジェット機に当たる。その上、家畜であるニワトリは、湿地帯上空を飛ぶ鳥よりも、肉の密度が高い。学名をガッルス・ガッルス・ドメスティクスというニワトリの平均身体密度は、一平方センチメートルあたり〇・九二グラム。これはセグロカモメやシジュウカラガンの一と三分の一倍である。それにもかかわらずニワトリは、アメリカ軍国防総省のジェット機用天蓋窓テストのための公式「素材」として承認された。手に入れやすく、規格化しやすいだけではなく、ニワトリは最悪のシナリオのたたき台となるからだ。

もちろんニワトリ以外でも最悪なケースはある。ムクドリのように、小さくてコンパクトな鳥でも天蓋窓を銃弾のように貫通することが可能だ。このような衝突は頻繁に発生していて、専門用語（「羽根付き銃弾現象」）まで生み出したほどだ。滑走路に鳥を近づけなければ話は早いのでは？誰もがそう思うだろう。しかし、鳥は学習する生き物なのだ。彼らは人間の流した捕食動物の音や、警報音、あるいは小さな爆破音などに、あっという間に順応してみせる。それをかき消すように「より大きな声で歌い、鳴きわめき」（※1）、また、今まで通りの元の生活スタイルに戻っていく。

アメリカ空軍の「飛行機への鳥類追突の危険」チームのマルコム・ケリーを紹介しよう。ケリーと彼のチームは、この鳥の順応性に対して、学際的な取り組みを行った。エンジニアリングさん、生物学さんに挨拶してくださいね。あ、鳥類学さん、こちらが統計学さんです。さあ一緒になって、こいつを分析しちゃおうぜとなったわけだ。さてと、手始めにヒメコンドルはどうだ。計算上、ジェット機に突っ込む鳥のうち体重の重い猛禽類は一パーセントとはいえ、ジェット機が受けるダメージの四十パーセントをこの一パーセントが引き起こしている。ケリーとそのチームは、八羽のヒメコンドルに発信器をつけ、その飛行ルートとパターンを割り出し、それを他のデータと組み合わせ、「鳥類迂回モデル」を生み出し、リスクの高い時間と空間を避けるフライトスケジュールの組み立てを可能にした。ケリーの推進したシンプルな「猛禽類への理解向上」が、空軍の年間経費五百万ドルの削減の可能性と、多くのパイロットの命を救うことに繋がったのだ（もちろん、猛禽類の命もね）。

データをすべて精査したケリーは、ジェット機のエンジン音の特定の周波数が、特定の種の遭難声の周波数に重なると、バードストライクの発生件数が低くなることに気づいた。一九九八年の論文にケリーは「私たちは知らず知らずのうちに鳥と会話しているのだろうか」と書いた。これを利用して、何か開発できるのではないか？　しかし問題がひとつあることも彼は理解していた。鳥も飛行機も、風上に向かって離陸する。それゆえ、ほとんどの場合、先を飛ぶものは後方から接近してくる飛行物体の存在に気づかないことが多い。飛行機のレーダービームに意味のある信号を加えるというのはケリー本人のアイデアで、そのレーダーは鳥に危険をいち早く伝え、飛行経路から外

※1　「鳥は何を聞くことができるのか」という論文からの引用である。著者のロバート・ビーソンは音響による信号は、「死や苦しい経験をもたらす行動が伴うことで強化される」時、最も効果を発揮するとしている。彼が言わんとしているのは、鳥の群れを形成しているメンバーの一部が苦痛を味わうということで、残りはそれを心に留めるだろうというのだ。動物愛護運動家たちと並んで、これは公務員に辛い経験を与えることになるだろう。

れてもらう時間を十分に与えるというものだった。
このような物語が、私を軍事サイエンスの世界に引き込んだ。敵対する相手ではなく、自分自身を守るための、静かなる深淵のバトルだ。疲労、ショック、バクテリア、パニック、鴨。驚くべきことに、異端的な思考のほとばしり（※2）が、継続的で多額の研究費用とぶつかると、ゲームを変えるできごとが生み出されるのだ。軍事サイエンスは、戦闘、爆破、進軍といった、戦略と武器のための科学であると考える人は多い。これらはすべて、伝記作家と歴史家にお任せすることとしよう。私は、誰も映画化しないような分野に興味を抱いている。殺すのではなく、生かし続ける分野だ。たとえ、戦い、他の人間の命を奪うために生かされ続けたのだとしても、そのことに行く手を阻まれないようにしようではないか。本書は、戦闘地域に赴き、白衣をはためかせ、軍人と共に戦っている科学者、外科医に敬意を表するものである。より安全性の高い戦車を作り、不潔なハエに戦いを挑む彼らのことだ。猛禽類を熟知する彼らのことなのだ。

本書で言及されている銃器類は、せいぜいチキン砲である。もし軍用兵器の科学について読みたいというのなら、読むべきは本書ではない。同じように、本書は『ゼロ・ダーク・サーティ』（訳注・特殊部隊によるウサマ・ビン・ラディン殺害を描いた、二〇一二年公開のアメリカ映画）ではない。海軍特殊部隊や陸軍特殊部隊の人間に会って話はしているが、反政府軍との戦いについては話していない。本書の中の彼らは、酷暑や大きな騒音、突然の下痢と戦っている。

将軍や名誉勲章受章者たちの後ろには、名前を知ることもない、数百人もの科学者がいる。本書に記した仕事は、彼らの研究のほんの一端に過ぎず、努力する価値のある学問分野のほとんどを省略している。例えば、本書には心的外傷後ストレス障害についての言及はない。しかしそれは、PTSDが記すに値しないからではなく、それについてはすでに多くが記されており、その多くが素晴らしい記述であるからだ。こういった書物や記事は称賛に値するし、正しく評価され、スポットライトを浴びるべきものだ。私は、職業的にも性格的にも、スポットライトを当てるのが下手なタイプの人間である。懐中電灯を握りしめ、崖や岩陰をよたよたと何を探すでもなくほっつき歩き、見つけてはじめて探していたものに気づくタイプのいかれた人間なのだ。

勇気はいつも、銃や国旗や担架を運んでいるわけではない。勇気とは、空軍航空医官アンガス・ルーパートが、目隠しをして逆さまになった状態でジェット機に乗り込み、方向感覚を失い、視界

※2　ケリーの最もいかれた考えは一九九四年にライト研究所で行われた非殺傷兵器に関するブレインストーミングから来ている。「化学物質を敵兵のいる場所に噴霧する」というカテゴリーで彼は「強い催淫薬」を思いついた。それは敵に対して愛情を抱く合成物を作るということだったのだろうか？　彼は「違います」と言った。「敵の士気を奪うというアイデアです。彼らは仲間がたこつぼに入って来て、愛情たっぷりの提案をすることを恐れてますから」。「仲間がたこつぼに入って来て」。なるほど。

がゼロになったパイロットが震動スーツから肌に伝わる震動を頼りに飛行を継続できるものかテストしたことだ。勇気とは、海軍少佐チャールズ・スウェード・モムセンが、見送る人々に敬礼し、世界で初めて開発された潜水艦に搭乗してポトマック川に沈んでいったことだ。勇気とは、陸軍医学研究所のハーシェル・フラワーズ総司令官が、コブラの毒を自らに注射し、抗体を得る可能性をテストしたことだ。周りの人間とは違った考え方をしようと望むことすら、勇気が必要な時もある。順応を尊ぶ文化の中にいて、それは思ったよりもはるかに勇敢な行為だ。

第一次世界大戦で衛生兵ウィリアム・ベールが、傷口をウジ虫で創面切除した行為は勇気そのものだ。ハーマン・ミュラー医師が死体から採血した血液を自らに注射し、死んだ人間から負傷した人間への輸血の安全性をテストしたのも勇気である。これは米西戦争の戦場で行われていた実験だった。

英雄的行為は必ずしも栄光に包まれているわけではない。ささやかな勝利と寛大な心が歴史を変える。時には、ニワトリだって人間の命を救うように。

の皮膚

戦地へは
何を履いて赴くべきか

従軍牧師とは、布を纏う人（訳注・聖職者の意）だが、その布の種類はどんなものなのだろう？砲兵部隊とともに戦地を移動しているのであれば不燃布を纏う人になるだろうし、昆虫忌避剤つきレーヨン／ナイロン、ケブラー二十五％（耐久性あり）を纏う人となるだろう。戦車の中では、ノーメックス（耐火性が高いが、毎日着用するには高価過ぎる）を纏う人となるに違いない。比較的安全な巨大基地では、従軍牧師はナイロン五十％、コットン五十％を纏う人。これは通常の陸軍戦闘服に使われる布地であり、同じものは迷彩柄の衣服にも使用されている。ここネイティック研究所の従軍牧師用オフィスの壁にもそれはかけられていた。

通称で「ネイティック」と呼ばれる研究所の正式名称は、アメリカ陸軍ネイティック軍人研究所開発技術センターだ。軍人が着用するもの、食べるもの、寝る場所、あるいは暮らす場所すべてがこの研究所で開発され、テストされている。これには、何年にもわたってこの研究所を様々な形で具現化した商品も含まれている。例えば発熱するフード付きジャケット、フリーズドライのコーヒー、ゴアテックス（訳注・W・L・ゴア＆アソシエイツ社が製造・販売する防水・防風・透湿性を兼ね備えた素材）、ケブラー（訳注・デュポン社が開発したスーパー繊維）、ペルメトリン（訳注・防虫剤）、着用しているのがわからない防護服、合成繊維のガチョウのダウン、遺伝子組み換えのクモの糸、成型肉、放射線滅菌ハム、そして気ままに間食する気もなかなか起きない灯油入り非常用チョコレートなどがそれである。ネイティックの従軍牧師は、自らの任務に必要な持ち運びが可能な懺悔台とコンテナタイプの教会、そして長期間保存可能（※1）な聖餐用ウェハースを開発した。

今日のネイティックの室内温度は約二十度で、爽やかな午後といった塩梅だ。しかし、ドリオ気候室の中は、テストされている物によっては、真横から雪が吹き付けている場合はマイナス五十六度ほどだろうし、日陰の状態でも四十三度の暑さになる。ネイティックが一九五四年に建築された時、このドリオ気候室は中心的存在だった。この年以降、軍が防水機能がなく水が染み込むブーツや防かび加工されていないテントを持って、アリューシャン列島に配備されたことは一度もない。兵士は腹ばいになって戦うが、同時に足の指も使えば手の指も使うし、夜間にはまともな睡眠が必要なのだ。

最近では、軍用上着のテストに使用されている雪や雨を降らせる機械は、L・L・ビーンやケイ

※1　ネイティック研究所と、その前身である補給本部兵站研究所は、食物の保存期間を永遠に近いほど伸ばした。最近では三年間も保存しておくことができるサンドイッチを作っている。特に肉に関しては、部隊と一緒に移動していた牛をさばいて食べてていた、革命や市民戦争の頃からは大きな発展を遂げてきた。第二次世界大戦時に研究所は、「戦時ラード」と「戦時ハム」というそのものズバリな名前をつけた食品を開発した。「戦時ラード」は水素添加され溶けることがなく、「戦時ハム」は冷蔵しなくても六ヶ月保存でき、大量の塩で漬けられていた。戦時ハムについては、テンションの低い記述がある。「食べられるし、納得できる」。これは、「ポウトリー（家禽）・トリビューン」紙の姉妹紙である、「ブリーダーズ・ガゼット」一九四三年八月号掲載の一文を引用したものである。両紙とも、家禽類についての新聞である。

ブルズといったアパレルメーカーにも頻繁に貸し出されている。アメリカ陸軍がその制服に最低限必要であると考えるのが、自然の厳しさを跳ね返す機能である。願わくば、陸軍は兵士となるすべての男女に、現代的な戦争で起こりうるあらゆることから守ってくれる制服を着用させたいはずだ。炎、爆薬、銃弾、レーザー、爆撃によって飛ぶ泥、びらん剤、炭疽菌、スナノミといったものである。そしてこの制服は、戦地での洗濯の難しさに立ち向かうため、とても暑い時には兵士の体温を下げ、乾燥させ、肌触りがよく、見た目がかっこよく、そして予算内に収まってほしい。その開発より中東の武力衝突を解決する方が容易だろう。

ビルディング110と呼ばれる施設から話をはじめよう。公式にはウィレット温度試験施設である。致命的な爆撃と酷い火傷を試験する場にフランス語の色っぽい名前を冠した施設だ。布地の技術部門のトップは、スリムで上品な五十がらみの美しい女性で、今日はクリーム色のケーブル編みニットのチュニックを着ていた。私は彼女がフランス系カナダ人でウィレットなのではないかと思っていたのだが、彼女の強いボストン訛りが耳に飛び込んできた。彼女の名前はアワーバック。マーガレット・アワーバックだ。しかし、110ではペギー、ないし「炎の女神」と呼ばれていた。

業界の誰かが、最高の不燃布を作ることができたと考えると、そのサンプルは試験を受けるためにアワーバックの許に送られてくる。見本を送ってくる者もいれば、楽天的に布の一巻きを送りつける輩もいる。彼らの希望は、糸一本で打ち砕かれるかもしれない。「兵士が吸い込む可能性のあるものを知るために……」と、アワーバックは言い、数センチの糸を摂氏八百二十度で燃やす。こうして放出されたガスは、ガス・クロマトグラフィー（訳注・吸着力の差を利用して混合物を成分に分離する方法）によって分離される。不燃布（の一部）は、熱を放出する化学物質を経由することでその機能を果たしている。アワーバックは、その化学物質が炎そのものより危険ではないことを確認する必要があるのだ。ひとたび布地に毒性がないと立証されたら、アワーバックは、その不燃性の効力を試験するための準備にとりかかる。これは、「大きくて怖いレーザー」（と、この機械の側面に貼られたステッカーに記されている）を使用して行われる。アワーバックはレーザーの当たる位置に布地を置く。そしてここが最高なところなのだが、このレーザーを動かすためには、なんと**巨大な赤いボタン**を押さなくてはならないのだ。放出されるビームは、反政府軍の爆弾――ティーカップサイズの簡易爆発物――の威力を縮小した爆発を起こす。材料見本の裏にあるセンサーが、その布地を通る熱量を計測し、その材料見本がどれほどの耐火性を持っているか、そしてその燃焼度を算出するのだ。

アワーバックは、材料見本をしっかりとセンサーまで吸い付ける真空ポンプのスイッチを入れる。これは、爆発の圧力波と同じ程度に近づけるために行われる。圧縮され、加速された空気は、人間を床にバタリと倒してしまうほどだ。より詳細に言えば、衣服が皮膚にぴったりと貼りつく状態になると、熱伝導が高くなり、熱傷がより過酷なものになる。最新の不燃性戦闘服に使用されるディフェンダーM、別名FR ACU（「男の子たちはこれを〝フラック・ユー〟って呼ぶのよね」とは、アワーバックの言）の素晴らしい特質のひとつは、燃えると皮膚から離れるところなのだ。

ディフェンダーMの弱点は、簡単に破れてしまうことだ（これについては改善中であるという）。暑い気候で快適に過ごすことができる衣服は、脆いのだ。多くがレーヨンでできていて、水分は吸うが、「湿潤強度」は低い。爆破のカオスの中で衣類が破れてしまえば、人間を守る耐熱の障壁はなくなってしまう。つまり、こんがりトースト状態だ。メーカーはケブラーを加えたが、消防士の制服にしばしば使用されているファイバーであるノーメックスほどの強度は得られていない。ノーメックスは耐火性にも優れ、衣服が燃え上がるまでに最低でも五秒間の猶予が与えられるのだ。

アワーバックは、この性能は戦車や飛行機の乗組員にとってはとても重要だと説明する。

「転がって、倒れることができない場所にいる……ええと……」彼女は言い直した。「転んで、止まって……だったっけ？」

「止まって、倒れて、転がって（訳注・Stop、Drop and Rollは、衣服についた火を消すことができる方法で、アメリカの子供たちには広く教えられている）のこと？」

「うん、それそれ」

それではなぜ軍服をすべてノーメックスで作らないのだろうか？　ノーメックスは湿気の調整機能が低いからだ。中東で汗だくになって走り回っている部隊にとっては最善の選択とは言えない。その上、高価で、カモフラージュ柄の印刷が難しい。

これが防護布を取り巻く環境である。何もかもが両立しないのだ。すべてが**問題**、色でさえやっかいなのだ。暗い色は熱を吸収しやすく、吸収した熱を肌に転送してしまう。カモフラージュ柄が印刷された材料見本の布を取りに、アワーバックは研究室を横切り歩いていった。彼女は布の黒くなった場所を指さした。「このプッカ、わかりますよね。ここが熱をより多く吸収していたところなんですよ」

「え？　プッカ？　え？」ちゃんと聞き取れてはいたが、もう一度、彼女が**プッカ**と言うのが聞きたかった。ああ、ボストン訛りってかっこいい（訳注・通常はパッカー（pucker）で、「シワ」という意味）。私も、アメリカ軍はポリエステル好きだと予想していた。強くて、安くて、火がつかないのだから。問題は、ポリエステルはワックスなどの溶ける材質のように溶け、近くにあるものの表面を垂れて流れることで接触時間を長くし、熱傷がより酷くなることだ。燃え盛る戦車の中で一番身につけたくないもの、それはポリエステルのタイツ（※2）である。

熱がどの程度の怪我を引き起こすのか検証するために、アワーバックは布地の裏側にあるセン

※2　電算機危害監視システムを使って、タイツで火傷を負う人が年間何人いるのか検索してみた。しかし、熱傷について、特定の衣類で分類分けした資料はなかった。「熱傷、普段着」で検索してみたが、三十七歳の男性が、履いているズボンにアイロンがけしようとして火傷したというデータに行き着いたところでイライラが爆発して、それ以上調査できなかった。

サーからの熱量を、燃焼予測モデル（このケースでは第二次世界大戦後に元祖炎の女神であるアリス・ストールが開発した布地）を通して読み取る。ストールは海軍のために燃焼研究を行っていたのだ。第一度熱傷から第二度熱傷のモデルを試験するために、彼女は勇敢にも自分の二の腕を差し出した。第三度熱傷については、他の人に譲ったとしてもストールを許してあげてほしい。これには、麻酔をかけられた動物が選ばれた。ラットがメインだったが、豚も参加した。豚の皮膚は熱を反射し、吸収するが、他のどの動物よりも、人間の皮膚の反応に近いのだ。豚には名誉負傷章であるパープル・ハート勲章がふさわしい。ピンク・ハートでもいいけれど。

ストールが発見したこと。肉の温度が摂氏四十三度に達すると、焼けはじめるということ。ストールの熱傷予測モデルは、いわば数学的肉用温度計であった。肉の熱と、熱が皮膚内部にどれぐらいの深さまで到達するか知ることは、熱傷の度合いを検証する上では、決定的要因なのだ。短時間、肉を炎や高温に晒すことで、肉の表面レイヤーが焼かれ、第一度熱傷を引き起こす。調理用語を駆使するのであれば、表面を軽くあぶったキハダマグロ的なことが起きる。より長時間、同じ温度で熱を加え続けると、肉の内部レイヤーが調理されることになる。これで第二度熱傷、そして第三度熱傷であるミディアムレア・ステーキの完成だ。

炎がなくても、衣服には火がつくことがある。例えば、木綿の自然発火温度は、摂氏三百七十度のあたりだ。これには被曝時間がカギとなる。核爆発による熱パルスは非常に高温だが、しかしその速度たるや光の速さだ。あまりにも速すぎて、軍服を発火させることはできないのではないか？ネイティックの前身である燃料研究開発所では、実際にこれについて研究したのだ。

アップショット・ノットホール作戦とは、一九五〇年代にネバダ核実験場で行われた、十一回の核実験のことである。

アップショット・ノットホールの科学者たちの興味はもっぱら、建造物や戦車、防空施設を爆破することの価値についてだったが、軍人たちが豚を運び込むことも承知した。麻酔をかけられたチェスターホワイト種の豚、百十一頭が、特別にデザインされ、様々な布地を使って縫われた、動物用の「一揃えの衣服」を着用させられた。一部は不燃布であり、一部はそうではなかった。そして爆発から徐々に距離を遠ざけた場所に体を固定されていった。

ウールが重ねられた、寒冷地用の耐火性軍服は、より薄い温暖地用の耐火性軍服よりは優れていた。温暖地用軍服の開発者たちはもちろん、「温暖地」を想定して開発したのであって、極度の熱を発する核爆発など頭になかったのは明らかだ。研究者たちは驚嘆とともに「五百六十三メートルのステーションで死体となって回収された、布地に保護された動物の熱傷を示す、定性的証拠の徹底的な欠如」と書いている。最終的な結論に水をさしたくないが、報告書にあっさりと「木っ端微塵に吹き飛んだ」と記されている以上、核爆発に近い場所にあった素材の熱傷なんて、誰が心配するのだろう。シナリオのばかばかしさにもかかわらず、この実験は被曝時間が重要であることを示す、記憶されるべき証拠となった。（簡易爆発物といった、まだ生存が可能な爆弾を含む）爆発物から高速で発せられる熱には、数秒の間だけ耐えることができる難燃性能が多くの違いを生み出すことがわかったからだ。

　ウールもいい材質だった。なぜなら、毛はそもそも耐燃性を持っている。最近のネイティックでは、シルクや毛糸といった天然の繊維に再び着目しはじめている。毛糸は難燃性で、溶けないだけでなく、体から水分を吸収してくれる。アワーバックは、とても品質が良く、柔らかくて、難燃性の寒冷地用羊毛下着をいくつか見たことがあると言っていた。ウールの肌触りがチクチクしないように、羊毛は洗わなければならないし、衣服は縮まないように扱わなければならないし、このようなプロセスには余分なコストがかかる。ベリー改正案（訳注・国防用製品の素材に国産品を義務づける法律）により、軍服の生産には国内の製造会社が優先される。このケースでは、ベリー改正案はさらに問題を抱えている。アメリカの牧羊農家が必死に保証しているにもかかわらず、国内には必要条件を満たす数の羊がいないかもしれないのだ。

　それでは、あなたの開発した新しい布地が快適で手頃な価格だったとしよう。防虫処理を施しても耐火性があり、匂わないための抗菌処理も施してある。次はなんだったっけ？　そうそう、布地の試験を行う施設にその布を持ち込む。軍用として酷使した場合にどれだけ耐えうるか、マーチンデール磨耗試験機でテストする。何十回か洗って、乾燥機で乾かす。洗浄は汚れを落とすだけでなく、同時に、布地やファイバーに使われていた化学薬品を少しずつ流していく。私が布地を試験する施設を訪れた時、スティーヴという名の男性が、高速洗浄中のズボンの洗い上がりを待っていた。ラウンダー・オメーター（訳注・アトラス社製の洗浄試験機）による一回の洗浄は、普通の洗濯機による洗浄の五回に相当すると彼は教えてくれた。

「それってすごいですね」と私は言った。

「そうですね」と、彼は黙想にふけるような表情で、下唇を突き出して言った。「鉄の玉が布地に当たるようになってるんですよ」

ネイティックの知性が、洗濯を必要としない生地を発明できたらいいのにね。汗をたっぷり吸って、地面を転がった軍服に何かが跳ねたり、塗りたくられたり、こぼされたりした時、水をさっとスプレーするだけで、きれいにできたとしたら、どれだけ長持ちするか想像してみてほしい。そして、化学兵器が兵士の上に降り注いだ時、どれだけ彼らの安全が確保されるのかも。

ネイティックの知性は、すでに動き出している。液体揮発性評価研究室では、新開発の〝超揮発性〟生地処理技術の試験をはじめているのだ。デモンストレーションに私を案内してくれたのは、穏やかで人のよさそうなネイティック広報担当官デイヴィッド・アセッタだった。私たちは彼のオフィスで待ち合わせたが、その片隅には、最近のネイティックの取り組みで使われた材料が入った箱が、山積みになっていた。壁に貼られたカレンダーは、いろんな種類の犬が載っていた。九月は大きな白いプードルだ。アセッタはごく最近、アフガニスタンのバグラム空軍基地から配属されてきたそうだ。バグラムではアメリカ軍の人道主義的取り組みについて、連日プレスリリースを書いていた。なぜ彼の書くものが報道されることがほとんどないのかと、上官がよく訊いてきたそうだ。彼は「理解できないのでしょう。ニュースでもないし」と答えたそうだ。彼はこれを、腹立たしさをまったく見せずに言う。アセッタの仕事には多くのイライラがあるのだが、彼はそれをおくびにも出さないのだ。彼はすべてを柳に風と受け流すが、これは彼のことを言い表すのに適切な表現ではない。なぜなら実際の彼は受け流すタイプの男ではないからだ。彼はどちらかというと、のんびりタイプ。睫毛が長く、まばたきもゆっくり。思わず、「**人形みたい**」とメモしそうになった。でも、アセッタの顔にある、ある特徴を説明するには、その形容詞は場違いだろう。こめかみから頬にかけて、バッサリと刀傷のようなものがあるのだ。私はそのことについては尋ねなかった。サーベルを振りかざし、敵と組み合いながら階段を降りてくるアセッタという、でっち上げのストーリーの方がかっこいいから。

早めに到着していたので、コチチュエート湖の周りを散策した。この湖は、ネイティックの敷地との境界線でもある。低い木の枝に、太陽の光が燦々(さんさん)と降り注いでいた。日中の日差しで、湖水は深い青緑色に見えたが、この水はかつてラガービールを作るために使われていたそうだ。ネイティックの活動によってビールの醸造はストップしてしまったのだが。スーパーファンド（訳注・土壌汚染浄化事業のための大型資金）用地とはいえ、曲がりくねった小道と展望台のある美しい場所だった。白と灰色のカナダガンのフンが、公園風の雰囲気を醸し出すのに一役買っていた。最初それが何かわからなかったのは、湖に一羽もいなかったからだ。季節は秋。きっと南に飛んで行ったのだろう。

アセッタと私は将校が、四肢と頭をフードつき防寒具で包み、ブーツを履きヘルメットをかぶったボランティア被験者たちに話をしている場面を見ていた。彼らは軍人で、食糧の味見と新しいタイプの寝袋を試すために配属されてきていた。テストし、レポートを書き、また何かをテストする。ネイティックにおけアルバイトのようなものだが、必ずしもやわな仕事というわけではない。六〇年代に撮影された、雨具と防水ズボンを履いた軍人たちが、頭を上げ、フードから水を垂らしながら、人工的に作られたどしゃ降りの中、円を描きながら歩いている場面の写真を見たことがある。どうやら、これは数時間続けられたということだった。

十人程度のボランティアが、兵舎の外にある駐車場に一列に並んでいた。彼らの後ろにあった専用駐車区画から一台の車がバックしてきた。兵士は、整列したまま前に三歩進み、縁石の上に立った。車が走り去ると、彼らは、縁石から下り後退した。四人以上のグループで行動する時はいつ何時でも、整列して進まなければならないのだとアセッタは言った。カナダガンが南へ向かうのと似ている。

デモンストレーションはマスタードのチューブを絞った時に出る、おならのような音でスタートした。キラキラと輝く黄色い線が、灰色とオリーブ色の混ざったカモフラージュ柄の布の上を流れていった。布は液体が流れるように傾斜した板に貼りつけてある。これは、液体の流れを見る試験だ。カメラマンと少数の見学者が見守るなか、マスタードの筋は布を流れ落ちつつ、その形を完璧に保っていた。若い化学エンジニアのナタリー・ポメランツが、まさに今、流れ落ちた液体の形状に見学者の注意を集めた。「残留物なし！」

次はケチャップ、そしてコーヒー、牛乳と続き、まるでその制服の持ち主がフードファイト（訳注・大食いや早食いを競うスポーツ）で戦ったかのようだった。液体はすべて、水で洗い流すことができた。ナタリーは私を呼び寄せると、布の裏側を触るように言ったので、触ってみた。まったく濡れていない。

ナタリーは簡単なものからテストをスタートさせていた。ほとんどが水分の液体は、表面張力が高い。それは、分子は液体をこぼす材質に結びつくのではなく、分子同士が強く結びつきやすいからである。表面張力が低いアルコールのような液体は、水のように布地の上を玉になって流れることはなく、たちまち吸収されてしまう。水滴は分子の塊であり、内側に引っ張られていて、未知なるものと手を繋ぐことを拒む。空気に晒(さら)されると水の表面は互いに引っ張り合い、弱い皮膜を形成する。昆虫の王国には水の滑り台があるが、ジンの滑り台がないのはこれが理由だ。表面張力スペクトラムの、最も外側に位置するのが水銀である。水銀は、どんな表面に落としても、粒となり、跡も残さずに流れていく（※3）。古いタイプの温度計に使用されている水銀の特質の一つが、極端に寒い場所でも、逆に極端に熱い場所でも、液体のままの姿を保ち、ガラスの内側を濡らさないことだ。残留物なし！　なのだ。だから、はっきりと温度を読み取ることができる。

エンジンオイル、航空燃料、ヘキサンなど、軍が浴びたり、こぼしたりしがちな物質の多くは、水よりも極端に表面張力が低い。ナタリーは、エンジンオイルを別の四角い布に垂らした。そして水の入ったコップを手に取ると、レストランでのディナーの席で、猛り狂ったデートの相手がひっかけるように、その中身をぶちまけた。再び、一切の痕跡を残さず、液体は水で洗い流された。

「今のはバッチリだったな」と彼女の同僚が言った。

ナタリーは頷いた。まさかの笑顔まで出た。「私たちにとっては、まさに、日の目を見た瞬間ってところかな」。彼女は冗談めかして言ってはいるが、それはある意味事実で、そしてよい意味で事実だったのだ。彼女が自然科学から得る喜びは、弾けるようで、キラキラと輝いて、抑えることが難しい。私たちも、彼女のように自分の仕事を愛するべきである。

スーパー撥水コーティングは、睡蓮の葉からインスピレーションを得ているという。電子顕微鏡で見ると、睡蓮の葉の表面にはぎっしりと小さな突起が並んでいて、その小さな突起のひとつひとつは、より小さなナノサイズのワックス状の結晶で覆われている（パラフィンワックスには布地撥水効果があるけれど、軍用にするには引火性が高すぎる）。小さな突起とその尖端は、布と液体の間の接触と相互作用を減らす役割を果たす。このコーティングは同時に、表面を効果的に安定させ、布地と粘着性の食べ物とが、互いに作用しないように働く。

※3　壊れた温度計から水銀を集めて、プラスチックのマーガリンのチューブに入れて遊んでいた子ども（私の両親がそう）がいたそうだ。六〇年代は今とは全然違う。

この「スーパー撥水」コーティングの宣伝方法は、気味の悪い物質を避ける特性を周知することに焦点を当ててきたのだけれど（私の興味を引いたのは「自分できれいになる下着」というアセッタの言葉だった）、より重要な機能は、化学兵器、そして生物兵器から布地を保護することにある。この最新テクノロジーを使った初めての衣服は化学・生物スーツで、ジャケットとズボンになる予定だ。このようなジャケットには、有害な有機物質を吸収する活性炭の層が採用される。超撥水性能は、この層をより薄くすることができる。もしジャケットに当たる物質の九十五パーセントが即座に流れてしまえば、毒を吸収する活性炭のレセプター部位ははるかに少なくて済む。それはうってつけである。なぜなら、活性炭の厚い層のあるジャケットは暑苦しいし、着心地が悪いからだ。まるでエアフィルターを着込んでいるようなものだろう。防護服においては、着心地の良さが最重要項目である。もし着心地が悪ければ、軍は安全規則を無視して、そのジャケットを座席の下にしまい込むようになるからだ。

そして同じように、見た目も重要なのだ。「防護服に関しては特に、お洒落でクールなデザインにしなければなりません。でないと、誰も着ようとしませんから」。これは陸軍最高ファッションデザイナー、アネッタ・ラフレールの言葉である。

ジッパーはスナイパーを悩ませるアイテムだ。午後いっぱいを腹ばいになって、瓦礫や地上を這いずり回る男がいるとする。もし上着にジッパーがついていたら、砂やゴミがその歯の間に入り込んで、すぐにダメになるだろう。それに、ジッパーの上に寝るのはとても居心地が悪い。ボタンも同じだ。マジックテープのような「面ファスナー」は、突出する部分が少なくなるし、前身頃での開閉が可能だが、とてもやかましい。特殊任務に就く男たちがマジックテープのせいで居場所を知られ、危険にさらされたという話を聞いたことがある。音を出さない面ファスナーの開発は、ネイティックの課題となっている（※4）。

スナイパー用基本スーツのデザイナーであるアネッタ・ラフレール（名前通りに美しい人）が、体の横で開閉できる上着を作ることで、この問題をどのように回避したかを私たちに見せてくれた。ネイティックのデザイン・パターン・プロトタイプ研究室の作業場に立つモデル台を彼女は指さした。仕立屋によくある、頭のないタイプの人台は、ファッション業界には欠かせないものだが、戦争のためにデザインされた、製作途中の衣類が着せられている場合、強烈な居心地の悪さがある。味方であるはずのスナイパーが、彼を先に仕留めた敵のスナイパーのように見える。

ラフレールは布地を指で広げて見せてくれた。「これは、私たちが主力としている、コーティングされたコーデュラ（訳注・インビスタ社製のレーヨン）です」。布は陸軍の軍服の色だし、ミシンはマ

※4　面ファスナーの懸案事項を検討すべき課題とできる組織なんてあるだろうか？　その組織がアメリカ陸軍内にあれば、可能だ。アメリカ陸軍は面ファスナーの懸案事項を面ファスナー・タスクグループ（戦闘服ユーティリティー小委員会の下位委員会）で全体の課題としている。

ジックテープ用に作られたものだったけれど、ここはそれでもデザインスタジオで、ラフレールの話し方もそれらしかった（彼女は耐熱仕様の制服について、〝今、とてもホットな話題をさらっている〟と言った）。ただし、ラフレールはスタイリッシュだからコーデュラを採用したわけではない。彼女がこれを選んだのは、耐久性と難燃性、そしてコーティングのおかげで水分が布地を通ることがないためだ。そしてそれは、水たまりなどがある場所で誰かを殺そうと待ち構える人間にとっては重要なことなのだ。お洒落で洗練されたラインで機能的であるのは、体の横で開閉ができるようになったこと、ポケットを胸から腕に移動させ、手が届きやすくするという、初期の段階の決定の賜物である（アクセサリーを加えると、衣服一式は洗練された雰囲気を失う。スナイパーは低木の茂みや草の多い地形で調和するように、麻のより糸を衣類に結んで、バッグ、ズボン、ヘルメットをカスタマイズできる。ラフレールは麻のより糸をフランスのマクラメ編みにたとえた。たぶんスナイパーはそんなこと知らないけど）。

ラフレールはボタンプラケットと呼ばれる布を指した。それは割れないようにボタンを覆う布だ。ラフレールの仕事はさほど多くなかった。だってアメリカ軍のボタン仕様書には最低限の圧縮強度が記載されているんですもの。ボタンの上に平らな鉄の塊を置いて、「割れる音が最初に聞こえるまで」上から圧迫してテストしたものだ。連邦ボタン検査官たちの、仕事に対する時代遅れの熱意を示しているではないか。高温のアイロンをボタンの後ろに押しつけたり、熱湯で茹でたり、糸を通す穴を割れるまで引っ張るといった検査方法もあった。

アメリカ政府発行のボタン仕様書は二十二ページにおよぶ。軍隊が使用する衣類をデザインするとはいかなることなのかを、この事実が示している。陸軍は衣類のデザインにファッションデザイナーとしての資格を求めているが、それは陸軍の必須条件とは対極のものだ。実のところ、それは方針に反している。陸軍の外観と身繕いのガイドラインでは「極端、風変わり、流行」という形容詞を伴うものの着用を一切禁止している。陸軍は、不均衡、あるいは偏った髪型を決して認めない。「チョウチョの飾りがついたバレッタ（ヘアクリップ）」、「レースのついた大きなシュシュ」、「頭皮から八センチ以上盛り上がる逆毛」、緑、紫、青、あるいは明るい（消防車のような）赤に染めた髪、モヒカン、デッドロック、傾斜ないし曲線をつけた髪、すそが広がるもみあげ、先が細いもみあげ、伸ばした時に〇・三ミリ以上の長さになるもみあげ、山羊髭、顎髭、ドジョウ髭、上唇を隠す口髭、「口角より上方に描いた直角のラインより出る長さの髭」は御法度である（※5）。

軍のスタイルを貫く美学は一律性(ユニフォーミティ)だ。それは制服(ユニフォーム)という言葉の元になっている。アーリントン国立基地を初めて視察した時から、軍人たちはどこでもまったく同じである。同じ帽子、同じブー

※5　国防総省の顔髭に関する決まりはとても複雑で、陸軍は禁止されている男性の口髭ともみあげを識別する視覚的支援ツールを作った。顔の絵にグリッドが引かれ、A、B、C、Dとレベルのついたポイントがつけられた。女性、あるいはトランスジェンダーの顔髭にはそのような支援ツールはないから、女性兵士はドジョウ髭や頬髭をどんどん生やしてしまえばいいと私は思う。

ツ、白い墓標は全部そっくりだ。彼らは周囲とまったく同じ姿でいなければならない。異なった姿をすることで、彼らが自分を特殊だと思い、自分を一個人であると思わせるからだ。一個人が問題になるのは、部隊のために、部隊のことを考えるよりも、自分たちのために、自分たちのことを考えるようになるからだ。それは流れに逆らって泳ぐ金魚のようなもので、問題を引き起こす。

「デザイナーっていうよりはエンジニアですよね」と、ラフレールは自分の仕事を評して言った。彼女は水着のデザインからキャリアをスタートさせたそうだ。聞いて最初に思うよりは、合理的な転身ではないだろうか。水着をデザインするには、スポーツに適した、高機能なスポーツウェアへの専門知識と、水着が必要とされている特殊な活動への理解が必要だ。同じく、衣服の下に着る防護服の場合もそうだろう。ラフレールの同僚デライラ・フェルナンデスは、今はもう存在しない高級ウェディングドレス専門ブランド、プリシラ・オブ・ボストンからネイティックに移ってきた。ここでも同じだ。たった一日で人生が変わる誰かのためのウェディングドレスには、高価で特殊な布の層がたくさん必要だ。対爆スーツと同じなのだ。形は機能に従うと言うが、確かに、どこの撮影スタジオよりも、ここにその傾向はある。射撃位置にある人差し指一本用のミトン（※6）のデザインなんて、軍用衣類デザイナーの作品集でしかお目にかかることはないだろう。

軍が急速にハイテク化していくなかで、現代の軍服は、服装というよりはシステムそのものである。装置と周辺機器、それから、その周辺機器に入れるバッテリーと弾薬である。以前は大きくてかさばった防護服と装置で飾り付けられたベストは威嚇するような見た目であったが、衣服そのものには、果たすべき役割もあった。官帽と肩章は、将校たちの身長を明らかに高く見せ、そして両肩をよりがっしりと見せてくれる。そして、あのブーツだ。**例のブーツ**である。威勢の良い膝丈の革のブーツはズボンの足部分を守っていて、そう、それは当然そうなのだけれど、そのブーツが志気をも高めていたのは明らかだ。制服は一律性だけでなく、活力と自信まで生み出した。パリッとして、着映えして、パイピング（訳注・二つ折りにした布や皮を二枚の布の継目に挟んでとめて替線の装飾とする技法）で、グログラン（訳注・太い糸を織り込んで横うねを表した平織物。リボンなどに用いる）と、飾り房で仕上げられている。この制服は、アネッタ・ラフレール曰く、「とても高級（クチュール）」なのだ。

最近の戦闘服は、暑い気候の下での快適さに関する実用的考察のおかげで、ゆったりと、裾を出した状態で着用される。「殺す準備万端」というよりは、「寝る準備万端」なルックスだ。それでも、衣服は陸軍にとって重要な倫理問題である。

陸軍戦闘服は以前は男女兼用だったが、女性兵士が不満を漏らした。大部分の女性にとって、肩も腰回りも大きすぎたし、お尻の部分が細すぎた。膝当ては脛に当たりがちだった。女性たちはと

※6　この手袋の名前はコールド・ウェザー・トリガー・フィンガー・ミトン・インサート。極寒地用のミトンセットである。軍用品のインターメディア・コールド・ウェット・グローブや、まるでファッション小物みたいな名前のフライヤーズ・サマー・グローブとは対照的なゴツゴツとした名前だ。

にかくその制服が大嫌い。あまりにも嫌われたために、陸軍は女性用の制服を作る指令を出した。「でもそれを女性用とは呼べないんです」とアセッタは教えてくれた。「というのも、男性も着用してる者がいますからね」。この制服は陸軍戦闘服の代替品と呼ばれ、「小柄な軍人向け」とされた。

ミリタリーファッションは、実用性、調査研究、あるいは倫理の問題から発展していくばかりではない。時には、単純に高い地位にある個人の好みで変わっていく。英国の歴史上にはカーディガン伯爵、ラグラン将軍、そしてウェリントン公爵がいて、私は彼らがテントの宿舎で、ランタンの明かりを頼りに上着をスケッチしている姿を想像するのが好きだ。最近では、陸軍参謀長が黒いウールのベレー帽を戦闘服の帽子として採用した話がある。ウールが難燃性だから、湿気を逃すからという理由ではなさそうで、ただ彼がその見た目を好きなのだ。好き過ぎてベリー改正案に例外を作ってしまったらしい。好き過ぎて、兵士たちお気に入りの日よけ効果のある布地の帽子も却下だ。ベレー帽よりも帽子の方がいいという真っ当な理由があるにもかかわらず、軍はベレー帽を選んだ。帽子は太陽光から目を守り、ベレー帽よりずっと涼しく、軽く、ズボンのポケットに入れてもかさばらないというのに（十年かかりはしたが、陸軍は再び帽子を採用した）。

ネイティック界隈で最も話題になった衣服の決定権についての逸話は、二〇〇五年の初頭から陸軍戦闘服に採用された統一カモフラージュ柄だろう。部隊が、砂漠でも都会でも、森林でも身を隠すことができるような、一つの迷彩パターンの開発がその背景にあった。ネイティックのカモフラージュ柄評価施設は、十三種のパターンと色の組み合わせを開発し、海外に送ってフィールドテストを行い、フィードバックを受け取っていた。データが戻り、調査が完了すると、高位の軍司令官が率先して一つの柄を選んだ。それは試験を繰り返した数種のものでさえなかった。新しいカモフラージュ柄はアフガニスタンでまったく役に立たず、二〇〇九年、陸軍は三百四十万ドルを投資して、新しく、そして駐留している部隊にとってより安全なカモフラージュ柄を開発した。

カモフラージュ柄は、ファッションの観点から見ると、とても興味深い。一般的に、市民のファッションのトレンドは、軍隊がそれを追うというよりは、軍隊からはじまる。時には、軍がファッションのトレンドを先導しつつ、その後、そのトレンドを追いかけるということもある。前世紀の中頃から、陸軍のカモフラージュ柄はファッションのメインストリームで目立つ存在になっていた。まずは衣類ではじまり、そこから発展を遂げたのだ。こう書きつつ、インターネットで探してみれば、カモフラージュ柄の結婚指輪、犬のセーター、赤ちゃんの服、コンドーム、ビーチサンダル、安全帽、サッカーシューズなんてものを買うことだってできる。カモフラージュ柄は広く一般的になり、ついに海軍までもがそれを採用したがるようになった。不自然だと感じる人も多いだろうが、最新の海軍の作業用ユニフォームは青いカモフラージュ柄である。もしかして私が誤解しているだけなのかもしれないから、海軍司令官にその理由を聞いたところ、彼は自分の履いているズボンを見下ろし、ため息をついて、「カモフラージュ柄の理由は、船外に落ちた時に誰にも見つからないためであります」と答えた。

しかし、どんな軍隊ファッションの愚かさも、赤い下着伝説にはかなうまい。前世紀から今世紀への変わり目の頃、一八九七年六月発行の文書『医療広報』にはこんなフレーズがある。「赤い下着には超自然的な医療価値があると、広く周知された考えがある」。実際には根拠のないでためであるが、この意見は軍医総督の耳に届いた。インド駐留中のイギリス軍将校たちが、赤い布を帽子の内側に縫い付けることで、灼熱の太陽から解放されたように感じたらしいと、ウィリアム・ウッド中佐が報告したのだ。これについて研究の開始が命じられ、フィリピンに駐留していた部隊がその調査対象となった。アメリカ人は赤いパンツのアイデアに飛びついた。たぶん赤いパンツを、美しいランジェリーとか、シークレットシューズのような、秘密財産や隠された心理的優位性のように捉えたのだろう。

五千枚の真っ赤なパンツとシャツが、同じぐらいの数の白いパンツとシャツとともにフィラデルフィア需品補給廠(しょう)から現地へと送られた。精神的、肉体的有効性が一年間にわたってモニタリングされた。研究対象として、千人の男性が徴集された。

一九〇八年十二月一日に衣類は届いた。ここからすぐに、敗北はスタートした。五分の四の下着が、小柄な男性にしかフィットしなかった。たぶん、荷物の行き先を見て小売商が誤解して、アイテムをより体重が軽く腰の細いフィリピン人男性用に作ってしまったのだろう。手抜きをしたのかもしれない。誰が確かなことを言えるというのだ。六百人の男性が研究から脱落した。最悪なことに、硬いダンガリーのコットンで織られたパンツのせいで、誰もが絶対に汗をかきたくない部分にたっぷり汗をかくようになり、そのパンツの色の恩恵である神秘的な冷却特性がまったく効果を発揮しなかった。ジメジメとした汗はイライラを倍増させ、パンツを酷く色落ちさせた。これはからかいや笑いを引き起こした。「身内にバカにされた」と文書には記されている。一ヶ月間洗い続けると、赤いパンツは黄色となり、その後、「汚いクリーム色」となった。帽子の内側に縫い付けられた、めったに洗濯されない赤い布は、雨が降れば色が流れ落ち、かぶっている人間が汗をかくと額に赤い染みを作り、顔に赤い色の汗が流れるようになって、ますますバカにされた。

その年の終わり、特別な下着を着用した経験について兵士たちがインタビューされている。四百人のうち、たった十六人しかポジティブなコメントをしなかった。赤いパンツはずっと暑苦しくて、めったやたらとかゆかった。それは「着用者の感覚を憤激させた」と記載されている。やっかいなムシムシ感、かぶれ、熱性疲労に加えて、赤いパンツは頭痛やめまい、発熱、目のかすみ、苛立ち、疝痛(せんつう)の原因ともなった。「赤い下着の実験」は、極東熱帯医学協会の隔年会合において大声で朗読され、マラリアと足菌腫の話題ばかりの会合を陽気なものにしたに違いない。

暑くて不快な軍の秘密について話していたので、これはまたとないチャンスとケブラー製の下着について話題を振ってみた。イギリス軍に対するマーケティングには成功している「ブラスト・ボクサー」(※7)で、これは**人生を変えるほどの**怪我から身を守る下着だ。

「これについては様々な議論があります」とアセッタは言った。

ラフレールの大きくて美しい瞳が見開かれた。「彼女、録音してるわよ」

「まあ、僕がはじめちゃった議論ですけれど」

フォックスニュースが電話をかけてきて、なぜイギリス軍が防弾下着を持っているというのに、アメリカ軍にはないのかを訊いてきたそうだ。「いわゆる防弾下着といったものは、ないんですよ」とアセッタはレポーターに告げた。アセッタは、ネイティックが当時別の下着を開発していると伝えて、電話を一旦置き、ネイティックの耐衝撃性試験担当に連絡を取ったそうだ。さて、彼らは何を開発していたのだろう？　シルクの下着だと耐衝撃性試験担当の男は答えた。いや、本当にそう答えたのだ。コットンのように自然に通気できる布地とは違い、シルクは破れたり、感染の原因となる細かい繊維で傷口を塞いだりしない。シルクは驚くほど強い布地なのだ。特にクモの糸は鋼鉄よりも高い強度密度比を持つ（一時期ネイティックのビルディング4の地下には〝クモ部屋〟が存在し、クモの巣を張る際の特有のタンパク質構造を解析し合成する科学者チームが研究を重ねていた）。

その強さにもかかわらず、シルクでは兵士に自信を与えることができない。しかしケブラーにはそれができる。カーキ色のケブラーが、即席爆発装置に詰め込まれた金属の欠片を止めることができないと気づいている人は少ない（あるいはその姉妹品のスペクトラやダイニーマ（訳注・高分子ポリエチレン繊維）も）。金属の欠片を止めるには、十五から四十の層が必要で、下着としては重すぎる。ブラスト・ボクサーが止めるのは、埋められた爆弾が吹き上げる泥と砂だ。傷に深く入り込んで克服困難な感染を引き起こす真菌やバクテリアを運ぶ泥を防ぐことはとても重要である。ブラスト・ボクサーは素晴らしい。しかし、広告がほのめかすように、確実な防弾ができるわけではない。「正直なところ」とアセッタは言う。「反乱軍が七十トンのM1戦車を吹っ飛ばすだけの爆弾を作ることができるとすれば、当然、パンツを吹っ飛ばすだけの爆弾を作ることだってできますよね」

※7　これはカジュアルに「コンバットおむつ」とか「爆発おむつ」と呼ばれている。しかし、「股袋（コッドピース）」とは呼ばない。たぶん、股袋は実際に股間を守る役割を果たしていないからだ。さらに、ファッションでもないし、ついでに言えば、鱈（コッド）でもない。C・S・リードが「インターナル・メディスン・ジャーナル」の臨時医学史シリーズに、コッドピースは梅毒による横痃［おうげん］（訳注・淋病、梅毒などによるリンパ腺の腫れ）を隠すために着用され、「分厚いウールの束」が、生殖器からの「悪臭と、大量に流れ出す膿、そして血液を吸い取る」ために使われていたのではないかと記した。しかし、布地のコッドピース、膿、そしてウールは、何世紀もの間にボロボロになってしまっていることから、これもすべて推論に過ぎない。セスナ機の尖端のような形のコッドピースのついたヘンリー八世の鎧は確かに残っている。歴史家は王が梅毒だったとする証拠はないとしている。私がここで言えるのは、サンフランシスコにあるブルサ滑液包［かつえきほう］（訳注・関節周辺にある、ショックを吸収するための小さな袋）という名の飲食店は、クウェートの横痃［ブボ］という名の飲食店よりもマシということだけだ。

第二章

ブーム・ボックス

爆弾を搭載した車両を
運転する人たちのための、
自動車の安全性

アメリカの地方都市では時折目にすることだけれど、道路標識に誰かが穴を開けていた。黄色い背景の上に描かれた右折の矢印の標識は、チェサピークベイの外れの小道にぽつんと立てられている。その道がアバディーン性能試験場に続いていることを考えると、そのぽっかりと開いた穴は銃弾によるものではない可能性が高い。性能試験場とは、武器とそれを搭載する車両をテストするために設けられた、高いセキュリティーを確保した敷地である。次に見つけた標識に書かれた文字は「極度の騒音地帯」。

最新の脅威に対抗するため、戦闘車両が装甲アップ（軍は何かとアップと言いたがる）するための場所、アバディーン・ビルディング336に向かっていた。マーク・ローマンが今朝の私の案内役で、彼はストライカー陸軍装甲車数台（彼はそれを「ファミリー」と呼んでいる）を監督していた。彼はこのストライカーを、人間の脆弱性を推し量るための、予告なしの指導に使用するということだった。それはつまり、爆破されつつある車両に搭乗している人々の安全を確保する理論と実践である。

まったく無知な私は、指向性爆薬のようなものが例の標識に当たったのだろうと考えていた。指向性爆弾とは、車体に穴を空け、その中にいる人々を傷つけるための、まったくもって不吉な爆弾である。最初の爆発で殺傷力のある包みを標的に向けて推進させる。着弾すると、中に詰められた小さな爆薬が衝撃で爆発する。爆破で、爆弾の前部分に取りつけられていた金属のディスクが標的に叩きつけられる。爆発物の輪郭と相まって、爆発の威力は金属の速度を最大限に高め、どんな装甲車の車体でも、いとも簡単に突き抜ける。RPG（携行式ロケット弾）は広く知られたものだが、より大きく、より殺傷能力の高いバージョンが存在する。イランの防衛産業は厚さ約三十六センチの鉄を破壊できる爆弾を作り上げたと言われている。指向性爆弾で道路標識を貫通させるなんて、ティッシュに革専用の穴開け器を使うようなものだ。

えてして軍隊は、最新の装備を戦争に持ち込むものである。海軍はハンヴィー（高機動多目的装輪車）をイラクに持ち込んだ。「古い装備のなかには**帆布製の扉**がついたものがあったんです」と、その海軍に所属していたマークは言った。彼の髪には白いものが交じっていたが、海兵たちが見せる、常に準備万端で、どこからでもかかってこいといった雰囲気を漂わせていた。新しく開発された、爆発から身を守る車体について私が質問した時に、彼は整備工の使う寝板をおもむろに摑み、私たちはそれに寝てストライカーの下に滑り込んで、仰向けのままで会話を終えたのだった。

イラク戦争の初期の頃は、MEXAS（モジュール式拡張装甲システム）防弾パネルで車体を覆っていて、それは激しいマシンガンに対しては機能していたそうだ。「**くだらねえ**って感じでしたよ」とマークは回想する。「**こんなもので、RPGを止められるわけないだろって**」。それはまるで、例の右折の標識で車体を覆ったようなものだったのだ。爆発するジャム入りタルト菓子のような爆発反応装甲を車体に貼りつける案も出た。RPGがそれに当たれば、爆発反応装甲の中に詰め込まれた爆弾が爆発する。外側に向かうこの爆発は、RPGの爆発を打ち消す働きがあるが、近くにいる歩行者までも木っ端微塵に吹っ飛ばしてしまう。初期のイラクにおける戦闘のほとんどが都市部で行われた（表向きは「民衆の心をつかむ」という取り組みだった）ことを考慮すれば、反応装甲はお粗末な選択となっていただろう。

それに加え、より安くて簡単なものが機能することがわかってきた。マークはストライカーの下から出ると、もう一台のストライカーの方に私を案内した。このストライカーにはスラット装甲と呼ばれる極めて頑丈な鉄の格子が、フープスカート（訳注・釣り鐘型に輪骨を入れて膨らませたスカート）のように取りつけられている。撃ち込まれたRPGの鼻先が二本の格子の間に挟まり、不発弾となるのだ。これは、くしゃみを止めようとして鼻をつまむようなもの。爆発を事前に防止する、あるいは汚いものの排出を防止するのだ。いずれにせよ、スラット装甲の効果は高かった。ストライカーは完全武装したハリネズミの逆毛のごとくRPGを刺したまま、意気揚々と基地に戻ってきたという。スラット装甲の効果は抜群だったために、イラクの反乱軍の大部分がRPGの使用を諦めたほどだった。

そして、反乱軍は爆弾の製作に方針を転換したのだった。イラク戦争開戦直後は、道路の脇に簡易爆発物が隠されていた。この簡易爆発物は車両の側面を爆破するもので、軍隊はこれに対して装甲板を側面に配置し、窓を「法王ガラス」（厚さ約五センチの透明な装甲板で、公務にあたるローマ法王の全身を守る役割を果たしている）に交換することで対応した。状況は良くなったものの、マシンガンの砲塔が剝き出しのままとなってしまった。小隊が砂袋を積みあげて対応しようとしたが、それも破れてボロボロになり、文字通り砲手の上に砂嵐を降らせた。より多くの防弾盾（バリスティックシールド）が追加されることになった。

そしてそれゆえに重量は増えた。追加された装備は、ハンヴィーのエンジンを軋ませ、上り坂では後方に引っ張り、下り坂ではブレーキを焼いた。安全性の見直しでストライカーに搭載された追加の約四千五百キロは、車両の限界をはるかに超えるものだった。サスペンションとタイヤを補強し、エンジンの交換をすることはできるが（そしてそれは実際に行われたのだが）問題の解決には至らなかった。一定の積量を超えると、武装した車両はゴジラ化して暴れ回る。アスファルトを砕き、木の葉を散らす。それを運ぶ飛行機の貨物積載力を超過する。ありとあらゆる装備と補強材を積むために、マークのような人たちが同じ重さの何かを省くよう求められる。そしてストライカーが、機能の豊富な車両であったことは過去一度もないのだ。トイレさえもない（空のゲータレードのボトルがあるだけ）。初期のストライカーには、エアコンさえ付いていなかったのだ。私はマークに、今のストライカーにはカップホルダーがあってよかったわと言った。つかの間の礼儀正しい静寂は、私の圧倒的無知が生み出したマーク・ローマンのためらいである。それはライフル・ホルダーだった。

アフガニスタンに話を進める。膨大な数の簡易爆発物の地だ。装甲の進化に対応するため、反乱軍は車両の下からの攻撃を開始した。つまり、爆発物を道の横に設置するのではなく、道の真ん中に設置しはじめたのだ。ほとんどのトラックがそうであるように、アメリカの戦闘車両の車台は、当時、平らだった。新世代の車両が、爆発のエネルギーを逃がすために、V字形、あるいはダブル

V字形の車台を採用している一方で、平らな車台は衝撃を全面で受け止めた。座席がコンパートメントフロアにボルト留めされていたため、そのエネルギーは、乗組員の足、背骨、骨盤に直接伝わった。強烈にぶち当たったのだ。

新しい車体では車高制限が高くなっている。爆発の力は、外向きに発散されることで一瞬のうちに低減される。地面から三十センチから六十センチの高さで発生する爆発のエネルギーは、圧縮され、砲弾のような威力を保ち、車体の床に穴を開ける。一度、構造体のバランスが崩れると、緩んだ車体や装備そのものが、発射体になってしまう。航空機の操縦士が防護服を身につける代わりに尻の下に敷いたのと同じ理由で、兵士や海兵隊員たちは砂袋をハンヴィーの床に積みあげる。なぜなら、死は下からやって来たからだ。

車体下で発生する爆発の状況は、中央軍に切り札を出させるに十分なほど悲惨なものだった。緊急要請(ジョーオン)を出したのだ。この要請はもちろんもう少し長かったに違いないけれど、要点はこうだった——俺たちに爆弾の上を走ることができる戦闘車両をくれ。そして車内の人間の命を守ってくれ。後にMRAP's(エムラップス)として知られることとなる数台の車両のプロトタイプを、九社が開発した。それは手榴弾に耐え、迎撃に対抗できる車両だった。しかし、まずは実際に使わずして、どれが一番安全なものであると言えるのだろう。そして、どの程度安全なのか正確にわかるのだろう? そこで雇うのは、「専任の脆弱性アナリスト」だ。

米陸軍研究所は、ジョンズ・ホプキンズ大学の学生で、生物兵器防衛について大学院の学位を持つ、ニコール・ブロックホフを直ちに雇い入れた。彼女は国防総省民間人最優秀功労賞を最年少で授与されている人物である。ベンチプレスでは約八十六キロを持ち上げる。彼女はペンタゴンのオフィスから何かの用事で来ていて、私もその用事の一つにしてくれることを承諾してくれた。マークが説明をはじめると必ず、ブロックホフは一歩下がって携帯電話を取り出す。別に無礼というわけではなく、とんでもなく多忙であり、ブロックホフは一日のスケジュールを完璧にこなしている様子だった。私は彼女が私の視界に出たり入ったりしながら、歩き回り、メールに返信しているのに気づいていた。肉体的に、じっとしていることが耐えられないタイプのような印象だった。美しく、歯切れ良く、機敏で、パワフルだ。瞬きする間に消え失せるような人だ。

ブロックホフは私に別のタイプの簡易爆発物への対応策を見せてくれた。それはエネルギー軽減座席である。サーカスの有蓋車のように、ドアがなく、中に入るための傾斜板がついた、ストライカー歩兵輸送車の乗員室に入り込んだ。この新しい座席のよいところは、床にボルトで留められていないということだ。次によいのは、その座席は特別な衝撃吸収ピストンの上に設置されているということ。このピストンは組み立て式で、交換可能な金属インサートが座面の上下の動きを緩和し、底に座面が当たらないように調節できるのが特別な点である。問題点は、足と下腿を守るために、乗組員が常に足を床から上げていなければならないということ。座席の土台にあるフットレストは、真正面に座る人用のものだから、正面に座るもう一人の軍人は一度乗り込めば、向かいの軍人の膝をまたいだ状態で何時間も座ることになる。私たちに加わったマークは、足をそのようにして上げたままの状態でいると、お尻が痺れると付け加えた。「トイレで長時間本を読んだ時の感じです。トイレ麻痺ですよ」

トイレ麻痺という言葉が宙に浮いたまま、タッチダウンする場を失っていた。「男の事情ですね」とブロックホフが解決してくれた。

長いドライブの間に、兵士たちの足は当然の如くフットレストから外れてしまう。しかし指揮官はどのルートが一番安全なのか知っているので、警告を出すことはできるのだ。

警告についての話が続いていたので、私は脳挫傷を防止するための、天井のエアバッグについて質問してみた。残念なことに、爆発で体が吹き飛ばされる際のスピードに、車両のエアバッグは対応できていない。ペンタゴンでの在職期間の初期の頃、ブロックホフは、高速エネルギーの軽減への取り組みに関して将軍と話をしたのだそうだ。彼は、NASCAR（全国ストックカーレース協会）に話を聞くべきだと彼女に助言したらしい。

「『大変失礼ながら将軍、それはいかがなものかと……』って答えましたよ」。人員運搬車の床面は、NASCARのレースカーよりも、ずっとずっと速い速度で移動するのだ。そして何倍もの力を放出する。その上、NASCARの取り組みは戦闘車両には通用しない。レースカーのドライバーは、通販で届く梱包されたシャンパングラスのように、座席にきっちりと押し込まれている。頭は固定され、支えられているため、首が骨折することも、頭蓋骨に脳みそが衝突することもない。ただ、ドライバーは窓から外を見ることさえできないし、ピットクルーにウィンクすることも無理だ。これでは戦闘車両には使えない。ドライバーと射撃手はあらゆる方角をスキャンせねばならず、疑わしい要素を探さなくてはならない。ゴミの山や死んだヤギも爆発物の隠し場所かもしれないし、人々の持つモバイル端末がワイヤレスの起爆装置かもしれず、耳に指を入れて何かに備えているように見える子どもたちだって怪しい。

これと同時に、陸軍は現存車両をより安全にしようと、新しいエムラップ装甲車（耐地雷待ち伏せ防護車両）の評価を懸命に行っていた。ブロックホフが評価に加わった時、同僚たちは、自動車業界が使う衝突テストの人形を使用していた。名前はハイブリッドⅢだ。ひとつ目の理由は、その人形しかなかったこと。そしてふたつ目の理由は、その人形が理にかなっていたこと。自動車事故も下腹部の爆破も、鈍器損傷を引き起こす。車内装備に体を打ちつけて負うタイプの損傷のことだ（これは、内臓を破裂させ、鼓膜を破るような、爆発の圧力波が体を突き抜けて負う傷とは逆のものだ。車はこういった損傷の大部分から人間の体を守る）。

ここに問題がある。車の事故試験に使う人形は、主に二つの座標に沿って加えられる力を測るために作られた。つまり、前から後ろ（真正面からの衝撃）、そして横から（側面衝突）だ。上から下に起きる衝撃では、衝撃の座標軸は頭から足の先まで、体を垂直に走る。ブロックホフは同僚たちに対して穏やかに「これは……車体が前進している前提だから、今回の試験で満足な結果が得られるとは思えないわ」と言った。これを解説するために、ハイブリッドⅢは、管理された爆発下で実際の死体の横に置かれた状態で撮影された。スローモーションの映像を見れば、この人形がこのテスト用に作られたものではないことは明らかだった。関節炎を患った老人がズンバ（訳注・フィットネス・ダンスの名称）のクラスを受けているのを見るようなもので、死体の腕が激しく揺れたのに比較すると、人形の腕はほとんど動かなかった。本物の頭が深く沈む時に、人形の頭は持ち上がる。死体の両腿が三分の一ほど座席から持ち上がる時に、人形の踵はかすかに動くだけだ。

ハイブリッドⅢは怪我の基本パターン（足、膝下、背骨）を集めている。しかし、ブロックホフのチームが必要としているレベルの詳細なデータは提供することはできない。「怪我の激しさについての微妙な差はほとんどわかりませんでした。私たちは、どのポイントまでが治療可能で復帰できる怪我で、そしてどのポイントから生活を一変させ、身体の自由を奪い、命に関わる怪我になるのかを知る必要があります。このような区別を、このトラックを評価している間に作成しなければなりません。今現在、それはできないんです」

ということで、アメリカ陸軍は独自にダミーを開発中だ。WIAMan（軍人負傷評価マネキン）は、下半身に受ける爆破に特化して製作されるということだ。このプロジェクトのために百人ほどが雇用された。

WIAManは、自動車事故用のテスト人形が初めて作られた時と同じようにして、開発が行われている。死体と生体工学の専門家、様々な規模の管理された衝撃、そして怪我の状態を詳細に記すための検視がそれに続く。この工程をスタートさせる前に、真下から爆破しても耐えられるほど頑丈な、衝撃リグと呼ばれる装具を開発しなければならない。地図上でベアポイントと記されている牧草地近くに、タワーと呼ばれている施設が建っており、アバディーン試験場ではそれを実験施設13と呼んでいる。私はランチを終え、この建物に向かっていた。死体はすでに実験施設にいて、タワーのプラットフォームにある座席に座らされている。死体は前日に三校の大学の生体工学研究室から運ばれてきていた。何体かは改造された馬匹運搬車で運ばれており、馬のしっぽやお尻が見られると期待して首を伸ばした、併走している車内の子どもをがっかりさせたそうだ。

この時期の実験施設13の周辺はとても美しい。十月終わりの太陽は寒さを和らげ、作業を進めるバイオエンジニアたちの周りを飛ぶ白い蝶を際立たせていた。空き地は樫の木に囲まれ、その葉はすっかり色を変えていた。死体も同じで、一体はオレンジ色のライクラ（伸縮性の繊維）でできたボディスーツ（※1）を着ているし、もう一体は黄色いボディスーツ姿で、すっかり秋の装いだった。そして今、死体は座席に座らされ、顎を胸につけ、まるで地下鉄で居眠りしている乗客のようである（※2）。このセットアップに二日かかるため、死人はこの牧草地で一泊している。電子機器を守るため全天候型シェルターが組み立てられていて、近くに駐車したトラックから二人の警備員が交代で見張っていた。ベアポイントに熊はいないけれど、コヨーテはいる。死もライクラも、肉に対するコヨーテの強い興味を削ぐことはできないのだ。

プラットフォームの下には、中東に似せた小さな区画が作られていた。プロトコルに従って、熱され、水分を加えられた土が敷かれている。一貫性と再現性がこの作業の主要素だ。午後二時三十分頃、ピックアップトラックが、ここにいる人たち全員が「脅威」と呼ぶ、一キロほどのC－4プラスチック爆弾を運び込む。二時四十五分のあたりで、特別な土に脅威が埋め込まれ、導火線が接続される。その間にバイオエンジニアと調査員、そして私のような取り巻きたちが、近くにある掩体壕に案内される。タワーへの木製の階段が撤去され（撤去すれば大工が何度も作り直す必要がなくなるから）、アラーム音が三度鳴らされたら、それが合図だ。その後、脅威が現実のものとなる。タワー、脅威、現実のもの。タロットカードが恭しく並べられたようだ。

昼過ぎになった。死体は長いドライブの後で、再度チェックを受けている状況だ。データは骨に設置されたセンサーから集められ、手足と背骨内部に沿って埋められたワイヤ経由で転送されてくる。いわば、人工の神経系というわけだ。実際のところ、神経は脳に繋がっているわけだが、このケースでは、それはＷＩＡＭａｎデータ収集システムに繋がっている。ワイヤの束は全検体の首の後ろからシステムに接続されている。

爆発の後、死体は解剖され、怪我の状態が記録される。この情報によって、車両評価者はＷＩＡＭａｎのセンサーに登録する重力加速度、張力、加速度を判断することができる。実際の爆発において、どの程度の力で、どのような種類の、どのような度合いの怪我が発生する傾向にあるのかを、ＷＩＡＭａｎが予測できるのは、死体の貢献のおかげである。ＷＩＡＭａｎが調査を終えるのは二〇二一年だが、今現在は、死体の損傷データを使い、ハイブリッドⅢ用の自動翻訳プログラムと言える、伝達関数を算出することができるのだ。

さて、死体はディナーテーブルに腰掛けるように、背筋をぴっと伸ばして座らされている。前に倒れてこないようにガムテープで留めた箇所もある（数ヶ月のうちに、このデータは、座席の前に足を投げ出したり、座席の下に折り曲げたりといった、よりリアルな姿勢で計測されるだろう）。バイオエンジニアが死体の頭を手で支えている。俳優が共演者にキスしようとしているかのようだ。ヒモのように細いワイヤ数本が右向け右の形で頭を支えていたが、動きを制限しすぎないようにきっちりと押さえつけていない状態であり、頭の動きは掩体壕に設置されたビデオカメラで四方

※1　ライクラ素材のフルボディスーツを販売しているヴァンドゥ・コーポレーションにメールを送ってみた。死体用のアパレルメーカーに採用されて憂慮しているかどうか尋ねたのだ。カスタマーケア担当の人物が返信を寄こして、心配はしていないとコメントしてくれた。ただ、彼らの製品を銀行強盗が着用していたと伝えられたこともあったそうだ。顔を覆うことができるし、同時に、覆われた状態でも（生きていれば）視界は良好であるからだろう。ライクラのスーツが大好きな、ハロウィンでどんちゃん騒ぎをする輩やスポーツファンとは違い、強盗たちはライクラのスーツの上に衣服を着用していたらしい。

※2　逆に言えば、地下鉄で居眠りしている人は、完全に死体に見えると言える。この事実は、地下鉄車内で静かに死を迎え、気づかれることなく座ったままの状態で、何度か路線を回った挙げ句に発見された人が定期的にニュースに登場することが実証している。始発電車に何時間も乗り続けた死体を見た人が「彼はただ寝ているように見えた」と証言していることもそれを裏付けている。

向から撮影されることになっている。死体の膝の角度、腿の上に置かれた両手の位置、履かされたブーツのヒモを何ニュートンの力で縛るかまで、すべてに手順がある。

そこにいる誰もが抱えている、スケジュール通りに死体を準備しなければならないというプレッシャーを、セッティングの牧歌的な平穏さが中和していた。バイオエンジニアの肩に、静かに蝶が舞い降りる。ビリビリというガムテープが引っ張られる音と会話をしているかのようにカケスが鳴く。化学者たちが忙しく歩き回る姿が、死体を包む永遠の静寂を強調する。まるでニュース司会者がメイクされるのを待っているかのようだ。この美しい秋の日に、こうして屋外にいることができるなんて、彼らにとって素晴らしいことではないかと私は考えた。彼らの貢献に感謝の意を表してくれる人々に囲まれ、死体である彼らにしかできない、彼らだからこそ可能な、ほかに類を見ない職務を全うするのだ。痛みを感じることなく、治療されることのない骨折や、試験がもたらす結果を受け入れられるなんて、偉大なる力だと言えるだろう。ぴったりとしたライクラ素材のコスチュームが、彼らにとって、これ以上ないほどふさわしいと思えるのだ。

私と同じ気持ちを抱く人ばかりではない。二〇〇七年、ペンタゴンの人間が陸軍長官に、このWIAManの事前試験に関してクレームを入れた。「忘れもしませんよ」と、二〇一五年に定年退職するまでWIAManのプロジェクト・ディレクターだったランディ・コーツは言う。「水曜の夜でしたね……確か七時ぐらいだったかな。試験をはじめる予定だったアバディーンで陸軍大佐からの電話を受けましてね。『陸軍長官が試験の中止決定をした』と言うんですよ。その時、三体の死体があって、何人もの人間が何日もかかりきりで仕事してたんです」。ブロックホフは、こう説明した。「個人的信念が侮辱されたと思った人物がいたようで」。彼女のボスが長官のところまで出向いて説明しようとした。人間がどう反応するかを理解せずして、人間の代理は作ることができないのだと。そして彼は怒りに震えた。土壇場になってプロジェクトを中止するということは、費用の無駄遣いだけではなく、チームに託されたドナーの体までも無駄にしてしまうからだ。結果に影響を及ぼす腐敗がはじまるタイムリミットの金曜に、テスト続行の許可が下りた。もちろん、少佐や中将が参加して行われた初めての死体研究事業だった。

ＷＩＡＭａｎの実射試験を監督するジェイソン・タイスは、そのような突然の厳しい調査は希望の兆しだったのかもしれないと指摘した。「兵士が晒されるリスクが上官たちに伝わったと思いますから」。言い換えれば、いや私の言い換えだが、上官たちの抱える死への心配を減らし、命に関心を抱いてもらえるようになるだろうということだ。

ペンタゴン事件に見る不都合な点は、昨今の肥大化した承認プロセスにある。死体を使ったリサーチの手順は、陸軍研究所と、その監視団体である陸軍研究開発技術コマンドのトップから承認を得なければならない。そして今度は陸軍軍医総督にそれを送り、総督はそれを連邦議会に送る。連邦議会は二週間経過しなければ返事を寄こさない。もし誰もその過程で問題として認識しなければ、そこで初めて、そしてその条件下でのみ、作業をはじめられるのだ。このプロセスは六ヶ月ほどかかることになる。

そして別の副産物として、昨今作成された「慎重な利用」というポリシーがある。将来的に死体のドナーとなる可能性のある人たちは、関係する研究や行われる可能性のあるテストに関して同意していることが求められるが、書面には「衝撃、爆発、弾道テスト、衝突テスト、その他破壊的な力によるテスト」と記されているのだ。

こんな書類にサインする人はいるのだろうか？　実は、大勢いるのだ。コーツは、従軍する兵士の安全を守るという考えに賛同する人々がサインするのだと教えてくれた。彼らにとってそれは、実際に入隊することなく、国に尽くす方法なのだ。すでに命がないのであれば、偉大なる目的のために命と四肢をかける気高さに惹きつけられ、そうすることを選ぶ人もいることは、私にも想像できる。命なきものの寄与に依存する、価値ある取り組みのために自らの遺体を寄付しようとする人と同じ種類の人々だと、私は想像している。医学生が解剖学を学ぶために、体を切り刻むとしても気にならないとか、外科医が新しい手術の手順を練習したり、新しい機器のテストをすることが気にならないという人であれば、爆発する装置に乗り込むことだってたぶん平気だろう。どうせもういらないんだし、というのが、自分の死体に対するドナーの典型的な態度だ。**最高の結果を出すためにやるべきことをやれよな**、ということなのだ。

＊＊＊

第二次世界大戦では、こういった怪我は「甲板打撃」と呼ばれていた。水中に設置された地雷や魚雷が当たり、船の甲板を上方に持ち上げ、水兵の踵を砕くことだ。「戦争神経症」という言葉を心的外傷後ストレス障害に対して使うのに似て、それは人生を変えるほどの怪我に対する、まったく傲慢な暴言である。踵骨を骨折するには相当な力が必要だが、治癒にはより多くの困難を伴う。初期の論文によると、医学雑誌では八十四もの試みがなされ、議論されたという。「糸くずとカッテージチーズの包帯」。「様子を見る」。「折れた骨を粉砕する木槌の打撃」。そして、踵のような形を作るための「手作りの型」。その時代の統計はほとんど存在していないが、とある論文では、切断率が二十五%と指摘されている。

足周辺に影響を及ぼす、下方向からの爆発は、軍医の興味を引くようになっていた。木槌と糸くずは手術とピンに代わったが、甲板打撃による損傷が原因の切断率は、それまでにないほど高くなっていた。当時のケースを四十件調べた結果、四十五%にもなっていたのである。問題のほとんどは骨ではなく、脂肪にあった。踵骨の脂肪体は、踵の下の皮膚が骨によってすり減るのを防いでいる。この脂肪体は極端に密度が高い繊維状の脂肪で、これは踵以外では、体内のどこにも存在しない（靴屋の専門用語、「踵のおっぱい部分」とは、よく言ったものである）。脂肪体は、下方向からの爆発によって頻繁にダメージを受ける場所で、あまりに損傷が酷いと、切除しなくてはならないケースもある。脂肪体なしでは、歩行に大きな苦痛が伴う。ビタミンA過剰症で足裏の皮膚が剝がれてしまった時、南極探検家のダグラス・モーソンは、その剝がれた皮膚をドクター・ショールのクッションパッドのようにブーツの底に敷き詰めた。それが、彼が探検を続ける唯一の方法だったそうだ。

損傷した脂肪体の代わりになるものはないのだろうか？　ウォルター・リード米軍医療センターでこのような患者の治療に当たった整形外科医のカイル・ポターに話を聞いた。「豊胸手術に使うシリコンパッドみたいなものってことですか？」それは考えていなかったけど、もちろん、それでもいい。

「ダメですね」と、ポターは言い、豊胸手術に使うインプラントは踵が当たる力に耐えるように設計されてはいないと指摘した。歩行時の踵骨にかかる重さは、体重の二百パーセントだ。ランニングをすれば四百パーセントになる。破裂と漏れが問題となるだろう。ポターは、うまく作ることができたとしても、相当な違和感があると言った。それはたぶん靴に豊胸用のインプラントを入れたような感覚だ。そんなもの、ダグラス・モーソン以外に欲しがる人がいるだろうか？

あと三十分で、甲板打撃の様子が、掩体壕に設置されたビデオモニターで生中継される。爆破チームが爆弾の準備をする間に、私たちはそこに移動していた。掩体壕には、モニター以外それほど物が置かれていない。合成土壌用の電子レンジが数台（「泥のみ」とラベルが貼られていた）。耳栓の自販機がドアの横に設置されていた。この耳栓はパステルカラーで、キラキラした素材が混ざっていた。スパークプラグと製品を名付けるために、製造業者にも苦労があるようだ。壁に掛けられた時計の時間が間違っていた。「誰もこの時計の管理システムが理解できないんですよ」と男性が説明した。「進めることも、戻すこともできないんです」

私たちはそこに立って、ビデオ映像を見つめていた。柔らかな風がタワーの向こうに立つ木を揺らしていた。ストップウォッチを持った人物がカウントダウンをはじめた。爆発音は、耳栓でというよりは、距離で抑えられていた。私たちは八百メートルも離れた場所にいたのだ。爆発で死体は吹き飛ばされたようだったが、それはアクション映画で見るようなものではなかった。それよりは、減速帯（訳注・車の減速を促すために道につけられた起伏や段差）に、ものすごい速度で突っ込んだような感じだった。自動車の「衝突テスト」という言葉は、実際に起きるものごとを言い当てていない。下方向からの爆発試験を受けた死体は、**上の方**に飛ばされはしたが、**バラバラ**になることはなかった。

この様子は一秒間に千コマ撮影されている。一秒に十五から三十コマ戻して再生することで、調査員たちが〇・五秒間隔で、出来事に踏み込んでいくことができるのだ。このおかげでリアルタイムでは見ることができなかったものごとを、見ることができるようになった。まずはブーツが潰れて、側面が明らかに膨れていた。腿の上に置かれた手の人差し指が持ち上がり、まるで死体が何かを主張しているようだった。膝から下は伸びて持ち上がった。頭は前側に倒れ、両腕はハードル選手がするように、大きく広がった。コーツが映像を戻し、背骨を見るように私に言った。爆発のエネルギーが座席の底面に当たると死体の骨盤が持ち上がり、胴体を短くし、腹部を拡大させた。下側からの爆発は座っている兵士の背骨を約五センチほど圧縮するのだ。兵士たちに背中の痛みと損傷が頻繁に起きるのは、当然のように思える。

この速度で映像を再生すると（そしてこの服を着用していると）、まるで彼らがモダンダンスを踊っているように見える。体が伸びる様は優雅で美しく、残忍さだとか、暴力的な要素は見つけられない。しかし実時間処理された映像を見れば、四肢を突き抜ける力はあまりにも早く、組織が適応できるものではないとわかる。筋肉は引きちぎられ、靭帯は切れ、骨が折れるだろう。チューインガムの塊を引っ張る様子を想像してほしい。ゆっくりと引っ張ると、ガムは部屋を横切るほど伸びる。強く引っ張れば、パチンと二つにちぎれてしまう。これと同じように、様々な体の組織は、様々なひずみ速度を持っているのだ。爆発で引き起こされる力で例えるならば、あるタイプの組織は引きちぎられることなく全体の長さの五分の一ほど伸びるが、ほかの組織では五パーセントしか持ちこたえることができないということもある。WIAManに、これらの違いが反映されて、その結果を予測できるようになる。

兵士や海兵隊員の人生の質（クオリティ・オブ・ライフ）を長きにわたって保つという命題は、比較的最近になって考慮されはじめたものだ。過去、軍の意思決定者たちは、決行か中止かの決定を下す際に、自らの保身ばかりを気にしてきた。怪我を負うことで兵士が使命を全うできるのだろうか？　ゲームの駒を再び失ってしまったのだろうか？　WIAManがそれに答えてくれるだろうが、それはほかの質問にも答えるだろう。この兵士は、生涯、背中に痛みを抱えて生きていくのだろうか？　足を引きずるようになるだろうか？　踵の痛みに耐えかねて、足を失ったほうがいいと嘆くだろうか？　答えは意思決定者の下す決定に影響を与えるかもしれないし、与えないかもしれない。しかし、少なくとも、計算に取り組む人間の方程式の一部には組み込まれるだろう。

ビルディング336に戻り、私は案内役にストライカーを運転してみていいかと尋ねた。ダメだった。まるで世話好きの親のように、マークは私を運転席に座らせてくれ、ハンドルを前後に動かしてくれた。手の届くところにあるものすべてが頑丈な軍仕様であるように見えた。トグルスイッチと鉄製の部品、ハンドルは一九九〇年代の革張りのレンタカーから外してきたように見えた。

マークは車体を停め直すために、運転席から私を追い払った。ブロックホフは駐車場の端を歩いていて、プラスチックの梱包材を見つけたようだった。彼女はストライカーに突進すると、それを最後部のタイヤの裏に嵌めこんだ。すると、軍聴覚専門家の文献のどこにも見つからないタイプの音が響きわたったのだ。約十八トンのストライカーが、両手で抱えきれないほどの梱包材の束の上をバックした、激しいプチプチ音だった。

第三章 耳の戦い

軍を悩ます騒音問題

アメリカ合衆国海兵隊は大量の耳栓を購入する。キャンプ・ペンデルトンに行けば、至る所に耳栓は落ちている。射撃練習場の観覧席の下、洗濯機の底にもある。耳栓は効果的で、銃弾と同じぐらい（※1）安いものだ（銃弾も洗濯機の中で見つかるらしいけれど）。何十年もの間、耳栓や、その他受動的な聴覚保護装置は、米軍の聴覚保護プログラムの主な手段だった。この状況を変えたいと思う人間はいるが、それはコスト的にとても高くつくと考えている。耳栓は弾丸と同じくらい人生を左右するものかもしれないというのに。

耳栓の多くが騒音を三十デシベルほど削減できる。これは、バックグラウンドにある、安定した単調な騒音には効果的だ。例えばブラッドリー戦闘車両がアスファルトの上をガタガタと進む音（百三十デシベル）、あるいはブラックホーク・ヘリコプターのバラバラというプロペラ音（百六デシベル）などがそうである。三十デシベルとは、その響きよりもずっと顕著な音だ。騒音が三デシベル上がるたび、聴覚障害を起こすことなく騒音を聞き続けられる時間が半減していく。保護なしの人間の耳は、聴覚を失うことなく、八十五デシベルの騒音（高速道路の騒音、客で混んだレストラン）に一日八時間耐えることができる。百十五デシベル（チェーンソー、モッシュピット）では、安全な露出時間は半分に減る。百八十七デシベルのAT4対戦車火器の爆発音では一秒しか耳は持ちこたえられないが、ほんの一瞬耳にするだけであっても、一切保護されていない場合、それは永遠の聴力低下を意味する。

耳栓は、低減している音に、人間が伏せろと叫ぶ声や、敵のライフルのチャージングハンドルの音が含まれている場合には、あまりよろしくない。平均的な聴覚損失が三十デシベルの兵士は、任務を離れて別の仕事が必要になるかもしれない。任務によっては、自分にとっても、部隊にとっても、彼が危険な存在になってしまうからだ。「フォームタイプの耳栓を兵士に与えることで、僕らは兵士にどんな影響を与えていると思います?」と、キャンプ・ペンデルトンでアメリカ軍聴覚学者たちに年数回トレーニング・シミュレーションを行っているエリック・ファロンは言った。「これが自然な聴覚損失と仮定して話をすると、耳栓を兵士に与えることで、彼らの聴覚を配備可能ギリギリのあたりまで下げることになるんです。こんなに馬鹿げた話があるでしょうか」

ファロンは今、教室内で講演をしているのだが、参加している聴覚学者たちはランチの後に、実弾を使った仮想戦闘行為を経験することになっている。国防総省聴覚センターと共同で、ファロン

※1　頼まれたわけではないけれど、銃弾と耳栓の類似性を、もう一つ。両方とも医師が患者の悲鳴から耳を守るために使用されてきた。陸軍衛生部ジャーナルによると、全身麻酔前の兵士に銃弾が与えられるのは、痛みに耐えるためにそれを噛むのではなく、彼らの絶叫を抑えるためであるとされる。そして「E-A-R成型の耳栓の発達と歴史」と題された論文を読むと、救急処置室の医師たちが、「難しい処置を施されている子どもの悲鳴を遮るために」耳栓を使用することがわかる。これは「通常ではない使用例」という項目に書かれていることだが、その中のどれひとつ取っても特に通常でないというわけではなかった。私がフォームタイプの耳栓の歴史に、理由のない期待感を持っていたのかもしれないけれど。

はアーマーコープ社と契約を結び、アーマーコープ社は海兵隊特殊作戦部隊と協力して、半日の戦闘状態の筋書きを構成したのだ。現在の取り組みへの不満と危険性を聴覚のプロたちに直接体験してもらうことで、よりよい取り組みへの協力者になってもらおうという目的だ。

ファロンは授業を、元海兵隊員で、がっしりとしたスーパーヒーロー並みの顎と立派な筋肉を持つアーマーコープ社のクレッグ・ブラーシンゲームに引き継いだ。スライドプロジェクターの前に立てば、映像のすべてを上腕筋に投影することができるほどムキムキだ。午前十時だというのに、クレッグの髭はすでにうっすら生えてきているではないか。

「本日、みなさんを、ある環境下にお連れしようと思っています。受動的な聴覚保護具を身につけている際、聴覚の状況認識のレベルを維持するとはどういうことなのか、知っていただきたいと考えております」。クレッグはまるで拡声器を使って話しているようだった。彼が大声なのは、海軍で聴覚を失ったからだと彼は説明したが、私には、彼にはとんでもない強さが体中にみなぎっていて、頬髭や、声や、ポロシャツの下の胸筋のあたりすべてが、とんでもなくパワフルに炸裂しているのだと思えた。

クレッグと、同じく元海兵隊員で今はアーマーコープ社のCEO、エアロン・アイウェンチーが、聴覚学者たち（と、私）を、ほどなく屋外に連れて行き、聴覚訓練が行われることになっている。その後、演習場に行くので、防護服と戦闘用ヘルメットを着用しての珍しい聴覚訓練となるはずだ。エアロンはクレッグに比べて小柄で静かな男性で、シャンプーの爽やかな香りがした。彼は私に装具を着せてくれた(「あ、この小さなポケット、リップクリームとテープレコーダを入れられるわ」「このポケット、銃弾用ですよ」なんて言いながら)。

建物の外で、クレッグが私たちを巡回用の編隊に並べる。戦闘地域では、ただ道を歩くだけのことでも戦略があるのだ。破砕性手榴弾の「死亡半径」は四・五メートルだ。もし部隊が茂みの中を観光ツアー客のように歩いていたとしたら、一発の手榴弾で多くを殺傷できる。だから、巡回中は、お互いから四・五メートルから十四メートルの距離を取る。それよりも距離を開けてしまうと、聴覚保護装置を装着している場合は特に、お互いの声が聞き取りにくくなる。

エアロンは先頭で、クレッグは後方の護衛である。私たちは重機を扱う人が使うものに似たイヤーカフスを装着していた。クレッグの声は、まるで誰かに体を小さくされて、ガラスのジャーに入れられたように聞こえていた。彼は私たちに「右に行け」と、確かに言ったと思う。この彼の言葉を、私たち全員で道路の右側に行くとの意味だと解釈し、道路を渡りはじめた。「左だぞ」とチームメイトが大声で言った。彼は自信があるようだったので、私は引き返したのだが、どこからともなく近づいてきていた黒いSUV車に危うく轢(ひ)かれるところだった。砂利道を走る二トンのSUVが真後ろに来ても気づかないなんて、マズイ状況だ。

ファロンは歩兵隊時代のちょっとした誤解は日常茶飯事だったと言う。「『何だって?』って言うのに何時間費やしてたと思います?　止まれとか、広がれとか、もっと見つかりにくい場所に行けとの命令がかかりますよね。僕の横にいる仲間が『何だって?』って言うと、僕が『クソッ、俺にもわかんねえよ』って答えるんですよ。そして『おい、何が起きてるんだ?』なんて叫ぶことはできません。敵に居場所を知られてしまいますからね」

エアロンが次の訓練を指揮した。それは「戦術的シナリオ」に沿った実弾訓練で、射撃練習場の向こうにある荒れ地で行われた。そこに我々が向かう前に、彼は私たちにイヤーカフスについているボタンを押すよう指示していた。これについて私のノートにはこう記してある。「バイオニック!」子どもの頃、私は『バイオニック・ウーマン』というテレビ番組を好んで見ていた。シーズン初期に彼女の相手役に起きたように、ゾッとするような怪我を負った彼女を、実験的スーパー装具を使って軍が蘇らせたのだ。それが、彼らにできる精一杯だった。その装具の一つが、彼女の耳につけられたものだった。彼女が頭を前後に揺すると、突然、道を隔てた場所に駐車しているビュイック・リヴィエラの中で話す暗黒街のボス二人の会話が聞こえるようになるのだ。今、私に彼女の聴覚が備わった。エアロンは五メートル向こうにいて、クレッグに話しかけているが、彼の声はとても近くに聞こえていて、シャンプーの匂いが漂ってきそうだった。

私たちが装着していたのは、戦術通信保護装置、通称TCAPSである。

この装置を経由する騒音はすべて分析される。小さな音は大きく再生され、大きな音はより静かな音になって再生される(このシステムは、ラジオ通信機能、別名「コムス」(コミュニケーションの略語)も搭載している)。いまのところ、主にTCAPSを使用しているのは特殊作戦部隊だけだ。

それはなぜか。費用の問題はもちろんある。しかし、この機器が無線費用でまかなわれており、そして歩兵部隊は無線を持ち歩かないという事情がある。その上、上層部に懐疑的な意見があるのだ。ファロンは「年配の幹部連中ですよ」と、下士官を指して言った。「彼らはズバッと『役に立たないハイテクの魔法やら、切れたバッテリーを持ち歩かなきゃならないクソみたいな物の話は二度とするな』って言いますよ」

そのクソはファロンの雇用主である3M社が製作したものだった。「この製品をクソだと思ってほしくないんですよ」と、彼は私に、ある時点で話してくれた。えっ、まさかクソだなんて。全然。ファロンはその製品のカテゴリーの熱烈な支持者であって、そのブランドの信奉者ではない。3M社は軍に耳栓を提供しているのだから、どちらにしても彼らには防衛予算という甘くておいしいパイは与えられているのだ。

聴覚の専門家と私は、海軍特殊部隊の十二人の精鋭による軍事演習に参加した。この作戦名については非公開にすることをエアロンから依頼されている。何から何まで偉そうに指示を出すんだから。

「君たちはアフガニスタンの村に侵攻していく特殊部隊だ」と彼ははじめた。「任務は村の長老と連絡を取ること。長老と接触し、周辺地域でのタリバンの活動について情報を得ること。彼らの生活状況はどうか、どんな問題が起きているのか、聞き出してくるように」。長老にも補聴器がいるとかそんなことかしら。「この任務を支援するために、上空にドローン・プレデターが待機し、そしてコブラ・ヘリ、あるいはヒューイ・ヘリの攻撃部隊への速やかな連絡が可能となっている。もし不穏な動きがあったら、彼らに連絡し、援護射撃を依頼できる」。「不穏な動き」とは、軍の隠語で「敵から銃撃を受けている」という意味だ。このケースでは、敵とは想像上の人々だが、特殊部隊の連中はとりあえず撃ち返す。なぜならこれはカオスでメチャクチャな状況下での情報伝達の演習だからである。

私たちはラジオのチャンネルを7に設定し、特殊部隊の中の一人の後ろに並ぶように言い渡された。二人一組になって、特殊部隊の男性のブーツの踵（かかと）にぶつかるぐらいぴったりとくっつくように言われたのだ。「彼が走ったら君たちも走れ」とエアロンは言った。「彼が膝をついたら、君も膝をつけ」。私も、ヘルメットから三つ編みを突き出している中年の聴覚専門家の女性も、背の低い兵士の後ろについた。彼を描写するのは難しい。特徴的な形の鼻以外は、装備の類いでよくわからなかったのだ。彼は自己紹介をすると、こんにちはと言った。

「こんにちは。私はメアリーよ」と聴覚学者が言った。

「同じく」と私は言って、「私もメアリーよ」と自己紹介した。

「そうですか」と特殊任務の彼は言い、明らかに多すぎるメアリーに困惑していたようだった。

「困っちゃったな」

私たちは雑木林に分け入っていった。ペンデルトン海兵隊基地は約五百二十平方キロメートルの敷地内に二十八キロメートルのカリフォルニアの海岸線を含んでいて、そのほとんどが侵攻や強襲に備えた演習のため、手つかずのままになっている。まるでアメリカ海兵隊のための国立公園といった趣きであり、凶暴な野生動物の宝庫でもある（ちなみに歩兵たちは動物を撃つことは許されていないが、それも起きてはいるだろうと私は考えている。だって、先日ペンデルトン基地のペイントボール射撃場に行った時に、撃たれたらどう感じるのか知るためにペイントボールを受けてほしいと頼まれたのだ。十五名の海兵隊員が参加した。私を二十メートル先から正確に仕留めた隊員が、「メチャクチャスッキリした」（※2）とつぶやいたのが調査官の撮影した動画に録音されていたから）。

地形に沿って進んでいくと、私のイヤーカフスに複数のグループの会話が聞こえはじめた。誰かがドローンの操作官と話をしていて、別の人物がコブラのパイロットと、それから攻撃統制官と話をしていた。アメリカ大統領を含む（大統領が望めば、の話だけれど）、ありとあらゆる人たちが、チャンネル7にセットすれば会話を聞くことができるのだ（海軍特殊部隊がウサマ・ビン・ラディンの隠れ家を急襲した際にも、TCAPSを着用しており、オバマ大統領、ヒラリー・クリントン国務長官も同時に音声を聞いていた）。

どれぐらいの頻度で会話ボタンが押され、彼の声の後ろの私の声がどれぐらい届いているのかはわからないけれど、私の発言でこの任務の台本がいくらか不規則になる可能性はある。

※2　「私のことを知っているみたいだった」と聴覚学者は言った。

「村に接近しています。どうぞ」

「了解。リバティー。標的になにか異常はあるか？」

「首の後ろに日焼け止めを塗ったほうがいいわよ」

「上空のハマーです。対象地域に徴兵年齢に達した男性が四名います（※3）。位置を確認しているようです。どうぞ」

「了解だ。ハマー」

「それで、タリバンは聴覚保護機器を使用するのかしら？」

「こちらハマー。村から来た女性と子どもの集団を発見しました。徴兵年齢に達した男性二名が防水シートの下で何かと格闘しています」

「兵器の準備をはじめます」

「ヘイロウ空挺兵、ロケット弾と銃の使用を許可する。どうぞ」

「地面に穴があいてます……あれは迫撃砲でしょうか、それとも……」

「攻撃！」

「……やつらなの？」

「攻撃をはじめるぞ！」

模擬攻撃がはじまった。右手後方にもう一人のメアリーを従え、男性が攻撃するときには彼にぶつからないようにしながら、可能な限りぴったりとくっついていた。私たちがどのように見えているか頭の中で描こうと試してみたが、ビン・ラディン暗殺ミッションを描いた映画『ゼロ・ダーク・サーティ』と、子ども向け番組の『うさぎぴょんぴょん』の間で悩んでしまった。ランチから戻った指揮官が、別の指揮官にぶつぶつ言う場面を想像した。

「なんだありゃ?」

「聴覚学者だよ」

任務は教室に戻って終了する。私たちは装備を返却して、特殊任務専門の男性たちと質疑応答をするために教室に入っていった。彼らはなんだかミスマッチなオフィスチェアに座って、教室の前の方で一列に並んで座っていた。「この中で聴覚に問題がある人は何人いますか?」というのが、私たちの最初の質問だった。そこにいた十二人全員が手を挙げた。特殊任務に関する、とある(TCAPS開発以前の)研究によると、特殊任務に就いた人々(スペシャルオペレーターと呼ばれている)は、従軍している間に高い確率で聴覚を失うとされる。狙撃手でない限り、訓練でも、実際の任務でも、爆発物や大きくて音のやかましい大砲に接している時間が長いのだ。彼らはとても声

※3　アフガニスタンでは、これは十二歳から上を言う。欧米では、おもちゃやボードゲームに無邪気に適用される年齢制限だ。

が大きいか、とても静かか、どちらかである。

教室の後ろから男性が発言した。「聴覚学者としては、疑問があるんです。私のクリニックに来て『どうしよう！　耳が聞こえない！　軍事衝突が起きて、耳が聞こえなくなってしまった！』なんていう人は、まったくいなかったんです」

イス番号8番が説明した。「みんな軍に戻って働きたいからですよ」。聴覚テストで、規定より聴覚が失われているという結果が出れば、任務を遂行する適性がないと宣告されるか、権利放棄の証書に同意しなければならないことになる。彼らは、概して、自分の仕事を愛している。医者を避けるのと同じぐらい、聴覚学者を避けているのだ。

「自分がしていることを辞めたくはありません」とイス番号3番が言った。「ああいうテストを受ける時は……なんて言ったらいいんでしょうかね。合格したいんですよ。だから『ええと、聞こえた**ような気がします**』って答えるんです」。コラコラ！

それに……？　これは特殊任務なのだ。「**うっそ、全然聞こえない！**」は、台本にはない。「不穏な動き」がある時には、チームのメンバーが負傷したり殺されてしまう確率が五十パーセントを超えるのだ。聴覚を失うことについてわざわざ考えたりはしないのだ。当たり前のことだからだ。イス番号2番が言った。「聴力の低下はだんだんと受け入れるものだと思います」。ファロンはとある砲兵の話をしてくれた。彼は聴覚を失いたいと**希望した**そうだ。なぜなら、彼の部隊のメンバーすべてが聴覚を失っていたからだった。「聴覚を失っていないということは、なにもやっていないということになるのです」。別の言い方をすれば、頑丈な内側オリーブ蝸牛束システムを持って生まれたということでもある。それはとてつもなく大きな音を低減するよう脳に命令する神経だ。天然のTCAPSというわけである。今日、この場に来ている海軍潜水医学研究所の研究員リン・マーシャルは、この内側オリーブ蝸牛束の反射が鈍い人を見つけることができるシンプルなテストを開発しようと試みている。それによって、特別な保護を与えることができるからだ。

イス番号6番が発言した。「TCAPSを『**おい、耳を守っとけ**』って感じで押しつけられますけど、我々からしたら大切なのはコミュニケーションなんです。状況認識ですよ」。聴覚センターのファクトシートによると、人間の状況認識の五十から六十パーセントは聴覚から得られるという。

ファロンは夕食前の最後の質問を受け付けた。再び後方から質問が飛んだ。質問というよりは、お願いに近かった。「聴覚学者があなたたちの一人にでも、何かできたのでしょうか?」

イス番号5番は「ええ、もちろん」と答えた。黒髪で黒い目をした、今まで一切言葉を発していなかった暗い感じの人物だった。「僕の補聴器の調整をしてくれましたよ」

エッ、なんですって? 逞しく、万能である特殊任務の人間が補聴器ですって? 私のリアクションは、アンジェリーナ・ジョリーが乳房の切除手術を受けたとの記事を読んだ時と同じぐらいの、控えめな唖然といった感じだった。男性は、彼のように任務に不適切とされた人たちに対する方策について質問を続けた。「私たちは視力矯正のためのデバイスの使用は認めています。私自身も補聴器は使ってますよ」。そこに差なんてないでしょ？　アメリカの特殊作戦軍は、たぶんウサマ・ビン・ラディンを殺すよりも難しいことに成功したのかもしれないと私は思った。それは、補聴器に対する汚名を消し去ることだ。

退役軍人で陸軍大将であったデイヴィッド・ペトレイアス（訳注・オバマ政権下で陸軍大将、CIA長官を歴任し将来の大統領候補とも目されたが不倫スキャンダルで失権した）が射撃訓練場で撃たれたのは興味深い事実だが、今の状況では居心地のいいものではなかった。クレッグ・ブラーシンゲームが優秀でないというわけではない。彼のこのペンデルトン演習場の射撃場での仕事は、最寄りのヘリコプターの救急ポイントを総ざらいした後にゆっくりと訪れる自己満足をぶっ潰すことであり、我々がセミオートマチックのM16A4ライフルを撃っている時に、焼け付くような高温の弾丸の破片が私たちのシャツの背中に降ってきたらどうするのかを教えることだ（「とりあえず、『おい、なまりをくらっちまった』と言ってくれ」）。

特殊任務のメンバーが私たちの射撃の先生になってくれる。私たちは弾倉二つ分の銃を、耳栓とTCAPSを装着した状態で撃つことになる。表向きは、積極的な聴覚保護装置を装着している状態で銃撃している時の、命令を聞くことの難しさをデモンストレーションするためのものだ。しかし同時に、これは私の憶測ではあるものの、聴覚学者たちにエサを与えたのだと思うのだ。**さあ、特殊任務の男どもとM16を撃ってみないか！**（私は見事に食いついた）

クレッグは我々を二班に分け、片方は最前線に、私を含む残りのメンバーは数十メートル後方に設置された弾薬の補給箱の側に待避させた。「さて、もしかして不安になっているでしょうか」とクレッグは語り出した。「もしチビりそうになってるんだったら、武器を置いて、両手を挙げて『無理です』と言っていいんですよ」。戦争もこんな感じだったらよかったのに。

耳栓を十分深く入れるために、耳介（外耳の一部）を引っ張って出しておかなくてはならない。戦闘ヘルメットをかぶっていたら至難の業だ。射撃戦のさなかにヘルメットを外して、耳を後ろに引っ張って、耳栓を入れるなんてことは誰もしない。そしてもう片方の耳に同じプロセスを繰り返し、ヘルメットをかぶり直す。射撃場ではこの時間があるけれど、そして突撃する前に一度整列していた南北戦争の戦場でもその時間はあったかもしれないけれど。その時代には、あるいは今ここの場所では、騒乱がいざはじまるというときは分かるし、そのために準備をすることができる。銃剣を装着するにせよ、耳栓を扱うにせよ。

一直線の戦場は今はもう存在していない。前線は至る所にあるのだ。簡易爆発物は爆発するし、警告なしに「不穏な動き」も発生する。聴覚を保護するために耳栓を使うには、十三時間のパトロール中、ずっとそれを両耳に入れ続けなければならない。その時間の九十五パーセントにおいて、大きな音に遭遇することなんてないのだ。だから、そんなことは誰もしないのだ。だからファロンが「軍には騒音問題がありません。問題は静寂なんです」と言ったのだ。

クレッグが「第二グループ」と叫んだ。私のことだ。「最前線まで進め！」

「ヘイ、調子はどうだい?」と私のインストラクターが言った。「俺の名前はジャックだ」。ジャックは、私が会った特殊任務の男性のだれとも違うタイプだった。まるでラブラドール・レトリバーのようになつっこくて、きれいに髭を剃った営業部長のようだった。たぶんサンディエゴとかスコッツデールで行われる秘密の軍事作戦を遂行中で、アルカイダの国で特殊作戦に参加している特殊部隊のメンバーが髭を生やすように、地元の男性に紛れ込まなければならなかったのかもしれない。任務と任務の間ってこともある。

ジャックは私のヘルメットを指さした。「このストラップはイヤーカフ(訳注・耳たぶにはさんだり、耳にかけて固定する器具)の後ろ側に持っていかないと。そうするとヘルメットがきっちりと安定するよ。ちょっとストラップを緩めないといけないね」。耳を覆うタイプのTCAPSの問題点は、その装置自体ではなく、装置の配布の順番にある。ヘルメットの寸法合わせはTCAPSが配布される前なのだ。だからTCAPSのヘッドセットを装着しながら、ヘルメットをかぶることになり、ヘルメットがきつすぎるという事態になってしまった。これは、一見些細な設計ミスに思われるかもしれないが、多くの兵士の聴覚にダメージを与えた。一度簡易爆発物がジャックの近くで爆発したことがあったらしい。彼はTCAPSを装着していなかったそうだ。「すごく暑くて頭痛がしはじめたから、ついパトロールの時に勝手に外してしまったんですよ。その時、僕は爆発で吹き飛ばされて、著しい聴覚障害を負いましてね。エアロンも同じです」

私の右側には、相当リーサル・ウェポンな聴覚専門家がいて、すでに最初の弾倉を空にしていた。私はその時まだ、ヘルメットのストラップと格闘していた。「手伝いますよ」とジャックは言った。私は両手を膝の上に乗せて、彼にストラップを任せた。「おっと、髪の毛を引っ張っちゃってごめんね」。なんてやさしいスナイパーさんなの。

ジャックは私にM16を手渡した。「こういう銃、撃ったことありますか?」私はすごく重くなった頭を横に振った。彼は私に弾倉を手渡し、どこにローディングするか示してくれた。これ、映画で見たことあるわ……、手のひらでスパーンと入れるのよね。

よし。

「逆ですね。それで銃弾が前を向く」

M16には、視界の中心部に小さな赤い矢印が描かれたスコープがついている。矢印を標的、または、撃ち殺したい人間(あらいやだ)に合わせて、引き金を引く。この引き金に対する動きとして、「引く」だとか「引き絞る」といった表現は誇張である。この動き自体は本当にわずかなもので、まるで夢を見ている子どもが、かすかに動く程度のものなのだ。とても早くて、何の努力も必要としないこの動きと、まったくつじつまの合わない行為とを結びつけて表現することはとても難しい。ページをめくる。Mとタイプする。かゆいところをかじる。そんな些細な行動だ。人生の終わりには、もう少し筋力が使われるべきではないだろうか。

M16の破裂音は百六十デシベルあたりだ。ジャックは特殊任務に従事した十年間で、約十万発は撃っていると見積もっている。復員軍人擁護局が聴覚障害と耳鳴りに対して支出する一千億ドルの主な原因となっているのは、「定常状態」で継続している車両のエンジン音とヘリコプターの回転翼（そしてＭＰ３プレイヤー）（※４）の騒音よりも、武器と爆破物による騒音だ。

その十万発の大部分が印象に残っていない理由は、ジャックが聴覚を保護していたからでなく、彼の注意がほかにあったからだ。「銃撃戦の間近にいて、一人になってしまった場合、無意識に音に優先順位をつけるんですよ」。これはサバイバルのメカニズムで、音声排除と呼ばれている。聴力をいくらか失う可能性など大したことではないのだ。

同じく狙撃手も、私が今、集中して考えていることに、思いをめぐらすことはないだろう。腹ばいになって防弾チョッキがめくれあがり、そのせいでヘルメットが後ろから押し上げられて視界が遮られ、目を保護する眼鏡が下がって頬に突き刺さっている状態で、腕を上げてライフルを構えるなんてことにだ。

「一体どうやったらこんな仕事が**できる**の？」短気な物書きは聞いた。ジャックはしばらくその質問に答えない。この質問は何度もされているに違いない。このような質問をする人間の大半は、複数の衝撃保護アイテムの互換性のなさなど考えてはいない。

「慣れるには時間がかかります」と彼は答えた。

特殊任務の人々には今日の日当は支払われているとは思うが、ステーキのために来たという可能性もあると想像する。ペンデルトンのケータリングスタッフは、私とジャックの目の前に手榴弾サイズのフィレミニヨンを置いた。ファロンの前には魚が置かれた。彼はいまにも泣き出しそうに見えた。

「僕たちにとって一番辛いことは何かわかりますか?」（※5）と、ジャックはテーブルの周りを見回して言った。「これですよ」

「なるほど」。ええ、わかるわよ。見知らぬ人からの質問と、勝手な思い込みでしょ。

しかしジャックが言っていたのは、どちらでもなかった。「僕たち」とは狙撃手や特別任務を遂

※4　国防総省聴覚センターによると、六歳から十九歳までのアメリカの子どもの十二から十六パーセントに、雑音によって誘発された聴覚障害があるとされる。それは掃除機や、庭の芝を刈る音が原因ではない。MP3プレイヤーの最大音量である百十二デシベルは、聴きはじめて一分後に聴覚障害を引き起こすのに十分なのだ。ダイ・アントワードのライブ（百二十から百三十デシベル）を見たことがあるって?　それは大変でしたね。

※5　実際に、これよりつらいことはないようだ。二〇〇八年に心理学者のチームが、アフガニスタンで従軍した経験のある十九人の狙撃手に、何が最も困難だったのか意見を聞いてみた。九十から九十五パーセントの狙撃手が、敵を撃ち倒すこと、敵の死体を扱うこと、人体の一部を扱うこと、至近距離での戦闘、怪我をすること、仲間が至近距離で撃たれることは気にならない、あるいはほとんど気にならないと答えた。「死んだカナダ人を見る」ことも気にならないそうだ（これはカナダ人による調査だった）。

行する兵士のことではなかった。聞こえにくい人たちを指していたのだ。そして「これですよ」の、〝これ〟は、やかましい夕食の席を言っていた。ジャックは、同僚はたくさんの質問をして、その答えを聞こえているふりをしてうまく対処しているのだと言った。「『うん、うん』って頷いてますよ。交流自体を避けるやつもいます」

このバージョンの撤退は、戦闘中にもある。ウォルター・リード陸軍病院の陸軍聴覚・会話センターの研究チームが取り組む課題についてジャックとファロンに話をした。ダグ・ブランガートとベン・シェフィールドは、聴覚の損失が致死率と生存率にどのような影響を与えるか、文書化している（データを集めるには、クリップボード片手に実際の戦闘の真ん中で走り回る必要があるため、軍事演習は実戦の代わりとなる）。第一〇一空挺師団のメンバーは、聴覚障害シミュレーターのついたヘルメットの着用を承諾した。最も成績のよいチームでは、軽い聴覚障害であっても〝殺傷率〟（倒した敵の数を、生存した味方の数で割る）は五十パーセントも低減したのだ。聞こえにくいことで、誤った方向へ銃撃したり、走ったりしたのではなく、何が起きているのか理解できないことが原因だった。コミュニケーションが不足したことで、彼らの行動がより暫定的になってしまったのだ。

撤退は国内戦線に持ち越される。ブランガートが、爆発によって手足を失い、両耳の鼓膜を破裂させた海兵隊員について話をしてくれた。「もっとも大きな損失は聴覚だったと彼は教えてくれましたよ。妻と子どもとのコミュニケーションが取れなくなってしまいましたからね」。考えようによっては、目に見えない戦争の怪我こそ、もっとも辛いものになり得るということだろう。

第四章

ベルトの下の世界

最も残酷な銃撃

切断手術を受けた人は、ショートパンツを履く。ウォルター・リードのロビーを横切る彼らは、警備員とおしゃべりをし、列に並び、カフェの前に佇(たたず)んでいたりする。ショートパンツの季節でもない。十二月四日のメリーランド。クリスマスソングさえ流れている。「ジングルベル」に、「ホリーの陽気なクリスマス」、フランク・シナトラが、雪よ降れと煽(あお)っている。人工装具が寒さを感じないのは真実だろうけれど、この四肢の露出は何か別物であると私は思う。自意識過剰になるでもなく、こんなことは取るに足らないことなのだと、装具を見せながら世界中を移動して、正常であることを公言しているのだと思う。固い、肉に見せかけた付属物の悲しい時代は終わったのだ。

成人用のカーボンファイバー、垂直方向の衝撃吸収、マイクロプロセッサ制御の人工装具については、また別の話である。「ウロトラウマ」と呼ばれる怪我について、そしてその怪我に対応するための技術について、耳にすることはまれである。数字が原因でもあるだろう。手足の切断手術を受けた人が一万八千人であるのに対して、生殖・泌尿器のそれは三百人に過ぎないのだ。反乱軍が十分に大きい爆弾を作らないのが原因ではない。それほど大きな爆弾は、患者ではなく死体を生みだすのだ。第一線救護の進歩、迅速な負傷兵輸送用ヘリコプターの到着、そして野戦病院が戦闘地域により近くなったことで、生殖器の再建が必要な人が増加している。しかし、生殖器に関しては控えめに語られることが多いため、再建についても多くの人に知られることがないままである。

ここ、ベテスダの池（訳注・病気を治す力があると信じられていたエルサレムにある池）のロビーの壁に掛けられた時計はちょうど午前九時を指していた（ロサンゼルスは午前六時、グアムは夜中だ）。

泌尿器科に向かう前に、私はカフェで時間を潰していた。調味料の缶を詰め替えている女性相手に、海軍将校がスペイン語の練習をしていた。「やっとのことで金曜だ（サンク・ゴッド・イッツ・ヴィエルネス）！」猫背の退役軍人はテレビでCNNを見ている。アラブ首長国連邦の大型旅客機が離陸時に横向きになったというニュースだ。「わしもやっちまったことがあるなあ」と、彼は誰に言うでもなく口にした。ウォルター・リードは公式には国立の軍専用医療センターではあるが、医療センターというよりは、まるで小さな田舎町のような雰囲気がある。広い通りには、自由通り、ヒーローの道といった名前がつけられ、大通りには郵便局やファストフードの店もある。ダンキンドーナツの店の外には黒板が設置されていて、コリン・パウエル（訳注・退役陸軍大将、第一期ブッシュ政権下で国務大臣を務める）の著者サイン会が午前十一時から開催されると書いてあった。

パウエル将軍が『きっと大丈夫』（訳注・邦訳は『リーダーを目指す人の心得』）にサインをしている一方で、グアムは眠り、ギャヴィン・ケント・ホワイトは尿道の再建手術を受ける。陸軍士官学校を二〇一一年に卒業したホワイト大佐は、アフガニスタンで簡易爆発物を踏んだ。**彼にとって、全く大丈夫ではないできごとが起きたのだ。**

簡易爆発物は、二個や三個まとめて埋められている。簡易爆発物一つで車両の中の人間を殺すことができ、残りの爆発物は助けに来た人間を殺す。ホワイトは最初の爆発を警戒中に目撃したという。ブービー爆弾が数多く埋め込まれたカンダハル地域を、誘導車が爆弾撤去作業（ルートクリアランス）を行っていた時だった。ホワイトは、戦闘エンジニアで構成された小隊を率いていた。彼らは、道路、壁、窪地、橋などに関係する建設と爆破のスペシャリストだった。アメリカとＮＡＴＯのパートナーであるアフガニスタン国民陸軍の兵士たちを運んでいたハンヴィーは、自分たちよりも先には進むなというホワイトの警告を無視していたのだ。三人が命を奪われ、三人が負傷した。車は横倒しになり道路を塞いだ。それを動かすのはエンジニアたちの肩にかかっていた。ホワイトの足が埋められたプレッシャープレートを踏み、二度目の爆発が起きた。九キロの「犠牲者自身が起爆させる」簡易爆弾だった。私は彼に、何を覚えているのか聞いてみた。

ホワイトはウォルター・リード四階のベッドに横たわっていた。枕に支えられてはいたが、寝具の上に座っていた。窓からの景色は圧巻だったが、四ヶ月の入院を経て、彼が飽き飽きしていることは想像できた。強烈な赤とオレンジ色の光が見えたと彼は言い、空中に押し上げられる感覚で、それははじまったのだと言った。「体を起こして止血帯を取り出し、吹き飛ばされていた右脚に巻き付けました」。もう片方の足はすべて残ってはいたが、ふくらはぎは吹き飛ばされた。彼はその時、このことには気づいていなかった。ブーツとズボンの前の部分はそのまま残っていたため、裏側にあるはずの足も残っているものだと推測したからだ。

ホワイト大佐のような状況下にいる人が最初に発する言葉は、たいがい、「**俺のアレは無事か？**」だろう。しかしホワイトがまず心配したのは、部下の兵士たちのことだった。誰かが血を流していないか、死んではいないか？「大声で叫びはじめたんです。『撃たれたのは誰だ？　誰が吹き飛ばされたんだ?』って」。ホワイトは彼らの司令官ではあったが、爆発後の軍人が最初に考えることは、仲間の兵士のことのようだ。ウォルター・リードの外科医でイラクで従軍経験のあるロブ・ディーン大佐もそれについては認めている。「彼らが最初に聞くことは、『ヤツはどこだ? 無事か?』ですね」。私は、そのヤツというのはペニスのことではと、単刀直入に聞いた。ディーンは「いいえ」と答えた。「なぜなら、二番目に言うのが、『俺のペニスは?』だからです」

衛生兵が断言したにもかかわらず(「全員無事です。怪我したのはあなただけです」)、片足が失われ、もう片方の足の一部も吹き飛んだ状態だというのに、ホワイトは兵士たちの状態を確認しようと立ち上がろうとしていた。状況を把握せよ。お前は司令官だ。衛生兵はホワイトの体を拘束するしかなかった。よくも悪くも、これで彼は自分の怪我の詳細を知ることはなかった。事故直後に、彼は自分のペニスの先端が「花のように開いて」いるのを見たが、損傷がどれほど深いのかはわからなかった(**花が開く**という表現は、簡易爆発物で起きた損傷を描写する語として使われるようになっている。一般的な足元の爆発では、足の筋肉が骨から吹き飛ばされ、そして開いた花のような傷口に、バクテリアを含んだ、濃い土が高速で吹き付けられる。そして花は土を巻き込んだ状態で閉じてしまい、傷口の洗浄が困難となり、しつこい感染を引き起こすのだ)。

ホワイトには考える時間が三十九分与えられていた。それが、救急ヘリの到着にかかった時間だった。「ある時点で、『アレが吹っ飛ばされたんだったら、俺をここに置き去りにしてくれ』って思ってましたね。俺にはまだ子どもがいないですし。子どもが作れないんだったら、帰ってもしょうがないと思ったんです』。部下が彼を安心させようとしていた。「あいつら、『アレは無事であります、サー』とか言うんですよ」。私はこの時のホワイトとその部下の関係性は、この言葉に込められていると思った。形式的で敬意を示す「サー」と、気軽なスラングの「アレ」である。「嘘つけって思いましたよ。俺は見たんだぞって。俺はただ知りたかったんです、使いものになるかどうかってことを」

使いものにはなる。尿道の損傷と圧迫で放尿のスピードは落ち、勃起にねじれが生じてはいるが、その症状も今週の手術で回復するだろうし、見かけ上の小さな損傷も治るだろう。

あまりの痛みにホワイトは、二度目のフェンタニル（訳注・麻酔・鎮痛剤）を衛生兵に要求したが（「できません。死んでしまいます」）、彼はそれについてほとんど語らなかった。「正直な話、自分は兵士のことしか考えていませんでした」。肉体的に怪我を負っていなかったとしても、指揮官が倒れることで、兵士たちには精神的な崩壊現象が起きる。ホワイトは彼らがガタガタと震えている姿を見て、ジョークを言おうと試みた。「俺のランナーとしてのキャリアも終わりだよな、へへへ。まったくヘボなランナーだったよ」

自分自身が両足の一部と生殖器の一部を失った上、骨盤まで砕けている状態で、周りの人間の心の状態を心配するなんて、私には想像することすら難しい。最近になって彼が率いていた小隊の軍曹から「これがあなたに起きたのは、あなたがこの困難を乗り越えるだけの強さがあったからなのかもしれません」と言われたのだと、ホワイトは私に教えてくれた。私もホワイトは本当にタフな人物だと思うけれど、それだけではないように思う。これは一種の、究極の無私無欲であり、炎に包まれた建物の中に子どもを助けるために飛び込んでいく、親の本能のようなものなのだ。戦時下に発生する人間同士の結びつきや、任務と仲間の戦士たちへの計り知れない本能は、私のようなよそ者には決して理解できるものではない。

私はホワイトに会った翌日、彼にメールを書いた。礼にはじまったメールが、そのうち熱烈なファンレターのようなものになってしまった。信念のために命や体を捧げる必要のない、私を含む多くの人々で埋め尽くされているのが私の世界だ。ヒーローなんて言葉は今まで映画の中だけのものであったし、大げさなオーケストラのサウンドトラックとともに聞こえてくる言葉だった。それはウォルター・リードの通路につけられた名称でしかなかった。でも今は、別の言葉のように私には聞こえるのだ。

手術を受ける患者の名前はまるで舞踏会の招待客のように読み上げられる。車いすに乗った患者数名が規律正しく入室し、書類が朗読される。名前、年齢、手順、体の部位名称。正しい手術室に、執刀医、該当する患者、正しい部位が入っていることを確認するためだ。ホワイトのケースでは、少し疑問に思うかもしれない。看護師が手術部位を消毒しているが、それは彼の顔で、性器を消毒しているのではないのだ。執刀医助手を務めるのはちょっと愉快になるぐらいお腹の大きい妊婦のモリー・ウィリアムス少佐で、彼女は失われた尿道を再建するために、ホワイトの頬の内側で培養した紐状の組織を使うのだと説明してくれた。口の中の組織は尿道の代役を立派に務めるのだそうだ。何が立派なのか一つ例を挙げると、なんてったって毛が生えていないところ。尿には毛にこびりつくミネラルが入っている（尿道にもし毛が生えていればこびりつくという話）。尿石の沈殿は問題ばかり引き起こす。尿の流れを阻害するし、尿道を移動して、尿と一緒に排出するには我慢できないほどの痛みを引き起こす。

シンクで腕を洗っていた執刀医のジェイムズ・ジェジアーは、今度は爪を洗いだした。彼は我々のところにやってきて、両手を前に突き出して乾かしていた。青い目をした、美しい薄茶色の髪の茶目っ気のある男性だった。彼を言い表すのには**ボーイッシュ**という形容詞を使いたいけれど、彼はまったくボーイではない経歴の持ち主だ。局長（ウォルター・リード陸軍病院泌尿器科）であり、大佐であり、ディレクター（尿路再建術）なのだ。

「それから」とジェジアーは言った。「口の中には尿への耐性があるんですよ」。彼が言わんとしているのは、口内は水分に耐えられるように設計されているということだ。前腕の下部分の毛の生えていない皮膚や耳の裏の皮膚から尿道を作ることも可能なのだが、常に尿によって濡れることで質が低下しかねない。いわば、体内のおむつかぶれのような状態が発生する可能性があるのだ。炎症が組織を食い荒らし、瘻孔（ろうこう）と呼ばれる老廃物用の代替パスを形成する。皮膚の奥深くにある穴からおしっこが洩れだしてくるのだ。最悪でしょ。

一箇所だけ穴が開いた、まるでアフガンのブルカのような青い滅菌布でホワイトの顔が覆われた。今回のケースでは、その穴は口の周辺に開けられており、目の周辺ではなかった。まるで患者が秘密セクトの人間のように見える。ホワイトの口は開創器で四角く開かれていて、両側に引っ張られていた。子どもが舌を突き出すときに、指で口を横に引っ張るアレである。ジェジアーが移植片に手術用マーカーで印をして、電気焼灼器を使って切り離した。こんろのような、毛髪を燃やしたような、覚えのある匂いがかすかに空気中を漂いはじめた。ジェジアーはそれにお構いなしだったが、前立腺を切開すると、特徴のある、ちょっといいかおりがするのだと教えてくれた。

長いハンドルのついた鉗子を使いながら、ジェジアーはぶらぶらしている組織をモリーに渡した。それは中華料理のメインディッシュのように見えた。モリーはその移植片を、手袋をはめた親指にかけて広げ、もう片方の手を使ってわずかな脂肪の欠片をつまみ取り、組織をより薄く広げた。新しい血管が育ち、尿道を補修するまでに数日かかる。最初の数日間、移植片の細胞は血清入りの培養液の中で育てられる。移植片が厚すぎると、表面の細胞だけが増殖し、内側のものは死んでしまう。これが理由で、例えばホワイトのふくらはぎ部分に使うような大きな皮膚の移植片は、メッシャー（メッシュ状の穴をあける機械）に通すことになる。メッシュ状の穴は、細胞生物の相互作用を促す広い表面積を作りだすのだ。

尿道の一部を交換することで問題を解決できない場合は、会陰尿道造瘻術というオプションもある。これは担当医が損傷部位を切除し、短くなってしまった尿道を会陰の開口部に通すというやり方だ。陰嚢（いんのう）と直腸の間にある無人地帯（ノーマンズ・ランド）である。「でもこれをやると、放尿するとき便座に腰をかけなければならなくなります、女性がするように」とモリーが言う。

それってなにか問題があるの？　簡易爆発物によって生殖器を損傷した人は、通常四肢の一本、またはそれ以上も同時に失っているというジェジアー発言がすべてを説明しているではないか。便座に座って放尿しなければならないことが、懸念リストの上位に入ることはないと思うのだけれど。

モリーは頭を傾けて私の方を向いた。「大問題ですよ」。ある程度、文化によって差があるらしい。数年前、彼女は国際泌尿器科学会の開催する、会陰尿道造瘻術の勉強会に参加した。イタリア人外科医たちが愕然としていたそうだ。「イタリア人の男に、座って放尿しろだなんて口が裂けても言えませんよ」

モリーはその会合に参加している二人の女性泌尿器科医のうちの一人だった。彼女はそれにバランスの悪さを感じたものの、だからといってひるむことはない。会合の合間にある休憩の時、トイレの列に並ぶ必要がないのがいいところだそうだ。「泌尿器学会議で女性用トイレを独り占めしちゃった」

「ここでも独り占めだろ」とジェジアーが無表情に言った。

頬の一部は次のキャリアに移る準備が整ったようだ。看護師がホワイトの腰から滅菌ドレープを外すと、彼の皮膚に消毒薬を塗りはじめた。生命力みなぎる若い男性の場合、全身麻酔下であっても、それがクロラプレップ社のスポンジによって与えられる刺激だとしても、ペニスは反応するのだった。しかしこの反応はたぶん、通常よりも弱めだろう。なぜなら、ジェジアーが勃起を一時的に鈍らせる薬の処方をしているからだ。外科的切開は臓器が弛緩した状態で縫い合わされる。勃起は臓器を伸ばす作用だ。かなりの**激痛**を伴う。しかし、勃起することでより多くの血液がペニスに流れ込み、それにより回復が早まり、傷跡が残るのを防ぐのだ。特に後者は重要で、傷跡が残ると（特にそれが勃起組織の場合は）正常に勃起することができず、不快感を伴うことになる。これが理由で、術後の性交渉がペニスの治療法として推奨されることがある。私たちがこの後会うことになっているウォルター・リード看護師長のクリスティン・デスロウリアーズは、医療関係者が病室に入室せず、配偶者とパートナーだけが患者と過ごす「性的な時間」を連日設定するよう、集中治療室のスタッフに指導している。

ジェジアーが尿道にアクセスするために臓器を切開した。作業を進めながら、彼は片手の手のひらの下の部分を、まるで小さなビーンバッグチェアを使うようにホワイトの陰嚢の上に乗せていた。モリーのスタイルはもう少し改まったもので、彼女は自分の器具をまるでナイフとフォークのように握り、手首を上げていた。長方形の移植片が縫い付けられたが、それは平らなままだった。尿は一時的に、移植片の下の皮膚に作られた開口部から流れ出るようにされた。新しい血液の供給がはじまり、移植片が定着したことが明らかになる後に行われる再手術の時に、ジェジアーが再びそこに戻って泌尿器を連結するのだ。移植片をチューブの形に丸め、元々あった尿道と接続する。それが、尿道となることを期待して。

すべてが終わるとジェジアーは手袋をパチンと外して手術室の端に置かれたデスクまでまっすぐ進むと、電話の受話器を手に取って内線番号を押した。ホワイトの母親が彼の病室で待機しているのだ。「目を覚ましていますよ。すべてうまく行きました」

今日はジェジアー医師を三度も見失った。手術室用の靴カバーをするために座りこむ時、冷水器を使う時、終わって振り向くとすでに彼はそこにはいないのだ。看護師に引っ張って行かれ、病院の管理者に連れて行かれ、患者の妻に連れて行かれてしまう。彼は絶対にノーとは言わないが、ノーと言ってもいいほどの状態ではある。慢性的に超多忙なので、前のめりになって廊下を歩いていて、まるで一秒早く到着したら、無くなることのない未処理分の仕事にとりかかることができると考えているように見えるのだ。彼の事務所のトイレには読まなくてはならない書類が山積みにされており、それらはすべて泌尿器学に関する資料で、手洗い場を破壊する勢いである。

ショッピングモールで迷子になった子どものように、私は動かずにじっとしていることが大事だと理解しているから、いつか彼は私のところに戻ってきてくれるに決まっていると思っていた。私はウォルター・リードの通路に並べられている掲示板のひとつ、「箱と倉庫」に寄せられた情報を眺めていた。「ノシメマダラメイガの幼虫が波形のダンボールの中で蛹化」と写真に記されていた。その日見たイメージの中で最も落ち着かないタイプの写真だったが、それも長くは続かなかった。イラク帰りの患者たちの写真を私に見せるために、ジェジアーと私は、彼のオフィスに向かうことになったのだ。数々の写真は落ち着かないタイプのものというわけではなかったが、私に広い意味で銃弾や爆弾がどんなものかを教えてくれ、そして外科医がそれに対して何ができるのかを教えてくれた。

ジェジアーはシンプルな解剖学用語を使って説明してくれたが、それでも私には、自分の見ているものがその単語と合っているものなのかどうか、すべて理解できたわけではなかった。その画像の中に**人間がいる**ことさえわからないものもあった。私が見たのは精肉店だ。包帯が魂をつなぎ止めていた。兵士の中には、私が今見ているものを、一度も見ていない人たちもいる。ジェジアーのとある患者は、損傷したペニスを三週間もの間、見ようとしなかったそうだ。彼はマウスをクリックして次のスライドを見せてくれた。この兵士が病院に到着した時の写真で、彼らが言うバリスティック・サークル、つまり武器が標的とした場所に起きた作用のアップ写真だった。このような患者にどうやって事実を伝えるのですか？「以前は楽観的に伝えるようにしていましたね」とジェジアーは言う。「でも、最終的に傷を見て、患者は『ウソだろ！』となってしまうわけなんです。それはまた新しい苦しみとなってしまいます。第二の損失なんですよ」。今現在では、より単刀直入だという。「今では『重傷です。ご自分の目で確かめて下さい』と言うことにしています」。驚きがあるのであれば、ポジティブなものの方がいい。

それでは、彼らに何をしてあげられるのだろう？　できることは多い。患者の体の部位を使って、機能するペニスを作り上げる陰茎形成技術は、進歩を遂げてきた（トランスジェンダー・コミュニティーから得た恩恵の部分も大きい）。陰茎を形成するために、ジェジアーは腕の手術からはじめる。腕の内側から長方形に切り取った皮膚片をかんながけして二枚の薄い層にする。内側の層は尿道を形成するように丸められ、外側の層が軸部分となる。この、チューブを内側に持つチューブは、元あった場所に戻されて、腕の血液供給により育まれていく。元々の臓器の、破損しなかった部分が回復した時点で、新しいモデルが腕から切り取られ、より南下した位置に取りつけられるというわけだ。

勃起組織は難問である。男性の体の別の場所にも、例えば尿道や副鼻腔（鼻づまりは鼻甲介の勃起で起こる）にも海綿状の勃起組織があるが、いずれも量は少ないし、誰もその移植を試みたことはない。そしてアイバンクや精子バンクや脳バンクはあっても、鼻バンクに鼻を預ける人間などいない。陰茎の海綿体の代わりには、平行した二本の勃起組織の円柱が用いられる。外科医はその中に二本の空気注入式のシリコンインプラントを設置する（勃起するために、患者、あるいは彼のお友達の誰かさんが、陰嚢に入った小さなシリコンバルブをにぎって、嚢に入った容器から生理食塩水を送り込むのだ）。管を接続して、神経が再び伸びるのを待ち、その間にオーガズムも射精も元に戻るというものだ。

ジェジアーはスライドを説明し続けた。「これは団長の写真ですね。狙撃手が股間を横から撃ち抜き、ペニスの中間部分が失われました」。ペニスをすべて失くし、そして爆撃でも命を失わないのは稀だ。複雑外傷（DCBI）と呼ばれるグレード3またはそれ以上の（より酷い）ケースでは、二十パーセントの兵士がペニスに損傷を受け、すべてを失ってしまうのはそのうち四パーセントである。

どうしても考えてしまう。狙撃手の調子が悪かったのか、それとも彼はわざとそこを狙って撃ったのではないか？　股間を狙うスナイパーがいるのだろうか？　ジェジアーは、いると考えているそうだ。彼は第二次世界大戦でも同じような話があると言った。近隣の米国軍保健衛生大学で軍事医学と歴史学で教鞭を執るデール・C・スミス教授も同じような話を聞いたことがあるそうだが、それを裏付ける証拠はないという。狙撃手の二番目のゴールは恐怖心を植え付けることなのだとスミスは指摘した。そういう意味では、股間への一発は強烈である。しかし、スミスは電子メールの中で、それはリスクの高い一撃でもあると書いていた。狙撃手は、狙撃位置につくというリスクと、戦術的努力のなかで「高い確率の見返り」を求めているからである。骨盤は「確実な一発」とは考えられていないのだ。

銃撃による症例が続いた。今度の患者は陰嚢と直腸を撃ち抜かれている。「ここに肛門の半分が残っています。この上側が陰嚢ですね。これが睾丸の中身です」。忌まわしい近代戦のキュビズムである。この症例での再建は、ウォルター・リードの男性病学長ロブ・ディーンの執刀で行われた。男性病学者の専門は再生であり、排泄ではない。睾丸と陰嚢、ホルモンと生殖である。ディーンはジェジアーと私に数分後に合流し、下の階のサンドイッチのお店でランチを食べることになっている。彼ら二人は、共にイラクで四ヶ月間従軍した経験がある。

ジェジアーはアップ写真のファイルを閉じて、泌尿器科の待合室から、階段に向かって私を導いてくれた。「患者のジャクソンさんはいらっしゃいますか?」と、受付係が言った。まるで「患者」という言葉が彼の位を表すかのような言い方だった。きっとある意味そうなのだろう。ジャクソン氏は少佐かもしれないし大佐かもしれないし、彼の前にいる人は一等兵かもしれない。でも、ここでは全員が患者なのだ。階級と階層で分けられた文化の中で、ウォルター・リードは、少なくともよそ者にとっては、親愛の情を感じさせる平等主義者の集団のように思える。

ディーンはすでにサンドイッチを注文するための列に並んでいた。彼もまた、超多忙であり、そしてそれは、壮大で凶悪な戦争のスキームの中では、よいことだと言える。より大きな爆撃を受けたとしても、より多くの兵士が命を繋ぐことができるということだからである。もし財源や研究で遅れを取るとするならば、それは哀れな姿になった臓器を含む、すべての性的なものごとをとりまく、一般的な不快感が原因の一端となっているのだろう。もっと単純なレベルの話で、見たこともなく、考えることすらない症例だからだろうとジェジアーは考えているそうだ。「もしセレブがウォルター・リードの病室にいる患者に面会したとして……」

ディーンも加わった。彼ら二人はお互いの意見を夫婦漫才のように言い合った。「……その通り、大統領がシーツを下げて……」「……なんてこった、ちょっと見てみろよ、ペニスが無くなっちまってるではないか。よし、ざくざくと資金を集めよう……なぁんてことにはならないよって話で」

ウォルター・リード陸軍病院は陰茎形成術の費用を負担するが、初めはそれに対する反対意見もあった（移植そのもののコストは約一万ドルである）。勃起は「贅沢なこと」と考えられていたとディーンは言う。「彼らは『べつに必要ないだろ』と言うんですよ。私は『そうですか、それじゃあ足を切断した人間には人工装具が必要ないんですね。車いすにでも乗せましょうか！』すると彼らは『まさか！　歩くことは彼らにとっては重要だろ！』って言うわけです。だから今度は『なるほど、しかし多くの人間がセックスすることは重要だって思っていますよ』……ええと、カプレーゼ・サンドイッチとコカコーラ・ゼロもらえます？」

ディーンは表情がとても豊かで、よく手や目を動かした。よく目立つ眉毛は弓なりで、話したり笑ったりする時に、それらすべてが参加してとても楽しげなのだ。この仕事では、ユーモアと率直さは彼ら自身へのセラピーだ。ディーンは落胆している患者のペニスに定規を当てて、「十五センチもあるだろ！　どんだけ贅沢(ぜいたく)なんだよ？」とわめいたことで知られている。

しかし彼の陽気なトーンに騙されてはいけない。ディーンは患者のためならブルドッグのように頑固一徹になる。子孫を残す可能性を絶たれる怪我を負った兵士の体外受精費用を負担するよう、退役軍人局を動かした立役者なのだ。彼は米国軍保健衛生大学の生徒向けに、負傷した軍人たちの性の健康問題についての授業を行っている。彼は、同僚のクリスティン・デスロウリアーズがウォルター・リードの性と生殖に関する健康(リプロダクティブ・ヘルス)と性行為のワークグループを創設できるよう手助けをした。十二組あまりの地元の医療提供者とソーシャルワーカーが手を組んで、定期的に戦略を練り、その資料を共有するのがこのワークグループなのだ。例えば、『負傷した退役軍人のためのセックスと愛情行為』という、ＤＣ近郊で作業療法士として活躍するキャスリン・エリスとケイトリン・デニソンが執筆した書籍がある。この二人は一歩も引かない。この本には、四肢のうち三本を失った人のための性交体位のヒントが記されている。肘から先を両腕とも失った人のための、バイブレーターの改造方法も指南されている。タイトルページにあった推薦の言葉（正確なフレーズではないかもしれないけど）、「この本をすべての患者、そしてその配偶者、医療提供者に配るべきだ」に、私も賛成する。

特に、医療提供者には必要な書籍である。「素晴らしい内容です」とデスロウリアーズは言い、「その話題に触れることを、どれだけ彼らが恐れていたかわかりませんから」と続けた。「なあクリスティン、俺は三十八回も手術を受けたんだ。軸を完全に再生できたけど、家に帰ってどうやってそれを使えばいいのか、誰も教えてはくれないんだよ」と、彼女に話した海兵隊員のことを教えてくれた。

妻と話し合う人は皆無だ。「彼らがふれ合う場を見ると辛くなりますよ」とジェジアーは言った。「心の中で『彼女、去って行くだろうな』って思いますからね」。私がデスロウリアーズに離婚率について聞いた時、彼女は「離婚率？　むしろ自殺率の方を知ってもらいたいわ。無事生還したというのに命を絶つなんて、なんて残念なことだろうって思います。私たちは彼らの命は救っても、どうやって生きていくのかを教えていないんです」。ウォルター・リードにはフルタイムで勤務する性教育者やセックスセラピストが存在しない。内科外来では「リプロダクティブ・ヘルス」での予約が可能だが、患者を捌くのは看護師一人の仕事なのだ。

この話題が出た時にジェジアーは言った。「それは、僕たちが求めている状態とは言いかねますよね……」

ディーンが話に入ってきた。「何もないんだ。あるのはむなしさだけ」

デスロウリアーズのワークグループは、国防総省がウォルター・リードに常勤のセックスセラピストを雇う費用を負担するよう軍事委員会に掛け合うことに七年を費やしているそうだ。彼女は多くの支援を受けているけれど、ほとんどすべて小手先だけのものだという。問題になっているのは予算削減だけではない。「アメリカ政府にセックスを受け入れさせることが難問なんですよ」。彼女は、数年前にウォルター・リードを率いていた最高司令官との会合で起きたことを教えてくれた。「彼は、『ペニスがない人間に、教える意味がわからん。何を使って助けようとしているんだ?』なんておっしゃってましたね」

デスロウリアーズが最高司令官に伝えられることはたくさんあっただろう。「ストラップで身につけるものなどありますが、サー?　乗馬フィットネスマシーンとか?」エリスとデニソンの本にあった一文を引用することもできただろう、「残った手足を創造的に利用して、パートナーである女性のクリトリスを刺激する方法はいかがでしょうか、サー?」「より喜びを得られる場所を探してみる(例えば乳首、首、耳、前立腺、直腸)などはどうですか、サー?」でも彼女はより基本的なことを伝えたそうだ。「私、『サー、率直に申し上げますが、舌があれば、学べることもありますよね?』って言いました」

「考えておかねばならないことがもう一つあるんですよ」とジェジアーは言った。「それは、大きな怪我をした直後には、セックスが必ずしも最重要項目とはならない。それ以外のことが多くあるんです……」

ディーンが頷いた。「**例えば、歯を磨くことができるのか、なんてことです**」

「それに、その時期を乗り切るために、相当量の投薬がされています」。麻酔、精神安定剤、抗うつ剤だ。「だから、しっかり勃起しないと訴えるのであれば、『よし、なんとかしましょう。鎮痛剤を止めて、どうなるか見てみようじゃないか』っていうことになります」

もしあなたがクリスティン・デスロウリアーズであれば「ちょっとぐらいの痛みには耐えられます? 四時間断薬して、セックスして、それからまた投薬しましょう」と言うだろう。導尿管が邪魔ですって? 折りたたんでコンドームの中に入れちゃいましょうよ。「導尿管を留置したままでも、絶対にセックスできるわよ!」

クリスティン・デスロウリアーズのセリフはさておき、将来的に期待できる、技術の発展はあるのだろうか? ウロトラウマの未来には何が起きるのか? ペニスの移植は可能なのか? 私は半信半疑だったのだが、ジェジアーはジョンズ・ホプキンズではじまった実験研究について話しはじめた。

「え、ちょっと、ペニスの移植の予定があるの？」不必要なほど大きい声で言ってしまった。カップルが、食べていたパニーニ越しにこちらを見た。

ジェジアーが「**はい**」と、まるで領収書が欲しいかとか、ポテトはつけるかと訊かれた時のように、こともなげに答えた。彼は私たちが見た写真に写っていた患者の一人も志願者だと付け加えた。それでも、実際の移植は半年後だそうだ。「今は死体の実験をしている段階でね」

「あら、いいこと聞いちゃったわ」

第五章

ヘンな話かもしれないが

生殖器移植に敬礼

高齢者の死体はいつも（男性は特に）、髭そりがいるように見える。それはたぶん、ほとんどの場合、逝去に数日かかることが原因だろう。死ぬ時には髭そりや足の爪を切ること、髪を整えるのに使うことができる予定外の時間はたっぷりあるけれど、小ぎれいにする体力は残っていないし、そうする必要もない。今朝、メリーランド州解剖学会の死体研究室のストレッチャーに寝かされた二体の遺体は見た目が似ていた（無精髭を生やして髪がメチャクチャ）。でも、それ以外の部分は、まったく異なっていた。一人は肉付きのよい、がっしりとした胸板の持ち主だった。足は膝を曲げた状態で股関節のところで開いていて、片足がもう片方の足の上に乗っていた。男性の気ままな足はジグを踊っているように見えた。もう一方の死体は硬直していて、細身だった。両足はお箸のようにぴったりと合わせられていた。銀行の窓口から押し出せそうなほど、彼の体は細かった。一体にはタトゥーがあり、もう一体にはなかった。

一体は割礼が施されていて、もう一体には割礼の跡はなかった。今朝行われた手術は性器移植であったことを考慮すると（アメリカで初めてとなる手術の下準備となる手術だった）、目立った性器の違いはそれぐらいのものだ。

それでも、もちろんそんなことはどうでもいい。臓器提供を受ける側の人間は、その新たな贈り物を目にすることはない。このように、死体は特定の生殖器の特性によって選ばれたわけではない。「彼らはそこにいたということです」と、セッションに向かっている外科医のリック・レデットは言った。「それから男性であったということですね」

レデットと、彼をアシストする形成外科医で再建外科医のデイモン・クーニーとサミ・トゥファーハは、道を挟んだ向かいにあるジョンズ・ホプキンズ大学から派遣されてきていた。国防総省から財政的支援を受けているジョンズ・ホプキンズ大学医学部は、過去十年の間、移植分野で多くの刷新を行う場となってきた。アメリカで初めて両手の移植、そして肘から先の移植を行った外科チームがジョンズ・ホプキンズ大学で研究を重ねている。ホプキンズの移植チームは、骨髄注入と呼ばれる技術を洗練させるための手助けを行い、この技術は患者の体が新しい部位へ示す拒絶反応を大幅に低減させている。この技術は特に、複合組織移植時に役に立つそうだ。例えば、（肝臓や腎臓とは違い）顔や手は、様々な皮膚、筋肉、粘膜が集まって形成されている。ペニスであれば、このリストに勃起組織を加えればよい。人体は一種、あるいは二種の組織を受け入れ、その他は拒絶する。皮膚は特に問題が多い。なぜなら、皮膚自体が防護壁の役割を果たしているからだ。免疫学的に、皮膚は厳戒態勢にあるのだ。人体の見張り役を騙すために、患者はドナーの骨髄液の点滴を受ける。骨髄液が免疫細胞の生成元となるのだ。ドナーの骨髄液は患者の骨髄液に取って代わることはないが、免疫の計画表を、ある程度、再プログラムする。体は疑いの目で新しい部位を睨み付けるようにはするが、激しく追い立てる前に諦めてしまう。拒絶のリスクが低減されると、免疫抑制剤の必要性が低くなり、また、少量にすることができる。それは、患者にとっては副作用が少なくなり、健康状態を保つことができるということになるのだ。

骨髄注入のような新しい技術は、命を救うためではない移植を是認する方向へと倫理的バランスを傾けた。顔や手の移植の恩恵は（そしてたぶんペニスも）、その短所を上回るようになってきた（足の移植はアピール点の少ない移植で、ひとつには、神経の再生に時間がかかるということもあるだろう。いまのところ、補綴（ほてい）（訳注・人工物で補うこと）の方がよりよい選択となっている）。

レデットはジョンズ・ホプキンズ大学移植チームの、腕の再建手術と形成外科手術のトップで、この文章を今こうやって書いている私のようにさして苦労するでもなく、体のどの部位でも、どこにでもくっつけることができる。以前彼は、結合双生児の分離手術について記述していた。文章はこんな感じだった。「…というわけで、我々は死を迎えつつある二人のうち一人の足と臀部と骨盤の一部を移植して、それから大動脈を取り出して、それを……」。レデット自身はがっしりとした体格の男性で、整った顔立ちをしていた。鼻は標準よりも小さめで、愛嬌のある目をしていた。彼の場合、声が最も特徴的だろう。俳優のジェームズ・スペイダーにそっくりなのだ。

レデットは騎士の甲冑のように切られた手術用キャップをかぶった。耳がすっぽりと隠され、額もすべて覆われていた。死体研究所の匂いは、できれば誤魔化した方がいい（レデットにはこの後ランチミーティングがある）。クーニーのキャップは、「アイルランド人の幸運（ラック・オブ・ジ・アイリッシュ）」を象徴する明るい緑色のクローバーのプリントがされていて、それは父から受け継いだものらしい（訳注・クローバーはアイルランドの国花とされる。どこでも見られるため、アイルランドを「エメラルドの島とも呼ぶ）。クーニーのこめかみあたりの灰色の髪がキャップの下からちらりと見えていたが、彼を描写するときに「**威厳**」なんて言葉は似合わないだろう。「**かわいい**」がぴったりだ。彼は四十歳だが三十歳に見える。

また彼は、敬意から父親の拡大鏡を使用しているのだが、彼の顔にはあまりに大き過ぎて、いつも鼻からずり落ちているのだ。今日、彼は少し風邪気味だ。ちょうどよいタイミングよね、だって今朝のこの匂いはちょっと……。

ウォルター・リードの退役軍人は、陰茎形成術のためにジョンズ・ホプキンズ病院を頻繁に訪れるという。自分の上腕から摘出した皮膚を、生理食塩水を入れて拡張することができるロッドに巻いて再構築したペニスだ。「人工ペニス」の見た目は、驚くほど自然である。これはレデットの技術の高さの証明であり、彼のスマホに保存されている写真の何枚かは、アンソニー・ウェイナー（訳注・元下院議員。支持者の女性に下半身を撮影した写真を送りつけるなど、セックスメール事件を起こした人物）スタイルの自撮りと間違えられかねない。

「これはアフガニスタンにおいて、ロケット弾で撃たれた兵士です。睾丸、陰嚢、そしてペニスを失いました。皮膚片が腕で育てられています」。レデットはまるで子どもの自慢をする親のように、画面をスワイプして写真を見せてくれた。「陰嚢は組織拡張器を使って、会陰のなかで作りました。これが人工睾丸です。これですべてが元に戻りましたね」。九ヶ月から一年経過すると、かつては腕であった組織内部でペニスの神経は再生し、通常のペニスの感覚を供給し、以前と同じようにオーガズムを誘発するようになるのだ。

男性が移植を選択する理由はなんなのだろう？　骨髄注入をしたとしても、移植がいまだに、ある程度の免疫抑制を必要とするというのに。免疫抑制は体の防御反応を低下させるだけでなく、感染と癌に扉を開き、その上、投薬にはひどい副作用がつきまとう。陰茎形成術でいいのではないか?

「問題はここなんです」レデットは壁に掛けられたホワイトボードの方に進むと、ペニスの絵を描いた。まるで小学生の落書きのようだった。問題となるのは、飛び出しだ。性交中にペニスの先からインプラントが飛び出してしまうのだ。ペニスのインプラントは勃起不全用に開発されたものである(酷いケースだとバイアグラでは効かないから)。こういった男性患者の性器内には、空気注入式の棒が固い繊維製の鞘に収められていて、勃起チェンバー(銃身のように、軸と同じ長さで二本伸びている)と並んでいる。陰茎形成術を受けた患者には鞘がなく、皮膚だけである。つまり、貫通しやすいということ。レストランで出されるストローの袋を握り、ストローが袋の上を突き破るまで紙の袋をずり下げる場面を考えてほしい。似たシチュエーションである。飛び出し率は四十パーセントにも上ると報告されている(しかしインプラントをポリエステル合成繊維のダクロンや死体の袖状組織に収める方法でいくらか改善しているようだ)。そして、前の章でも述べているように、前腕の皮膚で作られた尿道は、水分が多いと膨らんだり劣化したりするのだ。

その上、男性は自然で、食塩水を注入しなくてもいい勃起を望むのだろう(インプラントを持つ男性は、固くするために陰嚢に入ったバルブを握って食塩水を注入しなければならない)。そして男性は同時に、その勃起が済んだあとは、あまりかさばらない、しまい込むことができる臓器を望むかもしれない。膨張していない陰茎インプラントはかさばりはしないが、短くならない。「そうでしょ?」

クーニーが拡大鏡の向こうからのぞき込んだ。「メアリー、一般的な話、だよ? 男は大き過ぎるからって文句は言わないですよ」

これを読者のあなたが読む頃には、レデットのチームが初の移植を完了させている頃かもしれない。私が最後に確認した二〇一六年二月の時点では、負傷した退役軍人が選ばれ、適合するドナーを待っている状態だった。臓器移植に必要な条件に加え、ペニスも、当然、視覚的にしっかりと合っていなくてはならないとレデットはメールに書いていた。「皮膚の色と……それから年齢ですね」「サイズもですよね?」と私は返信に書いた。彼はこの質問をあっさり無視した。

彼らの初めての手術は、世界初ではない。実は二〇〇六年に中国の広州総合病院で初めての手術が行われている。ケーススタディでは、臓器提供を受ける人は兵士ではないが、詳細不明の「不運な事故による外傷」を受けた状態であると外科医が説明している。そして彼には精神的なショックが追加されることになったようだ。新しいペニスは移植から二週間後に「遺憾ながら切り落とされた」のだ。男性の体が拒絶反応を示したのではなく、彼の妻が拒絶したのだ。詳細は明かされなかったが、「我々や患者本人の想像を上回るような、深刻な精神的問題が妻に生じた」という言葉が残っている。腫れと、壊死組織の発生も記されてはいた。

壊死は組織が酸欠状態になると発生する（このケースでは執刀医が必要不可欠な動脈を繋がな

かったことが原因だった)。皮膚は黒く変色し、ガサガサと固くなり、いずれ落ちてしまう。「**壊死**は、死そのものですよ」とクーニーは説明する。「医師が〝**死**〟という言葉を使いたがらないだけで」

壊死していなくても、移植された付属器には、死の汚点がつきまとう。死んだものではないが、蘇りをどこか感じさせるからだ。患者にとってそれが居心地の悪いものであることは想像に難くない。肝臓や肺などの内臓の場合は、精神的負担は一般的に軽いものだ。目に見えないし、心に留めることもない。「死人の手を見たり使ったりするのは容易ではない。鏡に見ることができる死人の顔なんてなおさらである」と、世界で初めて手の移植に成功した外科医ジャン＝ミシェル・デュベルナールは書いている。しかしこの腕も、患者が悪魔から移植されたと信じ込んだために後に切断された(移植された手は赤黒く腫れ上がっていたが、悪魔から提供されたものという訳ではなかった。患者本人が免疫抑制剤を飲むことを止めたのだ)。

クーニーの経験は別のものだった。「顔と手の移植については、他人の体の一部と精神的に同一化するという、変化への対応が問題になると誰もが考えたのです」。しかしそれについては問題にはなっていないのだ。「それは人間の思い上がりであると僕は気づいたのです。私もあなたにも手は二つあります。そこにもう一つ手が増えれば不自然に思いますよね。しかし手を失くすということは、それより**もっと**不自然なことなんですよ」。クーニーのチームが行った手の移植手術を受けた六人の患者は、目を覚ました直後に、新しい手に触れることも見ることもできないというのに、それが自分のものだと感じたのだという。これは異なる性別やわずかだが肌の色が違う手であっても同じだった。

他人からの顔の移植が、人々が想像するよりも抵抗がない理由は、それがなければ顔を持つことができないからだ。「患者は『誰の顔でもかまわない』と言うんですよ。顔を持つということは人間になるということ。顔がないという状況は、映画のモンスターになるということなんです」とクーニーは言った。

それじゃあペニスは？「それについては考えをまとめようとは思っています」とクーニーは言い、大男のお腹の上に並んでいる手術用の器具を揃えながら語りはじめた。「ペニスは何が違うんだろう、ってね。顔や手のように誰かのアイデンティティーを示すものではないですよね。でも、ペニスには何か特別な意味がある。より個人的なものなんですよね、ある意味。だって誰も見ない部分なんだから」

そしてこのケースでは、誰もが興味を抱いて、移植されたペニスを見てみたいと願うだろう。メディアの注目は高まり、特にそれは居心地の悪いものとなる。「車いすに座った人の両腕が移植されていたとして、彼を見て『うわ、すごいなあ』とは言いやすいものです」と、レデットが、彼のワークステーションであるストレッチャーの場所から発言した。「でも、病院のガウンを着て座っている患者が『うん、すべて順調ですよ……』と言ったとしても、みんな、こう考えますよね、**『それって本当に機能してるの？　ちょっと見せてくれない？』**って」

クーニーはぶすりとメスを入れた。大柄な男性のペニスはまるでソーセージのようにプチンと勢いよく開いた。尋ねられれば、それが男性にとっては居心地の悪い作業だと彼も認めるだろう。そしてクーニーは話題を変えた。

「ええと、これが陰茎の海綿体の海綿状組織ですね」。彼は二本の勃起チェンバーのうちの一本を指して言った。彼が付け根をつまむと、スポンジから水が流れるように、血液が流れ出した。勃起をするには血液が必要なので、正確に動脈を繋げることは、間違いなく重要なことだ。それは壊死を予防するだけでなく、性的機能を促進することでもある。中国人執刀医は勃起チェンバーの真ん中を通り、勃起に必要な血液のほとんどを供給する陰茎動脈を再接続しなかった。もしかしたら、妻の要望だったかもしれないけどね。

さて、一台のストレッチャーが運び込まれてきた。細身の死体の腹部の皮膚内の動脈が、輸液パックから伸びるチューブに接続された。バッグの中の液体はインディゴ染料で、それが流れ出すと皮膚の一部が青く染まり、動脈によって血液が供給されている範囲が正確に、明らかとなるのだ。この方法で、レデットと彼の同僚たちは、移植のためにどの血管が必要不可欠なのか、ピンポイントで見つけることができる。アメリカ人が初めてペニスを動かす時は、壊死の心配をしなくていいだろう。

輸液は点滴ではなく、急速注入されるもので、これは救急処置室に設置され、血液を高速で補充する役割を果たしている。「初めて試してみた時は、散々でしたね」と、専門医学実習期間に陰茎の血管系を研究しているサミ・トゥファーハは言った。「染料をそこらへんにぶちまけちゃって」。いらつく学校管理者。汚れたローファー。彼は足を一歩前に出した。「これ、死体専用靴」

ジェームズ・スペイダーの声が後ろから聞こえてきた。「死体専用の靴がないってことは、ちゃんと研究してないってことだ」

同じ研究室で行われた過去のセッションで、トゥファーハはペニスのすぐ上の下腹部の皮膚に液体を流すことができる、大腿動脈から伸びる血管を見つけ出した。彼らはこれが例外的なものかどうか、再度チェックしている。

トゥファーハは点滴のバルブを開くために手を伸ばした。数秒で、じわじわと変色した部分が広がっていった。範囲は広くなり、色は濃くなり、境界線がはっきりとしてきた。「最高だな」とレデットが言った。「ここのエリアをすべて、移植の一部に使える」。ペニスの移植は植樹と同じだ。単に、幹をチョキンと切ってはダメだ。根っこ周辺の土も取って、木を育てている根も同時に取るのだ。全部で三本から四本の静脈、そして同じぐらいの数の動脈、二本の神経の結合が必要となる。

細身のドナーの死体は、仰向けに寝かされていて、片腕が腰のあたりに置かれていた。リラックスしたポーズだし、映画の中のようなポーズだ。まるでセックスの後のまどろみ、あるいはプールサイドの長いソファでリラックスといった感じである。その後の手順を考えると、なんだかおかしな光景だった。トゥファーハとレデットは、すべてを切断済みだった。ペニス、陰嚢、そして、トゥファーハが発見した重要な動脈を含む、ペニスの上と下のあたりの肉だ。

レデットは後日行われる会議で発表するプレゼンテーションのための写真が必要で、トゥファーハは、喜んですべてを持ち上げてカメラの前に差し出した。親指と人差し指を使って、皮膚の両端を摑み、そして裏返して、レデットがちゃんと撮影できるようにした。ベビーシャワー中の母親が、招待客からもらった赤ちゃんのセーターを手に持って、なんて素敵なのかしらと褒めちぎるアレを想像してほしい。同じようなサイズだし、同じようにフニャフニャだし……と、私は言いたいだけなの。もっとマシな比喩もあっただろうけど、まあいいじゃない、先を急ぐわ。

後日、実験室から廊下を挟んだ場所にある事務所でメリーランドの献体プログラムを運営するロン・ウェイドに、もしドナーの家族から献体の使い道を知りたいと問い合わせがあった場合、どう答えるのかを聞いてみた。「臨床材料・外科標本などへのマルチユースだと回答しますね」と彼は答えた。私が見たものを考慮すると、曖昧さの必要性は理解できる。今日行われている調査の詳細をドナーの家族に受け入れてもらうことを期待する前に、彼らはその移植が約束することを理解する必要がある。兵士になるということを、簡易爆発物によって人生をぶち壊された後に受ける手術から目覚める海兵隊員の気持ちがどのようなものかを、肌で感じなければならない。彼らは、この窓のない、ホラー映画に出てくるような部屋で展開された手順が、若者の未来とその人間関係、そして健康で安全な暮らしをすべて立て直すことができる可能性を含んでいることを、評価しなくてはいけない。そしてなにより、贈り物の詳細は、語られないままでいることが大切なのだと私は思う。

ドナーへの作業はすべて終了した。彼のペニスがあった場所は（※1）、真っ赤で整った長方形の血液の腰巻きのようになっている。皮を剝がれた睾丸は、腰の横に置いてあった。「これは持っていかないの？」と私は、まるでレデットが旅行のパッキングでもしているかのように訊いた。彼はまるで旅行のパッキングをしているようだった。私は精子を作りだすことができなくなった戦闘員

※1　同じようにして、四肢を失った人たちは、失った腕や足がかつてあった場所に幻想痛を感じるという。陰茎を失った人は時に幻の興奮を覚えるという。これは〝ファントム・リム（幻肢）〟という言葉の作成者サイラス・ウィアー・ミッチェルにより、初めてファントム・ペニスと表現された。ミッチェルにその専門性を与えたのは一体何なのだろう？　彼はフィラデルフィアのダウンタウンにあった〝義足病院〟で、南北戦争で四肢を失った兵士たちとともに働いていたのだ。

義足病院はもうそこにはなくて、その場所には四肢欠損の防止と人工装具エンジニアリングのための退役軍人センター・オブ・エクセレンスが建設されている。でも、すべての施設が無くなってしまったわけではない。ロンドンには足と踵センターがあるし、ニューデリーには乳房クリニックがあるし、テヘランには肝臓病院があるし、カルカッタには顔と口の専門病院があるし、ニューヨークには、ニューヨーク耳目診療所があるし、メキシコには外陰部クリニックがある。それにしてもかわいそうなペニス。名前がつけられた病院がないなんて。

のことを考えているのだ。機能するペニスと一緒に、そんなひとにあげたら最高なんじゃないか、生殖が可能な未来が待っているのではと思ったのだ。追加の管の一本や二本、べつにいいでしょ?

それが実はよくないのである。実際のところ大問題なのだ。睾丸を繋げるということは、ペニスのドナーは同時に精子ドナーになってしまうのだ。もし移植レシピエントが死んでいるドナーの睾丸を使って誰かを妊娠させたとすると(そして、さらに重要なことを言えば、ドナーの遺伝子を使って妊娠させたとすると)、その子どもは誰の子孫となるのか? もしドナーの未亡人が、今となっては異なる男性の体内で生成された、死んだ夫の精子の権利を主張したとしたら? もし死んだ男性の両親が、彼らの生物学的な孫との親類関係を希望したら? クーニーはペニスから顔を上げ、「ややこしいでしょ」と言った。

私はレイ・マードフにこれについて訊いてみた。マードフはボストンカレッジ・ロースクールの教授で、死人の法的権利について書いたベストセラー『不死と法律』(Immortality and the Law 未邦訳)の著者である。「問題は山積みです」と彼女は言った。というのも、アメリカは何年も前にドナーの精子とドナーの父親問題という未知の領域に到達しているというのだ。「分別のある国々ではすでに、死んでしまった人物の精子に関する法律や規則が存在します」。しかしアメリカはまだそこまでは進んでいない。なにせ、裁判官が精子提供者に子どもの養育費を支払うよう命じる国だし、レイプ犯が被害者の子どもを訪問する権利を約束されたことがある国だ。

今のところ、より実践的な問題が邪魔をしている。脳死状態で、人工呼吸器から酸素を送られている家族からペニスを切り取って、リック・レデットがそれをほかの男性に移植することを受け入れる人を見つけるだけでもかなり難しい。クーニーは、細胞系譜を引き継ぐことも、同じく「多くの人が考慮する普通の寄付とはかけ離れたもの」と言う。いまのところは、よりシンプルな選択肢が存在している。軍は、当然のことながら、派兵前の男性兵士全員から精子を採取して、それを保管している。

第四章に登場したウォルター・リードの男性病学の専門家ロブ・ディーンは、それさえも簡単ではないと反論する。私が彼を訪れた時、彼は「緊急性がない作業ですから」と言った。「軍は『さあ並べ、我々に君たちの精子を寄付してくれ』なんてことは言えないんです」。費用対効果の問題もある。限りなき自由作戦で怪我をして生殖能力を失った退役軍人は三百人ほどいる。「その三百人のために十五万人の軍人の精子を保管するということが、費用対効果として成り立たないってことですか？」最近の国防総省の経費削減の流れは相当厳しい。マードフは、軍の予算委員たちは、それ以外にも懸念していることがあるのだろうと推測する。バンキングされていた命を落とした退役軍人の精子を使う未亡人が、赤ちゃんだけではなくて、政府からの受益者となる可能性があるからだ。

第三の選択肢も存在する。精子は一般的に四十八時間生きるから（もし精巣が末期的な状態でなかったのなら）、最後の一回分を抽出することは可能である。手術室の中で放たれる、兵士の生物学的父権のラストショットである。「しかしですね」と、再びディーン。「もし彼らがそれを承諾していなかったら、私にはそれはできません。今、この男が父親になりたいかどうか、将来的になりたいかどうかなんてわかりませんから。私が知らなくちゃいけないのは、法定後継人や最近親者からの（事前）指示があるのか、あったのかです。妻やガールフレンドは腹を立てますが、彼女らの体ではありませんからね」

ということで、行われているのは教育だ。少なくとも彼らには選択肢があると知らせるために、精子バンクの情報は派兵前に軍人たちに伝えられる。

それでも十分ではないと、私がウォルター・リードで話をした、退役軍人の性と生殖に関する権利の提唱者であるステイシー・フィドラーは言う。不妊症を支援する非営利団体「リゾルブ」の助けを得て、フィドラーは基地内の精子バンクの設立を強く要望している。彼女は、ウォルター・リード米軍医療センターのアパートで回復中の息子、海兵隊員のマークと暮らしている。マークのベルトにつけられていた三つの手榴弾が、近くで爆発した簡易爆発物で誘爆したのだ。マークは両足と臀部を失った。しかし、ステイシー曰く、「息子の息子は無事だったわ」。睾丸に若干の損傷があり、家族はマークが回復した後、将来的に生殖能力を持てるかどうかはわからないそうだ。

マークは私が到着した時、ベッドに寝ていた。午後、遅い時間になっていて、カーテンは閉められていた。ドラマ『ビッグバン★セオリー』がベッドサイドのテーブルに置かれたプロジェクタから投映されていた。私はプロジェクタから出る光線を遮る場にあった椅子に腰掛けた。マークがリモコンに手を伸ばして再生を止めるまで、俳優たちが私の側頭部でお互いをけなし合っていた。マークは床ずれが酷く、痛みのために座ることができない。クッションとなる臀部の筋肉がないと、骨盤の尖った部分が肌を突き破る。マークのベッドは彼のカウチとなり、オフィスとなり、ダイニングテーブルとなった。手の届く範囲に三つのリモコン、iPad、ドーナツの乗った皿、そして最もシンプルな装具である孫の手が置いてあった。

「よく聞いて」とマークは言った。「僕には歩兵たちの心が理解できるんですよ。やつらは将来的に子どもを持つことなんて考えちゃいないですよ。だって、歩兵のほとんどが妻帯者じゃないんだから」。灰色のフリースの掛け布の下は、上半身裸だったが、彼の体の丸い形は突然、途切れていた。カリフォルニア州トウェンティナイン・パームズ市にあるアメリカ海兵隊訓練基地内から最も近い精子バンクは、たぶんカリフォルニア州内でそこから三時間の距離だと彼は指摘した。「すべての情報を与えたとしても、やつらはやろうとしませんよ」

彼の母が会話に参加した。ステイシー・フィドラーはジーンズに海兵隊のバッジのついた赤いシャツ姿で、マークが移動のために使用しているうつぶせ式のカートの端に腰掛けていた。これはジョイスティックで操作する車輪付きのテーブルだ。「ここの基地にも精子バンクを置くべきなんです」と彼女は言った。「もし希望しないのだったら、精子を残さなくていいんだし」

「それは違うよ」とマークが反論した。「絶対にそうさせなくちゃいけない。正直な話、アフガニスタンではほとんど毎日、自分たちが吹っ飛ばされることばかり話してた。でも、俺たちが話題にしていた怪我なんて、両足の膝の上のあたりまで失うことがせいぜいだった。まさか性器を失うなんて考えもしないよ。『ああ、めんどくさいからいいや』って一度で諦めさせたらダメなんだ」

もし軍が、新兵の派兵前の精子バンク登録費用を負担する立場だとすると、軍は同時に、よりコストがかかり、より複雑な取り扱いが必要となる卵子の摘出と冷凍の費用も支払う必要があるのではないだろうか? ステイシーは首を振って否定した。「女性が卵巣を吹き飛ばされたとしたら、ここに来ることはないでしょうね」。それは、女性の卵巣を吹き飛ばすような爆弾は致死的という意味だ。「それはまったく別の状況だと言えますね」と彼女は言った。

マークは彼の病室に尋ねてきた人の心を読むレーダーを持っているようだ。不安、医療の孤立、そして私の場合は好奇心だ。彼は少し警告をすると、腹ばいになって毛布を外して下着を下ろした。お尻があった場所を指さしながら、彼は「ここ、ちょうどこの場所が膝だよ」。彼は、それを前は膝だった部分だと説明していたのだ。彼の腿の前側から(切断予定だった腿ではあるが)外科医が皮膚を切り取り、手榴弾によって空いた穴を塞いだのだ。車のガソリンタンクのキャップほどの大きさの包帯が圧痛を和らげていた。彼は傷が癒えたらスカイダイビング、乗馬、仔牛のロープ掛けに挑戦したいと言った。ゾンビ映画に出演したいし、アリゲーターとレスリングしたいらしい。なぜかわからないけれど、私を感傷的にしたのは次の言葉だった。「僕はパリを見てみたいんだ」。この日からというもの、マークのことを考える時は、耳の後ろにタバコをはさみ、サンジェルマン通りをすごい速さで転がって移動する彼の姿を思い描いている。

これを書いている今現在のことだけれど、メディアでは究極の複合組織移植のことが話題になっている。体全体の移植である。脊椎神経を再生することが可能だとしたら、理論上は、傷ついた兵士の体から頭を切り離し、それを外科的に移植できることになる。呼吸器を通じて酸素を送り込まれていた組織を持つ死体から切除したばかりの脈打つ心臓に、動脈、静脈、神経を繋ぐのだ。クリーブランドの外科医ロバート・ホワイトが一九六〇年代に行った手順と大まかなところで似通っている。彼は二匹のアカゲザルを使った。新しい体に移植された頭は数日生き延びたものの、体は麻痺し、自発呼吸はできなかった。そして拒絶反応がはじまった。劇的に改善された免疫抑制プロトコルがフランケンシュタイン物語を現実に近いところまで引き寄せたが、それでも仮説の域を出ることはなかった。脊椎神経は末梢神経に比べて、かなり複雑だ。末端を司る末梢神経は、布で覆われた電話のコードのようなものだ。コードが切断されると、信号がその場所で止まってしまう。でももし軸を繋ぎ直すことができたら、その覆われた布に沿って再び信号が流れ出す。脊椎神経の場合は、その電話線の比喩は使えない。脊椎神経を切るということは、洗練されたコンピュータネットワークの中のワイヤを切断することだ。神経は自らがどこへ再接続されるべきなのかは理解できず、どの方向へ伸びればいいのかわからず、機能を復元させるためにどこを辿ればいいのか理解しない。視神経も同じように複雑だ。それが、今まで誰も、リック・レデットでさえも、目の移植を成功させたことがない理由だ（※2）。

た。四人から六人の外科医で六時間から十時間という時間がかかり、顕微鏡も必要なため、今回は接続しない。そしてそれは今日の試みではない。

クーニーの作業が終わると、レデットが内臓を持ち上げ、大柄の死体のペニスの基部に広げるようにして置いた。買い物客がシャツのフィット感を確かめるために肩の部分を自分の体に合わせるように、その体に他人のペニスがついた時にどんな風に見えるのかというセンスがあるのだ。レデットはカメラを取りにその場を離れた。私はプレゼン資料を作る予定があるわけではないが、決してこの光景を忘れないように、写真を数枚撮影した。

レデットは写真撮影を終えるとカメラを置いた。彼は大柄の男性の死体袋のジッパーを閉じた。タキシードを入れる袋に似ていて、死体の名前を記入する場所があった。それには黒いマジックで名前が書かれていた。ホテルに戻ると、彼の死亡記事をネット上に見つけた。いくつかの記入事項が出てきた。その中の一つを読んで、うめき声が漏れた。「写真をアップロードして、○○○さんの人生の物語をシェアしてください」。オンラインのゲストブックに亡くなった人との思い出を記入するものもあった。「ぴったり合った言葉が探せない時は、推奨入力項目をご参照下さい」。合うものなどないように思えた。

※2　H・W・ブラッドフォード医師は例外である。彼は美容上の理由でうさぎの目を、子どもの頃に眼球を負傷した兵士の眼窩に移植した。一八八五年のケーススタディでブラッドフォードは「男性の性格上、ガラスの眼球の使用を希望しなかった」と書いた。船乗りの眼球の使用上のリスクは正確には知り得ないが、海賊の眼帯の普及率からすると、確かに存在するのだろう。

眼球の多少の混濁はあったものの、手術はそこそこ成功を収めたとされた。うさぎの瞳孔は人間のそれより大きいものの、その眼球はゾッとするほど人間のものに似ていて、それはグーグル画像検索で簡単に証明できる。しかし、これはお勧めしない。というのも、検索結果には「うさぎの頭：首なし、皮なし、眼球付き。各百グラム。価格見積もりについてはご連絡を」とプラスチックの箱に書かれた写真が出てくるからだ。

第六章

炎の大虐殺

衛生兵はどうやって
折り合いをつけるのか?

礼拝への呼びかけは、カールズジュニア駐車場でも聞くことができる。ウェルズ・ファーゴのドライブスルーでも、サンディエゴ郡水道局の事務所の外でも聞くことができる。耳聡い人だったら、何かが鳴りはじめたことは絶対にわかる。一日に五回聞こえるというよりは、朝の時間に六回とか七回ぐらい聞こえてくる感じだ。聞こえない日もある。もし、途方に暮れて、音を追いかけなければならないのなら、モスクではなく、ステュー・セガル・プロダクションズに行けばいい。ぜひとも、ドアをノックして、中を見てほしい。

セガルはステュワートという名前で生まれたが、映画のクレジットでも、私の頭の中でも、彼はいつも、そして絶対的にステューだ(※1)。見せつけるような胸毛と光るネックレス。頬髭はまばらで少し長く、顎髭と頬髭の中間のような、髭そりはめんどくさいなあ的な髭だ。妻はいるけれど、日々の大半を犬のボブと過ごす。ボブは気のよいロットワイラーで、彼の事務所にある黒革のソファで昼寝をしている。セガルはいろいろな仕事を意気揚々と掛け持ちしている。ライティング、ディレクター、制作(最も有名なのは、テレビの犯罪ドラマ『ハンター』)だ。スタジオ横のレストランのオーナーでもある。調理はしないが、時々メニューに名前をつけ、客は注文が楽になる。例えば、おっぱい(ニワトリのむね肉)サンドイッチである。

9・11以降、ハリウッドがアクションドラマへの興味を失ったことがきっかけとなり、二〇〇二年初頭、セガルは自らの暴力描写の才能を別のことに利用しはじめた。彼は、大音量で、ストレスが多くかかり、ハイパーリアリスティックな(この表現は商標登録されている)戦闘シミュレーションシステムを軍人の訓練用に製作するストラテジック・オペレーションズという会社を立ち上げたのだ。これはいわば、戦場の不透明さを箱の中に入れた施設である。訓練を受ける兵士はほとんどが衛生兵だ（海軍の衛生兵は海兵隊員と海軍特殊部隊とともに派兵される）。銃弾が飛び交う環境で、人々が叫び、命を落とし、庭のホースみたいに出血している状況下で応急処置を行う必要のある男女だ。根底にあるコンセプトは「ストレスの予防接種」。ステュー・セガルが作った、アフガンの村の実物大模型で繰り広げられる擬似的な不意打ち攻撃に投げ込まれたら、思考はより深まり、海の向こうで本物のヤバイ状況に陥った時のための準備ができるというわけだ。衛生兵にとって、より冷静に行動することには大きな意味がある。闘争・逃走反応（火事場の馬鹿力）は、戦闘時、または飛行時に役に立つが、これから見ていくように、動脈からの出血を止めようと努力しているだとか、緊急気道を確保しているだとか、ただ単に頭を回転させて明晰に考えようとしている時には、破局をもたらしかねない。

※1　ただし、彼は一九七〇年代の映画の多くでゴッドフレイと名乗っている。ゴッドフレイ・ダニエルズとしては、長期間にわたって忘れ去られていた存在の「ソフトコア」と呼ばれるジャンルで十本の映画を制作した。彼の台本に無駄に注目してみると、その記述はメアリー・ローチの本の中で使えるかもしれないと思った。それは「研究施設には、セックス人形をテストするための最先端機器がある」というものだ。

第一海兵師団の衛生兵の卵四十人が、近隣のペンデルトン基地に本部を設けており、本日、戦闘による心的外傷マネジメントコース受講のためこの場に来ていた。

二日半のコースの中で、ほとんどが海兵隊員である研修生たちは、六種類の悲惨な戦闘により発生する、模擬救急看護を役者たちに施すことになる。はじまりは午前八時。アフガニスタン村で反乱軍の攻撃がはじまる。

セガルの持つセットのなかで一番広いその村には、二十を超える作りものの泥レンガの建物があり、小規模な市場、錆びたブランコ、そして最近まで、ヤギがいた（後にヤギはどこかへ連れて行かれた。週末にセットまでやって来て、ヤギにえさを与えなければならず、その役はしばしばセガル以外の人間が務めていた）。

何が起きているのか目撃するために、私は役柄を希望した。私は、私自身を演じることになった（つまり、邪魔で、仕事をしている人たちの足手まといになるレポーター役だ）。彼らは私を、熟練の衛生兵役のシーザー・ガルシアとともに、家具の少ない二間の家に配置した。

破れたズボンの下に、シーザーは作りものの皮膚を履いていた。シリコン製の外皮に、作りものの血糊と砕けた石膏製の骨がついている。切断されたニセモノの動脈は、シーザーの背中のバッグにに接続されていて、そこに入っている三リットルもの特殊効果の血液が、小さなポンプ経由で吹き出すしくみだ。いわば、吸血鬼のためのラクダのこぶのようなものである。血流はワイヤレスのリモコンで管理されているので、止めることもできるし、速度を緩めることも、流し続けることもできる。それはその衛生兵がどれだけしっかりと止血帯を巻くことができたかによって変化する。元々は、シナリオの内容が行われている間に周りにいる指導者たちが、リモコンを持っていた。より微妙なニュアンスのある出血を再現したがったシーザーは、自分で管理したいと考えたのだ。「言ったんですよ、『いいか、もし俺を出血多量にしやがったら……』」。シーザーはそこで話すのをやめて、聞こえてくる音に聞き入った。礼拝の呼びかけがはじまったのだ。村の中心部に建てられた棟に設置されたスピーカーから流れてくるその音は、役者たちと爆発装置管理者にとっては、場所を確保しろとの知らせなのだ。私たちの左側にある窓から、訓練生たちが入村する様子が見える。彼らは整列して歩いていて、武器を持ち、武装し、緊張しているように見えた。録音された祈禱時間の告知係は呼び出しを終え、しばらくの間は静かである。柔らかくて、プラスチックのようなシーザーの血液ポンプの音が聞こえている。

そして何も聞こえなくなった。まずは聞き覚えのある爆薬発射物の出す高い音が聞こえてきた。人生の経験値によるが、その音は、夏の空の美しい明かりや、携行式ロケット弾の爆発音を予感させる。ライフルの発射音が続いた。空砲ではあるが、ここではあまり必要な情報ではない。なぜなら、爆発装置管理者が、壁や地面に仕掛けたダストヒット（着弾したように砂をまき散らす）を、音に続けて爆発させるからだ。

祈禱時間の告知係（ムアッズィン）の声は、録音されたブーンという音、弾丸が跳ね返る音、パニックになった兵士の叫び声に変わった。それは、とんでもなく激しい戦闘のように聞こえた（私はセガルに質問してみた。「これはベトナム?」「いや、『プライベート・ライアン』」)。水道局の向こう側で、彼らは一体何をしているのかと不思議に思うだろう。

「ファァァァァァァック！　うわあああ助けてくれぇえ！」これはシーザーの声だ。役者だねえ。

訓練生が部屋に入ってきた。彼の視線は床に向けられ、そして、ごろりと転がるブーツを履いた足に釘付けになっていた。骨とずたずたに引き裂かれた肉（下肢の残骸で、本物の怪我の写真を参考に「怪我アーティスト」が作ったもの）が、ブーツから飛び出していた。衛生兵は思わず、その足に対して「無事か?」と口走っていた。

何年も前のことだ。友人のクラークと一緒に道路を渡っていた。我々の足元に血液の染みと羽が落ちていて、かろうじてそれが鳩だと分かった。クラークは腰をかがめて、「大丈夫か?」と叫んだのだ。今となっては、このセリフはそこまで面白くないが、衛生兵の言葉に同じぐらい馬鹿げていた。小さな血液の湖が床に広がっている。そしてここから、ものごとが格段にリアルになる。この衛生兵にとっては予期せぬことだが、四肢を失った人（※2）を演じているのは熟練のシーザーである。彼は切断された足の根本にシリコン製の筒をくっつけていた。彼がそれを動かすと、ちなみに今ちょうど彼はそれをやっているのだが、血液が弧を描いて広がるのだ。大勝利を収めた後のロッカールームのシャンパンのように、血液が飛び散っている。

ドアの外では、指導者たちが別の負傷者〝隠れたX〟（見えないところにいる、殺傷圏内の人物）

を呼ぶ叫び声が聞こえてくる。彼らは私たちがいる部屋の隣の部屋に引きずり込まれてくる。床は男だらけだ。仰向けになった役者たちと、その周りにかがみ込む訓練生の衛生兵だ。ほかに比べて明らかに厚い胸板を持つ人物が目立っている。これが、カットスーツ役者と呼ばれる人だ。一次対応者が技術を練習するために使用する、レサシ・アンのような「蘇生用患者模型」に馴染みがある人は多いだろう。ストラテジック・オペレーションズ社のカットスーツは〝人間が着る〟患者模型だ。役者は腹部臓器が入ったトレイが組み込まれたベストのような胸郭と、その上に肉のような色をしたウェットスーツ（突き刺すと、シーザーが足に使っているポンプ&チューブシステム経由で流血する模造皮膚）を着用する（このスーツはカットスーツのシリコンリペアキットを使えば「傷を癒やす」こともできる）。あたかもレサシ・アンの中に誰かが潜り込んで、患者模型が絶対に持

※2　私が二番目に好きな切断患者組織の名称である「Missing something（何かお探しで）」の創立者である。一番好きなのは「Stumps R Us（俺たちは義足だ）」。一九九〇年代に私は義足をつけた人たちのボウリングパーティーに出席したことがあって、それがきっかけで私はホスマー社の義手用スポーツアタッチメントの素晴らしさを知ったのだった。ボウリング用のアタッチメントの他に、ホスマー社は野球のグラブ、ポールを握るタイプのスキーハンドと釣り用のハンドアタッチメントを作っている。ホスマー社のボウリングアタッチメントをつけた人たちには、コテンパンにやっつけられた。

つことができない、人間らしさを与えたように思えた（ベルやホイッスルは持っているにもかかわらず）。SimMan（高機能患者模型）は血を流し、失禁し、全身を激しく震わせ、舌を膨張させ、お腹からぐるぐると音を出すだろうけれど、決して体を起こすことはないし、シーザーが今まさに口に出したように、生徒の目を見て「ここから連れ出してくれ、ここは**クッソ**最低だ！」と訴えかけることもない。

今日のカットスーツ役者は、胸を撃ち抜かれ、肺が虚脱したという想定なので、叫ぶことはない。役者は、ベイカーという名の記された制服を着た訓練生が、穿刺（せんし）による減圧の準備をしている間、浅く、パニック状態の早い呼吸を繰り返していた。銃弾や折れた肋骨が肺に穴を開けると、吸い込まれた空気は、肺の中の空洞を満たしはじめる。空気はますます増えて、そのうち肺がそれ以上広がらなくなり、呼吸が困難になるのだ。それは気胸と呼ばれる症状で、ギリシャ語で〝空気〟、〝胸〟を意味する。これは戦闘で命を落とす、二番目に多い理由だ。ベイカーの任務は針つきカテーテルを肺に指し、空気を抜き、圧を下げること。眼鏡が鼻の方に下がってきていた。彼は役者の鎖骨のあたりで針を握っていた。肋骨の間でもないし、カットスーツを着用している場所でもない。

「ベイカー、てめえこの野郎、本気か？」テレビドラマでお馴染みの、海軍訓練教官のあの声よ、わかるでしょ？　あれは誇張ではなかった。「それは**鎖骨**だ。もう少しで針を突き刺すところだったじゃねえか」

現在、針は印を見つけ、密封包帯は巻かれ、役者はストレッチャーに乗せられた。ベイカーはストレッチャーの前ハンドルをつかみ、後ろ側にいた訓練生に知らせることなく持ち上げた。患者とその五万七千ドルのカットスーツは、床に転がり落ちた。

「おいてめえ、何考えてるんだ、ベイカー⁉」

いや、実際には、彼自身は何も考えていない。彼の交感神経系がそれをやっているのだから。脅威として認識されるものが扁桃体(へんとう)(脳の手書きの見張り番だ)を騙し、闘争・逃走反応として知られる、連続的な生物学的な反応が起きるのだ。このエリアで顧問を、またストラテジック・オペレーションズ社の取締役を務めるブルース・シドルはむしろ、「サバイバル・ストレス反応」という呼称の方がいいと思っている。どんな呼称を好もうとも、とてもぴったりとくる、シドルによる簡潔明瞭な要約はこれである。「素早く、力がみなぎり、バカになる」。我々に生まれつき備わっている生存戦略は、人間に対する脅威が、食人哺乳類という形をとって現れた時に進化した。そのとき人は、超人のように岩を投げたり、木登りをしたりすることで、人間を生き残らせる闘争力を得たのだ。アドレナリンの放出は血流中にコルチゾールの放出を促す。コルチゾールはもっと多くの酸素を取り込むように肺を活発に動かし、心拍数を二倍、あるいは三倍にして、より早く酸素を送り込もうとする。その間に、肝臓はグルコースを放出し、それは偉業への燃料となる。体が必要とするものを得るために、腕や足の大きな筋肉の血管は拡張し、優先順位の低い臓器(例えば胃腸や皮膚)の血管は収縮する。前頭葉皮質は血液を大量に消費するが、同時にその活動を制限もされる。論理的思考や分析にさようなら。高い運動神経よ、また逢う日まで元気でいてね。そんなもの、原始人にはどうでもよかったのだろう。うなり声をあげる肉食動物を目前にして、選択肢を比べる必要もないし、第一、そんな時間なんてない。ところが、医療機器の高度化と小型化に伴い、衛生兵にとっては、論理的思考や分析が必要になったのだ。状況を悪くするのは、筋肉を刺激するアドレナリンで、それは同時に神経の活動も促進する。これが起きると負傷者の体は震え、ガクガクと動き出す。医療用ヘリコプターの動きと震動がそこに加わり、あなたは衛生兵の取り組みに感謝の気持ちを抱きはじめるようになる。

傷ついた人間の面倒を見るのに加えて、衛生兵は自分以外ができない場合、反撃することも求められている。的確さを求められる仕事のすべてがそうであるように、高いストレスに晒された状況下では技術は低下する。一般的な警察官が射撃練習場で資格試験を受けた場合、スコアは八十五から九十二パーセントだとシドルは私に言ったが、しかし実際の銃撃戦で標的に弾を当てる確率は、たったの十八パーセントだという。

シーザーを手当している訓練生の衛生兵は、止血帯で戸惑っていた。ベイカーと同じく、彼はアドレナリンラッシュのマイナス面を示す、よいサンプルだった。指導員が出入り口から顔を出した。「なにやってんだ、臓器移植じゃあるまいし。さっさとやれ、クソが!」

もしこのシナリオが現実だったら、シーザーはすでに死んでいる。動脈からの大量の出血が起こると人間の心臓が(それから、偶然というわけではなくて、ストラテジック・オペレーションズ社の血液ポンプシステムも同じく）三リットルの血液を失うのに二分もかからない。人間の体は五リットルの血液を有しているが、三リットルを失うと、電解質バランスが完全に崩れ、生命の維持に必要不可欠の重要な臓器を生かし、動かすために必要な酸素が十分に行き渡らなくなる。出血性ショック（止まらない出血）は、戦闘時、最もよく見られる死因である。

これがゾッとするような緊急外傷治療の相互関係である。傷が酷ければ酷いほど、患者を安定させるための時間は短くなるのだ。時間が短く、導かれる結果が重大であればあるほど、衛生兵にかかる重圧はより大きくなる。そして、間違いを冒す可能性が高くなりがちなのだ。二〇〇九年に行われた、手術室内部での〝ストレスの多い危機的場面〟の影響に関する二十二の研究を精査したところによると、その状況下で外科医の仕事の能率は確実に落ちたことがわかる。技術面だけではなく、正しい決断を下す能力、そして効果的なコミュニケーション能力までも下がったのだ。そして手術室でのストレスの多い危機的場面は（この調査では出血、機器の故障、邪魔、時間へのプレッシャーと定義されている）戦闘地域では日常茶飯事なのだ。

シーザーは、その場からファイヤーマンズ・キャリー（人を両肩に担ぎ運ぶ方法）で運ばれていった。まるで彼は訓練生の首のあたりに巻かれた、重いミンクのストールのようだった。ベイカーはその後ろを、担架を持って追いかけていた。両手に汗をかいているので、もたついている。彼は手に持った担架を一旦下ろしてズボンで両手を拭おうとしている。またしても担架のもう片方を支えている訓練生に警告を発するのを忘れていた。

「本気か、ベイカー?」手に汗をかくことは、闘争・逃走反応においてはグリップ力を強めるとされるが、汗をかきすぎることは明らかに逆の作用が働くことになる。「必要だったら女の子用手袋でもしろよ、このカスが」

指導員が嫌みったらしいのには理由がある。発砲することなく、最大限の恐怖とストレスを訓練生に与えようとしているのだ。これらの経験すべてが（見せかけの怪我、発砲音や爆発音、みんなの前で女の子と呼ばれることの苦痛）、ある意味、感情のワクチンのような効果を出すよう意図されているのである。衛生兵のみならず、すべての部隊に対する戦闘訓練は、想定された暴力や破壊行為に直面させる伝統があるのだ。リカルド・ラブ大佐は二〇一一年に発表した「心理的快復力：兵士への戦争準備」で、指揮官たちは襲撃の際に撮影された身の毛もよだつような怪我の写真やビデオを兵士に見せ、退役軍人を招いては「彼らが経験した恐怖」を話す機会を何年にもわたって設けてきたと書いた。未来の衛生兵が準備できるように、海軍ヘルスリサーチセンターはどぎつい爆発のイラストや銃撃された傷を描いた『ザ・ドックス』という二百ページのコミック本を配布する。

花火や戦闘のサウンドトラックはリアリズムを与えるだけでなく、闘争・逃走反応に弾みをつける。突然の大音量は、驚愕反応と呼ばれる一瞬の防衛反射を連続的に引き起こす。音のする方向に上半身を回転させて脅威を評価するとき、眼球を守るために瞬きをする。両腕を曲げる、胸元に引き寄せる、両肩を丸める、膝を曲げるといった動作はすべて、自分を小さく見せて、目立たない標的とするためである。四肢を体にぴったりとくっつけることは、生命維持に不可欠な内臓を守る役割を果たす（※3）。自分自身が、自分にとっての人間の盾となるのだ。シドルは、石器時代の名残として、両肩を丸めることは、首を守る動作が進化したものだろうと言った。「捕食しようと跡をつけてくる猛獣が最後の五メートルで飛びかかってきて、背中と両肩に摑みかかり、首を嚙むのです」

それでは、インパラやシマウマは驚愕反応を見せないのだろうか？　このことを疑問に思ったのはあなたが最初ではない。一九三八年、心理学者のカーニー・ランディスはブロンクス動物園で、この驚愕反応の進化における到達点と、動物園スタッフの忍耐力をテストした。何度も何度も動物園に現れ、ついにランディスは撮影用カメラを設置し、三十二口径のリボルバーを空中に発射する姿を目撃されるようになった。動物園の見学者にとってより安心で、とても楽しい実験技術を披露したのは、ランディスの同僚で、同じく驚愕反応研究者だったジョシュア・ロセットだ。彼は被験者（彼の場合は人間）の後ろから忍び寄って、人差し指で耳たぶをはじくという実験を行っていた。ロセットの家族にとってはつらい時期だっただろうが。

※3　iPhoneではそうもいかない。スマートなスマホ泥棒は、驚愕反射を利用する。彼らはテキストを打っている人物の背後に忍び寄り、後頭部をひっぱたくのだ。あっと驚いた犠牲者の両腕は縮み、スマホを投げ出してしまう。これを上手い具合に泥棒がキャッチするというわけ。

ブロンクス動物園にはインパラはいなかったけれど、ヤギに似たヒマラヤ・タールがいて、彼らはしっかりと驚いてみせた。二本指のナマケモノ、ミツアナグマ、キンカジュー、ディンゴ、ウマグマ、ジャッカル、そして、カーニー・ランディスによる科学的迷惑行為を耐えた、それ以外の哺乳類もすべて驚いた。

ランディスがこの「驚愕反応」について一冊の本にまとめながらも、圧倒的な成功を収めなかったことは、特に驚かないけれど。

今日の二つ目のシナリオは、海軍駆逐艦の爆発後シミュレーションだ。今回、私には症状が与えられた。煙の吸引が原因の熱傷で、セリフも与えられ、口の周りに煤が塗られた。セットは海兵隊員の寝台、別名ラックスで、廊下を行った先には病室があった。頭上に狭い通路が設置されており、そのため、指導者たちが訓練生を上から観察し、罵声を浴びせることができるようになっていた。

煙発生装置から煙が出たら、演技をはじめる合図だ。我々五人は、暗闇のなか、ラックスに並んで横たわった。私は、私に付き添ってくれている訓練士に呼吸が辛いと伝えた。彼は私をラックスから引っ張り出してくれ、廊下に誘導してくれた。「こちらですよ」と彼は言いつづけ、まるで私が予約したテーブルがそこにあるかのようだった。彼は私が最重要課題だと叫んだ。「あなたをクライクせねばなりません。クライクの意味がわかりますか？　ここを少々切開しなくちゃいけません」。彼は私の首の前側を触った。クライクとは輪状甲状間膜切開(クライコシロトミー)の略である。私が呼吸できるように、緊急の気道確保のために切開をする演技をするのだ。

「切るの?」私はただ酸素が欲しいだけだけど。

「切ります。だって呼吸できないんでしょ」。私は病室の診察台に担ぎ上げられた。

「まあ、息をするのが**痛い**って感じで」。私はヒントを与えようとした。「**焼けてる**感じっていうか」

訓練生が外科用メスを手に取った。上から声が聞こえてきた。まるで神がアブラハムを呼んだ時のようだ。「やめろ!」と、指導官の一人が言った。「彼女はお前に話しかけてるだろ? ということは、呼吸できてるってことじゃねえか。その処置は必要ないぞ」

ほかの誰かが叫んだ。「血液確認!」衛生兵が私の背中に両腕を回して肩から腰まで、両手でさっと撫でた。そして彼は両手を見て、見落とした傷からの血液が付着していないかどうかの確認をした。怪我をしていないのであれば、血液確認は結構気持ちがいい。

マッサージはすぐに終わってしまった。私は再び廊下に担ぎ出され、もう一人の手足を怪我で失った役者であるミーガン・ロケットの隣に横たえられた。ミーガンとはメイクアップ室ですでに顔を合わせていた。特殊効果用の血糊は足の付け根のあたりでまだ濡れていた。彼女は足を組んで座り、何気ない様子でスマホをスクロールしていた。まるで、フェイスブックをチェックしていたらライオンがやってきて、彼女の足を食いちぎって帰って行ったような感じだった。

床は血でつるつると滑っていた。ミーガンの流血機械が故障していたのだ。二人一組になった訓練生は滑り、転びながら、今現在最も優先順位の高い患者を落とさないようにがんばっていた。ミーガンよりは上品な状態にある、靴下のガーターを巻く位置の膝下部分に止血帯を巻いた男性で、二人はこの男性を診察台の上にどさっと置いた。

「なぜこの男が重要なんだ?」と、頭上の神が声を張り上げた。

「開放骨折です!」と、がんばって答えた者がいた。

「この男は死にそうなのか? 違うだろ!」声はますます大きくなった。「お前ら、死にそうなのは誰かわかるか? 誰が一番死にそうなんだ?」答えはなかった。神の手がミーガンを指した。ミーガンは足の付け根を上げた。**ハロー、そこの男子**!「この患者はどういう状態だと思う?」

開放骨折君が私のいる生存者の廊下に移動している間に、二人の訓練生がミーガンの元に駆けつけた。私は少し場所を空けようと思ったのだが、ズボンが床にくっついてしまっていた。後になって、カーローシロップが血糊の主原料だと知った。血を吐く必要のある役者にとってはより安全で喜ばしいことだが、座ったり立ったりしているときに乾いてしまうと、パン焼きトレイにくっついたりんご飴のように、床にぴったりと貼りついてしまう。

すべてが終わると、訓練生はセットの外の道で報告をすることになっている。指導者のチーチが口火を切った。

「まったく最低だったな。正気を失っていた。足が無くなっている女性が最も優先順位が高いに決まってるだろ」

それについては言い訳もあった。暗かった。煙が充満していた。彼女は床に横たわっていた。

「患者が一人、部屋の真ん中に立っていた」とチーチが言った。

「**部屋のど真ん中だ**。誰も気づかなかった。もっと防衛区域を広げなければダメだ。トンネルビジョンやってんじゃねえんだよ、このカスが」

トンネルビジョンやってんじゃねえんだよ、このカスが……の、トンネルビジョンとは、専門語で視野狭窄（きょうさく）のこと。これも有史以前では有用だったが、今となっては潜在的に悲惨な被害を招く闘争・逃走反応の特徴なのだ。脅威に集中すると、その他すべてが排除されるのだ。ブルース・シドルは不安になっているインターンをからかった医師の話をしてくれた。医師はインターンを救急室に向かわせ、交通事故の被害者の裂傷を縫い合わせるように言った。インターンは縫合に集中するあまり、患者が死んでいることに気づかなかったそうだ。

ストラテジック・オペレーションズ社のトイレはわかりにくい場所にある。そしてそれはとても楽しい。塗ったばかりの排泄器官が並ぶラックが、日当たりのいい場所で干されていたり、男性が作業台に腰掛けてシリコン製のカットスーツのペニス（※4）の縫い目から出た糸を始末していたりする。誰かが誰かに対して「違う血液を使ったら、保証が無効になるぞ」と話す声も聞こえる。曲がる場所を間違えて、私は倉庫のある区画に入り込んでしまった。ファイル棚には「脾臓」とラベルが張ってあった。「大動脈」というラベルもあった。棚の上には、カットスーツの皮膚が毛布のように畳んで置かれていた。ようやくトイレを見つけた時、ドアには海軍のスラングで「頭（ヘッド）」と書かれており、普段だったらありえない方法で私を混乱させた。

トイレからの帰り、カットスーツの個別指導トレーニングの前を通りかかったので、そのまま居座ることにした。日焼けした肌にまだらな金髪の女性が様々なスーツが乗ったテーブルの前に立っていた。彼女はこの場所で、ペンデルトン基地からやってきている二人の海兵隊員に向けてデモンストレーションをする（海軍はスーツを一着購入していた。アリとミシェルという二人の海兵隊員は、カットスーツオペレーターになるべく訓練を受けるのだ）。教師はジェニーで、腹腔内の臓器へアクセスするために、どのように内臓の裏地のスナップを外すのかを二人に教えていた。「内臓の摘出もできますよ」と彼女は嬉しそうに言い、そして切れ目の入ったラテックス製の内臓は簡単に取り出すことができ、交換できると教えていた（※5）。内臓の裏地は二百個入りのパックで購入ができる。とんでもない量の臓器摘出量に思える。

ジェニーはだらりとした腸を持ち上げて、お望みならば手作りの排泄物を詰めることも可能だと、アリとミシェルに言った。オートミールを茶色く色づけし、リキッド・アスと呼ばれるパーティーグッズで匂いをつけられると言った。カットスーツの訓練コーディネーターのジェイム・デラ・パラは、デモンストレーションのため、バッグにリキッド・アスをしのばせて学会に出席していたという。ジェニーを含めほかの従業員は、最近は持ち歩いていないのだそうだ。ジェイムはその理由を問いただしたらしい。「私、彼に言ったんです。誰も私たちのブースには来ませんからって」

カットスーツの発明者であるセガルは、そのリアリズムに誇りを持っており、またそれは当然だ。しかし、どれだけ腸が匂おうとも、どれだけ負傷者の切断された足の付け根が出血しようとも、生徒たちはそれが本物ではないことを理解しなければならない。衛生兵の集団のために、誰も手足を切り落としてはくれないのだから。

少なくとも、人間の手足は。

一九六〇年代まで遡ると、戦闘による戦闘外傷医学においては、麻酔をかけた豚とヤギに対して救命治療の訓練を行っていた。納屋に住む動物たちが、自然界において銃で撃たれたり、刺された

※4　正式名称は「総合陰茎オプション」。白人男性用、アフリカンアメリカンの男性用がある（色は違うけれど、大きさは同じ）。

※5　使い捨ての内臓の裏張り、静脈の補充品、包皮（ナスコ社の割礼練習キット用）、レールダル社の濃縮模造嘔吐物などは、市場では消費財として認識されている。レールダル社のチョーキングチャーリーの食道に詰まる、噛み砕かれた模造食物の塊などについては、消費財という用語が二重に適している。

り、簡易爆発物で吹っ飛ばされることはないという事実以外、この訓練に問題はない。ということで、生徒を訓練する唯一の方法は、銃撃をしたり、刺したり、足を切り落とすことを請け負う会社を探し出すこと。そのような会社がこの建物の近くにあるらしかった。

生きている組織の訓練は、ステュー・セガル・レストランのデッキでの、今日のランチのトピックの一つだった。ステューと私は、取締役副社長のキット・ラヴェルと一緒だった。ラヴェルは、生きている組織の訓練に使用される動物の数を二〇一五年レベル（年間約八千五百頭）から、二千頭ないし三千頭まで減らすよう国防総省に要求する法案について話してくれた。責任ある医療への医者の委員会と呼ばれる動物保護団体が、その背後にある。患者シミュレーターの進歩や（そして国会議員の前で行われたカットスーツのデモの見せ場）が、生きた組織の訓練を擁護する人たちにとっては障害となった。

豚たちにとって不幸なことに、彼らの内臓の配置と大きさが人間のそれに似通っていて、同じく血圧も、出血の速度も似ているのだ。切り開かなければならない十センチの脂肪が首の周りにないため、緊急気道確保の練習にはヤギの方が適している。

ユーチューブ上にあった、生きた組織の訓練の授業だと称する、隠し撮りされた動画を見た。雨の日に、グループになった男性が折りたたみ式のテーブルの周りに立っていた。タープに取りつけられた、その場しのぎの屋根から頭の上に水滴が落ちていた。二人から三人の男性が、テーブルの上に横たえられた生気のない豚の方に身を乗り出した。彼らはカメラに背を向けている。静かに会話を交わしている。豚の丸焼きの達人のように見える。そこには獣医もいて、誰かがその獣医にもっとバンプしろと行った。バンプとはもっと麻酔を注射しろという意味である。足の切断はカメラには収められていなかったが、インストラクターが使った道具は映っていた。長いハンドルのついた剪定バサミのようなもので、金網を切る時に使うようなものだった。ゾッとするような音がするが、仕事は早い。麻酔は十分与えられていたと推測すると、その手順は食肉処理場で毎日行われている、ベーコンや骨付き肉、骨付きカルビの製造と比べて、私を驚かせるほどのものではなかった。

まさにこの理由で、「ストレスの植え付け」が不完全だとシドルは感じているのだ。「命あるものに対して作業をするのはよい経験にはなりますが、人間ではありませんからね。動きはするけど、叫ばないですから」。実際に悲鳴をあげている人間と対峙する経験を積むために、ペンデルトン空軍基地の衛生兵の練習生たちは、ギャングの飽和地帯であるロサンゼルス近郊にある緊急治療室で、観察や手伝いをすることになるかもしれない。「私たちにとって、そこはイラクやアフガニスタンに相当するんです」とアリは教えてくれていた。「銃撃、殴り合い、そしてナイフでの刺し傷ですから」

訓練中のカットスーツオペレーターの一人、ミシェルは生きた組織の訓練も緊急治療室での仕事の経験もあるという。この経験はどちらも自分にとっては手助けになったとも。生きた組織トレーニングは、管理された教育環境を提供してくれる。生徒は、出血を止めるために、滑る内臓を指でつまむなどの作業することができる。「そんなことは緊急治療室にいる患者さんにはできませんから」と彼女は言った。

出血、喘鳴(ぜんめい)、罵る役者……ストラテジック・オペレーションズ社は何でも揃う店を目指している。呼吸をし、人間のようであり、叫ぶ何かだ。フィッシュフライを細かく切りながら、「不信感を意図的に中断するんですよ」とステューは言った。私にはそのフレーズの意味が分からなかったが、次に彼が言ったことは理解できた。「失禁するやつ、脱糞するやつ、嘔吐するやつ、失神したやつがいましたね」

ラヴェルはデニス・クシニッチがカットスーツのデモンストレーションを行う議員ランチを欠席した話をしてくれた。オハイオ州を代表するクシニッチは、妻のエリザベスと最前席に座っていたそうだ。彼の妻は有名なヴィーガンで、動物愛護提唱者だ。「役者が叫びはじめ、血が噴き出しはじめると、クシニッチは真っ青になったんです。逆蠕動(ぜんどう)（訳注・盲腸と上行結腸で行われる蠕動運動で、前腸側から盲腸側へと逆方向に便を押し戻し、水分や栄養の再吸収をはかる）がはじまったのがわかりましたね」。私はちらりと横のテーブルを見た。そこに誰か座っていることを、少し望みながら。「妻が立ち上がって、彼をドアまで連れて行ったってわけです」

戦闘時の治療行為の主なストレス要因は作戦演習、シミュレーション訓練ができないことだ。誰も本物の銃弾を撃ってこないし、近くに撃ち込まれるわけでもない。「訓練は法的責任によって制限されているんです」と、シドルは言った。彼は少し悲しげだった。

「帰還兵の多くがPTSDと診断されるということは、我々の仕事が十分ではないということである」と、リカルド・ラブ大佐は彼の論文内で叱責した。ラブ大佐は、兵士たちへの厳格な規律と訓練で有名な、古代スパルタ人の「部隊に心理的回復力を育む」というアプローチを提唱していた。ペロピダスは心理的回復力を得るために、新規戦略に注目しているというわけだ（訳注・ペロピダスは古代ギリシャ、テーベの政治家で将軍）。「作戦演習は命取りになる場合が多く、実際に何人かが殺されたこともあります」。スパルタ人研究者のポール・カートレッジによると、兵士に心理的回復力を与える人々の中には、手当たり次第に奴隷を追いかけ、殺し、「スパルタの植物と繁殖の女王、アルテメス・オルティアの祭壇から、チーズをできるかぎりたくさん盗ませるために、年寄り（※6）を鞭打った人物もいるのです」

※6　ここでカートレッジ氏が口にした「老人」という言葉は、少年よりも年長者という意味だったと推測する。しかしながら、スパルタ人の年長者は、現代のステレオタイプである、優雅に歩行器を押す人たちではない。「部族の長老」は赤ちゃんの軍事的価値のあるなしを精査して、不適格と見なした子を「預け口」と呼ばれる穴に投げいれた。古代に意味のあるものごとはまったく存在しない。だいたい、植物の女神にチーズを与える人間がいるだろうか？

何年も前、アフリカミツバチの研究をしている時のこと、私はある種のストレスの植え付けを経験した。テキサス南部の農場の巣箱を撤去するため呼び寄せられたチームに同伴していたのだ。アフリカミツバチの毒は普通のミツバチの毒と変わらないが、アフリカミツバチは、はるかに凶暴に巣の防衛をし、侵入者への追撃を行う。巣が大きければ大きいほど、蜂は防御的になる。そのとき撤去する巣は二百十リットルのドラム缶を満たすほどの大きさだった。私は蜂専用の防護服を着ていたが、顔の前のベールを正しく装着しておらず、蜂がベールの下から入りはじめ、私を刺したのだ。その日の午後、私はチクチクと痛むミミズ腫れとともに、蜂の飼育係を訪問した。私たちが話している間に、蜂が私の腕に止まった。普段の私だったら、腕を振り回してキャアキャアと警報音を発しただろう。でもその代わりに、私は落ち着いて彼らが私の腕を登る様を見つめていた。蜂への恐怖は消えていたのだ。

しかし、これは逆の方向に働いただろうか？　普通の蜂に慣れることが、私がアフリカミツバチの群れの中で感じた恐怖に対するワクチンとなっただろうか？　シーザーの芝居がかった手法と、トム・ハンクス風の叫びと、威張り散らすインストラクター。彼らは、いわば、普通の蜂だ。それでもやはり、シドルは言う。「本物とニセモノのギャップを少なくするものは、すべて効く」と。

衛生兵を訓練するもう一つの方法は、何度も繰り返してスキルを磨くことで、それが自動的に行われるようにするというものである。前頭葉が職務離脱をして、論理的思考が失われた時、筋肉の記憶がそれに抵抗することを期待するというわけだ。十分な繰り返しを行えば、究極のサバイバルのシナリオでも、応急処置を行うことができる。ただし、それが自分の血糊であればの話だ。第四章に記述されている、簡易爆発物を踏んでしまった戦闘エンジニアのことを思い出してほしい。「無意識に」（彼はとても的確に表現していた）止血帯を取り出して、残っていた足に巻き付けたのだ。

爆発による大量殺戮に緊張**しない**なんてこと、ありえるのだろうか？　バラバラになった頭部が普通だって思える時が来るのかしら？　どうも、来るらしい。「しばらくすると」と、アリは個別指導の休憩の時に私に言った。「ただの頭になるんですよ。慣れるんです」。ミシェルは自分がイラクに配属された時の話を教えてくれた。彼女は簡易爆発物によって吹き飛ばされた海軍兵の足の一部を運んでいたのだそうだ。その足はまだブーツを履いていて、仲間の兵士がそれを脱がせた。ブーツが脱げた時、その足がミシェルの顔に当たったそうだ。彼女の表情から、私はその足の腐敗がはじまっていたのだろうと推測した。「いえ、腐ってたわけじゃないんです。だって吹き飛ばされたばかりの足だったし」。彼女は私に体を寄せた。「靴下を履いてなかったんですよ」。ミシェルが嫌悪感を抱いたのは、その足の血や血糊ではなく、体から足が切断されてしまったことでもなく、身の毛もよだつ死の感覚でもなく、頬についた足の匂いと、その感覚だった。

それは、人間のエクリン汗腺の呪われた排出物への非難として、私の記憶に生き続けるだろう。アフガニスタンのような場所では、人間の汗が、衛生兵よりも人間を生かし続けるのだ。

第七章 汗をかく銃弾

Sweating Bullets

熱との戦い

ジョージア州フォート・ベニング。心臓発作を誘発する要素が三つ揃っている地域だ。湿度、強い太陽光、そしてアーミーレンジャー学校である。レンジャーたちは、彼らの仲間として知られるネイビーシールズと同じく、特殊作戦部隊に属している。彼らの信条から言葉を借りると、彼らは「精鋭の兵士」であり、「どの兵士よりも遠くまで進み、素早く動き、誰よりもハードに戦う」ことが求められているそうだ。ジョシュ・パーヴィスはその中でも飛びぬけた最高のエリートのように見えた。私が会った時はアーミーレンジャー学校の講師を務めており、なおかつ最優秀レンジャー競技会の優勝候補だった。これは複合運動競技に分類されていて、銃剣攻撃コースと担架運び競争を含む、唯一の競技会であることに間違いない。出場選手は重さ約十二キロのバックパックを担いで三十キロ以上の距離を行進し、走り、毎年何人かは、担架運びではなくて担架で運ばれることになる。摂氏三十七度の暑さのなか、「より遠く、より早く」は死を招く任務となり得る。

今日、パーヴィスは、人工的に作られた熱の呪いの中を、同僚の指導官と一緒に行進することになる。耐熱性調査の対象として、彼らは摂氏四十度に温度設定された「クックボックス」と呼ばれる箱の中に設置されたトレッドミルを使い、上り坂を高速で二時間走り続ける。クックボックスは、軍人保健科学大学の一部である、「健康と軍事パフォーマンス・コンソーシアム」内にある。軍人の中には熱中症など高温が原因の病気にかかりやすい者がいて、軍は、灼熱の中東に四十五キロ以上の装備を担いだ彼らを送り出す前に、それが誰なのかを知る方法を獲得したいと考えているのだ。彼らに命を預けている人間もいるのだから。

パーヴィスはカウンターに体を預けていた。上半身裸で「気分の状態質問シート」に記入していた。私は彼が「元気いっぱいである」という項目の横の「まあまあ」にチェックしたのを見た。ジョシュ・パーヴィスに、元気、なんて言葉は似合わない。元気とは、スキップしてて、キラキラしてて、口笛を吹かずにはいられないみたいなイメージだ。ジョシュ・パーヴィスが口笛を吹くとは到底考えられない。彼はとてもハンサムだが、御しがたい雰囲気を持っている。

顔色がよく、鍛え上げられた姿の金髪の研究者が、ジョシュに拳を握るように言った。彼女とその同僚は、熱中症にかかりやすい傾向を持つ戦闘員を、簡単な血液検査で判別できるようになる生物学的、遺伝学的マーカーを探し出そうとしている。それがわかれば、上長が該当する戦闘員に目を配ることができるからだ。ところが、彼女の望みは採血とは関係ないものだった。「ジョシュ、筋肉を見せてくれる?」研究者はジョシュの母、ディアナ・パーヴィスだ。

彼は腕をだらんと垂らしたままだった。「**かあさん**」

母パーヴィスはテスト前の冷凍ランチパックからりんごを取り出した。「ジョシュ、中に入る前におやつを食べておきなさい」

「かあさん、**やめてくれよ**」

ジョシュが不安定、イライラ、緊張の項目のどれにチェックを入れたのかは見えなかったけれど、私だったらすべての項目において、「少し」にチェックを入れただろう。彼の母はこのデータを「プローブ」に入力した。彼はこれから、熱やその他の項目への耐性を、直腸プローブを使ってテストされる。細くて柔軟性のある、挿入できるタイプの体温計だ。直腸プローブには、持ち運び可能なハードウェアに繋がれた、長さ一・八メートルの六本のワイヤが装着されている。このハードウェアの大きさはハードカバーの本ほどで、レンガのように重い。それに自分が繋がれているのを忘れて、カウンターの上に置き、歩いてその場を離れようとすれば、カウンターからそれが落ちる前に、**確実に**、自分の体が引っ張り戻されるほどに重い。

直腸体温計は、被験者の中核体温のモニタリングを可能にしてくれる。複雑な生物電気化学システムと同じく、人間の体は、特定の温度範囲でその重要な要素が円滑に動作する時、もっとも効率的に動くのだ。人間の場合、それはざっと三十六・一度から三十七・二度である。暑い場所にいる、とても苦しい作業をしている、あるいはその両方で中核体温が上がりはじめると、体は、それをハッピーな範囲に戻そうとがんばることになる。何よりもまず、発汗だ。

この旅がはじまる前、私は、汗のことを体が自分で「水浴び」をすることのようなものだと思っていた。でも、汗は冷たくない。血液と同じように温かい。そして汗は、本質的には、血液**である**のだ。汗は、血液中の、水のような、色のない部分である血漿(けっしょう)から作られている(水浴びは、より低い温度と接触し、伝導により温度を下げる。とても効果的だが、いつも実用的というわけではない)。汗は蒸発によって温度を下げる。体温を空中に放出するのだ。体温が上昇しはじめると、皮膚の血管が拡張し、血液が移動を促される。皮膚の毛細血管から汗腺を通じて(汗腺の数は、二百四十万ほど)、温度の上がった血漿が体の表面に解放され、蒸発する。蒸発は水蒸気の形で体から熱を取り去るのだ。

これは効果的なシステムと言える。極限なまでの高温の場所で、人間は数時間にわたって、一時間に二キロの汗をかきつづけることができる。「ざっとですが、(一日に)十キロの汗をかくことは、とても暑い工場内で働く従業員や、熱帯に駐屯している行動範囲の広い兵士の場合、珍しいことではありません」。名古屋大学医学部で長年にわたり生理学で教鞭を執った久野寧教授は、一九五六年に著された『人体の発汗』(原著英語。Human Perspiration)で「それだけ大量の汗がとても小さなサイズの汗腺から放出されることに、感嘆するであろう」と記した。しかし人間には汗腺組織の二倍以上の唾液腺組織があって、汗の六倍もの量を、唾液として生産できる。

『人体の発汗』はそれ自体が四百十七ページというとんでもない量である。多くを記述せねばならなかったのは(※1)、久野の汗に関する研究が三十年もの長きにわたって行われたこと、そして彼には多くの協力者がいたことがある。その協力者は「全部で六十五人」との記述がある。この書物には発汗部屋でのセッションを終えて、汗をかいている、ビーチサンダル姿の日本人男性の白黒写真コレクションも含まれる。汗に反応して黒く発色する特別なでんぷんを体に振りかけられているため、胴体、おでこ、上唇に、特に伝染力が強い白カビのように見える跡が点々とついている。数枚の画像の見所は、人間の頭皮(※2)を流れる汗の驚くべき分布パターンだ。研究者たちは自分の髪をそり上げるのではなく、「日頃から頭を剃る習慣のある十八人の仏教の僧侶を」探し出し、その後、名古屋大学からの呼び出し電話をすべて無視した。

体温調節研究所の外では、汗は関心を引くことがなく、それは久野を苛立たせた。「奇妙である」と彼は書いた。「汗の価値は、（発汗することができない）暑さに大きく苦しめられている患者からは高く評価されるが、普通の人からは評価されることはない。彼らはだいたい、汗をかくことに文句を言い過ぎる」。**腹が立つわよね**。久野の脳裏には、人間の不屈の体温調節システムによる、まさに文明の進歩が宿ったのだ。「人類は地球上のどの地域にも住むことができている……一方で、動物の生活ゾーンは多かれ少なかれ限定されている。人類のこの特権は、その知性によって獲得された部分もあるが、熱帯地方への広がりは、汗腺の高度な発達があってこそ成功したのだ」。人間の発汗がなければ、ベトナム戦争はなかったし、イラクの自由作戦もなかったし、ジョージア州のアーミーレンジャー学校もなかったというわけだ。

発汗がそれほど効果的だというのであれば、二〇〇七年から二〇一一年の間にアメリカ軍の兵士一万四千五百七十七人が熱中症に罹ってしまったのは、なぜなのだろう？ 理由は、彼らの働き過ぎにある。働けば働くほど、発汗に必要な血液を筋肉が要求しはじめる。この血液の奪い合いで発生するもっとも軽い症状が、熱疲労と熱失神である。つまり、卒倒してしまう。温度を下げるために血液が皮膚に流れるのと同時に、筋肉に酸素を送って体の疲労を癒すため、脳に血液を送り込むのに必要な血圧を維持することが難しくなるのだ。脳に届く酸素を運ぶ血液が足りなくなると、気を失うことになる（直感に反して、オーバーヒートしてしまっている人間は仕事の最中に倒れるのではなく、止まって、立っているときに倒れるようである。これは動いている最中の足の筋肉の収

※1　久野とそのチームは、気温による発汗と感情による発汗の違いを実験するために、多くの時間を割いた。感情による発汗は両手のひらと足の裏を汗ばませ、気温による発汗は、手足を除く全身を汗ばませる。ある研究者が、脚の皮膚を一部切除して、手のひらに移植した。その皮膚の一部は、彼が緊張した時、果たして汗ばんだのだろうか？（はい、汗ばみます）。例えばある人の手のひらに突然、一本の陰毛が載っているのを見た同僚たちが、くすくす笑い出したりしたときのような感情的に試される状況で、その皮膚の一部は乾いたままだろうか？（いいえ）。感情による発汗は、当然のように、研究室内にサディズムの才能を与えた。研究者は被験者に本当にひどいニュースを伝え続けた。彼らに口頭で算数問題を与えた。「痛みを伴うショックを与える」と被験者を脅し、「痛みを待つことの不安」を引き起こした。久野は発汗のスタンレー・ミルグラム（訳注・一九三三年―一九八四年。アメリカ合衆国の心理学者。「ミルグラム実験」と呼ばれる、閉鎖的な状況下で人間がいかにして権威者のなすがままになるかという心理実験が有名）だった。

※2　人間の頭はまるで、母親のように汗をかく。脳のゆりかごとして、頭皮には多くの血管が広がっており、この血管は四肢の血管とは違い、対立することがない。それゆえ、頭の怪我は簡単に出血するし、顔は赤くなるし、汗もかく。しかし、よく言われているように、人間の体温の九十パーセントが頭から失われるというのは、誤解だ。「義父は、私が冬に帽子なしで外出すると、いつもそれを言うんですよ」と、軍の研究者で生理学者のサム・シューブロントは言った。「僕は、『もしそれが本当だったら、スキー帽をかぶって裸で外に出ても、体温の九十パーセントを保てるはずだ』って言い返すんですけどね」。実際のところ、露出している裸の体から体温は失われてしまうだろう。私はそんな彼を愛おしく思うだろうけれど。

縮が、鬱血を防いでいるからである)。

熱疲労は少し恥ずかしいことではあるが、特に危険というわけではない。失神というのは、症状でもあるし、治療でもある。地上に水平にバタリと倒れると、血流は再び頭に戻り、目を覚ます。誰かが水を持ってきてくれ、日陰で休ませてくれれば、元気を取り戻すことができる。

だが、熱中症は人を殺す。この場合も、血液の奪い合いがはじまる。暑い日、体が中核体温を安全な範囲内に下げようと汗をかきはじめる。その時、血液量を補充するために十分な水分を摂取していない場合、そして、それに加えて激しい運動をしていて筋肉が酸素を強く要求しはじめると(そして運動そのものが熱を作りだすと)、そのままでは立ちゆかなくなる。「体は、内臓への血流を犠牲にして、必要とされる場所に血液を送ります」と、ネイティック研究所内にある陸軍省環境医学研究所の生理学者サム・シューブロントは説明した。内臓器官は、必要とする酸素、グルコース、有害な排泄物の引き取りから閉め出される。専門用語では局所貧血という。これが殺し屋の正体だ。消化器官は停止する。苦しさにあえぐ内臓は、バクテリアを血中に流しはじめるだろう。全身炎症反応がはじまり、多臓器への損傷がそれに続く。譫妄(せんもう)、ときには昏睡状態となり、そして死へと繋がる場合もある。

中枢神経系への熱による損傷を強調する科学者もいる。脳タンパク質の高次構造が壊れ(専門用語では変性という)機能不全に陥る(卵や肉を料理したとき質感を変化させるのが変性だ)。シューブロントは「熱い脳」の学説は支持しないという。彼は、プロテインの変性は、脳が熱中症を起こす摂氏四十度よりも、ずっと高い温度で発生すると言う。日本にはそれよりずっと熱い温泉がある。シューブロントは、熱中症の致死性について、意見の一致は存在しないと指摘する。「悪いことばかりが起きる」ということ以外では。

なぜ米軍の救命ゴムボートに、一見、残酷なジョークに思える非常食が積み込まれているのか、内臓の局所貧血のしくみが説明してくれるだろう。食べるものは何一つ入っておらず、カラフルな駄菓子のような酸っぱいキャンディーであるチャームス（※3）が入っているのだ。熱帯の海で焦げていて、消化器官がその機能を失いつつあるとき、無理に食物を口にするべきではない。酸っぱいキャンディーについてひとつだけ言えるのは、脱水して、喉がカラカラに乾いてしまっている漂流者にとって、唾液の流れを促す酸はグッドニュースだということだ。

クックボックスのなかの湿度は、まだまだ我慢できる四十パーセントに設定されていた。周辺の

※3　チャームスは以前、配給品の一つでもあった。しかし、チャームスが悪運を招くと根強く信じられていたため、一時配給品から外されたりもした。ネイティック研究所の戦闘員用食料管理者は、誰一人として悪運を招くチャームスの起源を知らなかったが、銃器愛好家サイトAR15.comにあった、この仮説が好きだ。「プラスチックの包み紙がベタベタするんだ……ベタベタしてるから、頭蓋骨に穴を開けられちまう。キャンディに気を取られて、注意を払わないから」

空気が湿気を含んでいる場合、発汗ははじまるけれど（たいていは）、それが蒸発するところはない。汗は玉になって皮膚の上に溜まりだして、顔や背中に流れ出す。さらに重要なことに、その汗が体温を下げることはない。一九五〇年代、アメリカ軍は、油断ならない邪悪な暑さを示す、湿球黒球温度指標（WBGT：暑さ指数）を発明した。悲惨な気象下では、風の冷却効果のパートナーとなる指標だ。WBGTは、気温、風、太陽光の強さ、そして湿度といった要因を反映している。湿度はその指標の優に七十パーセントを占める。

問題なのは湿度だが、同時に暑さでもある。空気が摂氏三十三度よりも涼しければ、体内の熱をより涼しい空気中に放出することで、体温を下げることができる。三十三度を超えたら、ダメだ。放射のパートナーは対流である。体が生成した、温められた空気と湿度の雲が皮膚から浮き上がると、その場所に冷えた空気が入ることができる。そして空気がより乾燥していれば、より多くの汗を蒸発させることができる。同じように、風は人の体で作られた湿った空気を吹き飛ばすことで体を冷却してくれる。吹き飛ばされた場所に入ってくる風がより冷たくて、より乾燥していれば、体自体も冷えて乾燥するというわけだ。

クックボックスの中に十四分入っている私は、軽く汗をかきはじめた。私の後ろで、トレッドミルを使って走っているジョシュ・パーヴィスは、私よりもずっと早くに汗をかきはじめた。前腕の体毛が皮膚のところでモジャモジャになっている。胸のドラゴンのタトゥーは泣いているように見える。私はこれらすべてを、彼の熱耐性の低さのサインだと思っていたのだが、実際のところ、その逆が真実である。ディアナ・パーヴィス曰く、熱に順応している人々の典型が「あっという間に、思い切り汗をかく」のだそうだ。そういう人々の体温調節システムは、素早く行動に移る。私の体温調整システムは、何が起きているのか気づくだけで十分かかっている。「**ねえ、ちょっと、ここ暑くない? 何かやったほうがいい? なんだかアイスが食べたいんだけどなぁ**」

ジョシュは熱と湿度に対して順応しているだけではなく、私よりはるかに鍛え上げられている。エアロビックフィットネスと体脂肪率は、いまのところ、熱への耐性という点で、人々を確実に区別する唯一の要素だ。強い心臓は、一回の鼓動でより多くの血液を放出し、それにより効果的に筋肉に酸素を送り込む。これで、汗を作るための血液が確保され、体の残りの部分に行き渡る。これは、鍛え上げられた人間が熱中症にならないという意味ではない。軍内部で労作性熱中症の犠牲になるのは、往々にして鍛え上げられた人間である。なぜなら、その状態まで到達するほど体を酷使できる能力を持つのは、彼らだけだからだ。

「パック、担いでみる?」ディアナは、アフガニスタンの兵士が二日間かけて進軍する際に担ぐ荷物の重さを私に感じさせるため、十四キロのサンドバッグを入れたバックパックを私に手渡した。最も典型的な戦闘用荷物はこの二倍以上の四十二キロとなる(十五キロの防護服、七・二キロのバッテリー、そして六・七キロの武器と弾薬である)。エドワード・アドルフによる第二次世界大戦時代の砂漠でのサバイバル実験によると、その半分の重さの荷物を運ぶことで、男性が一時間に〇・二キロ余計に汗をかくことがわかった。

私のバックパックには砂しか入っていなかった。直腸プローブ以外は防護服も武器も背負っていない。私がどのような任務を行えるのか定かではないけれど、それがなんであれ、それを引き受けるような体力もなければ、そんな気分でもなかった。バックパックを背負って数秒後には、心拍は毎分二十五回も爆発的に増えた。「作業負荷を増やしたから、動かしている筋肉にもっとたくさんの血液が必要になってるのよ」。ディアナは扇風機の音に負けないように叫んだ。「あなたの中核体温も上がってるわよ。三十七・九度」。卒倒まで一直線だ。

この状況を悪化させるのは、私の水分補給が少ないことだ。私は、陸軍省環境医学研究所の熱研究グループの専門用語で表現するところの、「気乗りしない水分補給者」なのだそうだ。いくらでも水を飲むことを許されているというのに、発汗部屋にいる気乗りしない水分補給者はあっという間に体重の二パーセントほどを失ってしまう。そして、喉の渇きによって本当に必要な水分量を知ることができないのだ。久野は、三時間から八時間の間、水分補給なしで歩き、その後自由に水分補給することを許された人々に関する研究を引き合いに出した。彼らは渇きが満たされた直後、動きを止める傾向があることがわかった。平均では、失った汗の五分の一の水分を補給した後に、それは起きていた。

クックボックスの外には、体温が三十九・五度を超えた人のための、冷水の入った大きな青いプラスチックのたらいが置かれていた。熱中症には冷水の補給が手っ取り早い解決策となる。熱い固形物質や液体が冷たい固形物質や液体に触れると、熱いものは温度を下げ、冷たいものは温度を上げる。これが伝導である。伝導は、熱帯で座礁した船からの生還者が、水による低体温症で命を落とす場合がある理由を説明してくれる。海水が彼らよりも低温度であれば、体温を海水に奪われてしまうというわけだ。

伝導は、当然、体温を上げることもできる。砂漠で立ち往生したら、地面に直接座ってはならないし、ランドローバーに寄りかかってはならない。砂は摂氏五十四度まで温度が上がるし、鉄はそれよりも熱くなる。伝導は、緩い服を着ていると太陽の下でも涼しい理由を説明してくれる。ぶかぶかのシャツはそれ自体は熱くなるけれど、布が肌に触れていないせいで（ぴたっとしたTシャツとは違って）、熱を肌に伝えない（同時に、緩い服は汗をすぐに蒸発させる）。

ぶかぶかのシャツが白かったらなおいい。明るい色の服は太陽光の放射エネルギーを反射するので、それに晒される量が減る。太陽の下でシャツを脱ぐのは体温を上げるだけで、涼しくはならない。エドワード・アドルフの「太陽の下のヌードの男性」という研究では、被験者たちは、靴とソックスと下着以外は裸で箱の上に座らされた。それは気温が十度以上高いのと同じことだ。その不快感に加えて、横にはきちんと服を着た管理者がいたのだ。つらいのは熱ではない、屈辱に決まっている。

熱中症研究者が日光浴をする人々についてどう感じているか、想像に難くないだろう。熱された砂の上で、ほとんど裸になって喜んで直射日光に当たっているなんて。海という名の大きな青い浴槽が目の前にあるっていうのに、不思議なことだ。とりあえず、立ち上がって筋トレなんてダメだから。筋肉をオーバーワークさせると、横紋筋融解症なんていう潜在的に死に至ることもある状態になるリスクがあるから。身体が筋肉の発する極度の燃料の要求ペースについていけなくなると、最終的に筋肉は虚血状態（局所的血液不足状態）になるの。汗を作るための血漿の取り合い競争が理由で、熱はシナリオを悪化させる。酸素不足の筋肉の組織の細胞が壊れはじめ、その内容物が血液に流れだす。こういった分解成分のひとつがカリウムで、これが高レベルになると心停止の原因となる。その他では、ミオグロビンが肝臓を損傷するし、ときには肝不全の原因となる。とても黄色い、魅力溢れる死体の一丁あがりだ。

ベニスのビーチよりも暑いアフガニスタンの基地で最も人気の気晴らしは、ボディビルだ。兵士たちが、筋肉を素早く増強させるために飲むサプリメントは、あっという間にリスクを深刻にしてしまう。そういったサプリメントには、潜在的に危険な化合物が含まれている場合が多いのだ。筋肉の収縮に拍車をかける興奮剤、代謝を上げる発熱剤、脱水を促進するクレアチンなどがそれにあたる。こういった化合物は、身体の限られた血液の供給競争を激化させてしまうのだ。健康と軍事パフォーマンス・コンソーシアムでは、インターネット上でオペレーション・サプリメント・セーフティーと呼ばれる、製品の危険性を調査した資料を公開している。しかしインターネット上では九十万種以上ものサプリメントが販売されているのだから（そしてアマゾンコムが主要アメリカ軍基地すべてに配達しているのだから）、それはシーシュポスの果てしない挑戦と言える。シーシュポスの神話を知らない？　シーシュポスとはギリシャの男性で、神々は永遠に、または横紋筋融解症が発症するまで、彼に巨大な石を転がし続けろと命じたのだ。二〇一一年の一年間に、アメリカ軍内部で四百三十五例の労作性横紋筋融解症が発生した。

ただのプロテインのサプリメントにさえ、リスクはある。プロテインは潮解性である。体の細胞から水分を血流に引き寄せ、排泄系統にとって問題の多いタンパク分解生成物質の排出を促す。砂漠で喉の渇きにより死にかけているときは、自分の尿を飲んでも意味はない。その時までに、プロテインと塩分は濃縮されていて、体は組織から体液を引っ張ってきて希釈しようとがんばってしまう。結局、振り出しに戻るだけなのだ。ただし今回は、自分の、濁って悪臭を放つおしっこを飲んだという記憶を抱きながらなので、なおのこと最悪である。

横紋筋融解症も、ボディビルディングの領域におけるまた別の、極端な事象として現れる。病的なまでの肥満で寝たきりになっている患者は（例えば、胃バイパス手術を受けなければならないような患者）、自らの体が背中の筋肉を強く圧迫するため、血流が絶たれるリスクを背負っている。四時間から六時間が経過すると、筋肉組織内の死んだ細胞は壊れて洩れ出し、患者がついに体を動かしたとき、あるいは患者が動かされたときに血液が急激に戻り、分解生成物が一気に血流に流れ込む。地震で瓦礫の下敷きになったり、壊れた車の中に閉じ込められた場合も同じようなリスクに晒される。意識を失うほど深酒をして、六時間以上動かなくても同じようなことが起きる。これは横紋筋融解症の研究者で、ポートランド・メディカルVAセンターの手術室次長ダレン・マリノウスキから説明を受けた。彼は人間が寝返りをうつのは、横紋筋融解症が理由なのだとも付け加えた。「筋肉が鬱血状態になると、人間は体を動かすようにできているのです」

「見て、太ももまで赤くなってきたわ」とディアナが言った。オーバーヒートした血液が私の皮膚にまで広がったのだ。「それ、背負ったままで、あときっちり三十分、がんばってみる?」

いや、がんばる気持ちはまるでない。「もう理解できたと思います」

ディアナは男性陣に今の気分はどうかと訊いた。ジョシュの仲の良いインストラクターで、ダン・レッサードという名の男性は、退屈だと答えた。イヤホンをつけているジョシュは、質問が聞こえていないようだ。彼が片側のイヤホンを外すと、小さな音が洩れ出した。メタルバンドのファイヴ・フィンガー・デス・パンチだ。ドラムの音の代わりにマシンガンの発射音を使っていることがわかる。

ジョシュはダンと一緒に「本物のワークアウト」を、今日の午後にやると言っている。「メアリーは荷物を背負って七分でやめたけどね」とディアナが加勢した。**失礼な!**

ジョシュが私に味方してくれた。「リュックサックを背負って生まれてくる人はいないからね。僕が初めて背負ったときだって、最悪だったし」。彼は多くを乗り越えてきた、よい男のようだ。彼の明るい振る舞い、元気の良さといった、人間が生まれながらに持つ純真さというようなものが、イラクでよりタフになったようだった。戦争は人を変える。

午前十一時三十分、私たちはクックボックスから解放された。「さあ、お友達を出していいわよ」と、研究室の助手ケイトリンが直腸体温計を指して言った。少し前、特異な発汗パターンついて話していた時、まるでウィンブルドンで勝利を収めたかのように、ケイトリンは「右の脇の下の方が汗をかいています」と両手を上げて見せてくれた。私たちが確認したかったのはこれだ。これが、ディアナの研究への理解をすすめてくれる。つまり、効率／非効率、左側／右側、どう表現するにせよ、これから先もずっと中東で過激派と戦うであろう現状を考えれば、体温調節における遺伝的相違は、驚くほど大きく、注目に値するのだ。ディアナは近所のウォルター・リードのカフェテリアに行って話を続けたらどうかと提案してくれた。ジョシュも賛成した。「**栄養補給だ**。行きましょう」

ウォリアーカフェのピザはヘルシーには見えない。実際に食べて健康に悪いと言ってるわけではなく（たぶん健康的だと思うけど）、ピザが見た目的に健康的に見えないということだ。水っぽいクラスト。汗をかいたチーズ。ペパロニのかさぶた。私はジョシュとダンにくっついて、サラダバーに行った。アメリカ軍の兵士の多くと同じように、彼らは筋肉の発達だけではなく、現実的、あるいは「機能的」な強さを強調する、クロスフィット（訳注・高い運動強度で行われる、アメリカで流行しているトレーニングプログラム）の信奉者である。そして大量の野菜摂取の信奉者でもある。「みんな体を大きくしたいし、強く見せたいものですよ」と、全員で席に着いたあと、口をいっぱいにしてジョシュが言った。彼はトレッドミルでの走り同様、意識的にしっかりと食べる。彼の言う「みんな」は、今日の歩兵隊のことだ。「そうするにはいろいろな方法があります。一生懸命鍛えてもいいし、ボディビルのようなことをしてもいいですしね。かっこよく見せる以外のことは、正直、彼らにとってどうでもいいことですから。鍛えるって、めんどくさいことです。だからステロイドで実験するんです。より体を大きくして、より速くなりたいから」。視線はサラダに固定されていた。「でもそれは役に立つ強さとは言えないですよね。大きくなった筋肉をいつも引きずり回さなくちゃいけないし、それからクールダウンさせて……」

「それにサプリメントは熱中症のリスクを高めますしね」と、私もついつい言ってしまった。

でもそれについては、ジョシュは心配していないようだ。ジョシュはむしろ、鍛えられていない兵士が部隊の他の兵士にリスクを与えることを懸念していた。私のために彼は、反乱軍の隠れ家を確認し、確保するための、仮説上の任務を例に話してくれた。「これはどうでしょう。肉体的にはすでに最悪な状態の銃撃戦の最中で、仲間の一人が撃たれたとします。あなたが安全を確認した最初の部屋に負傷者を集めることに決めたとします。でもそこに行くには、装備を身につけている男を引きずって行かなくちゃならない。すでにボロボロの状態なのに、今度は死んだように重くなった体を引きずるんです。もっとボロボロになりますよね」。彼はサラダを突き刺した。ランチは空腹と苛立ちのシンコペーションだ。突き刺し、掘り起こし、噛み砕き、話し、そして突き刺す。

「ジムでリフティングをやってデカい尻を手に入れたばかりのあなたが、生きるか死ぬか、あなたに命を預けている男に対して、応急処置ができると思います?」

テーブルは静かになった。私はこの話はたぶん、仮説じゃないのではと考えていた。「負傷者を集める」というコンセプトに、「集める」ほど多くの負傷者が出るという怖ろしい事実に、私はなんとか慣れようとしていた。

しばらくの沈黙のあとディアナが口を開いた。「熱中症に話を戻しましょうか」

「すいません」。グサッ、**グサッ!** 掘り起こし、噛み砕く。「僕はあまり言うことはないですね、熱中症に関しては。昔は色々聞かれましたよ、『イラクはどんな感じ?』とかね」。フォークの先でヒヨコ豆が殺されていた。「オーブンのドアを開けて潜り込んでみろよって話っすよね」

ディアナは質問を繰り返した。「ねえジョシュ、水を運ばなくていいように、事前に大量に水分補給をして水を持っていかない人たちがいるって聞いたことがあるんだけど。そうすれば追加で銃弾を運べるからって」

アドルフ博士がこれについては注視している。「事前に水分を補給することは、体内を貯水タンクに変えるということ。そうすれば、歩兵であれば一リットルかそれ以上の追加の水を運ぶことができるから」。アドルフは数人の男性に一リットルほどの水を事前に飲ませて、暑い気候での「脱水ハイク」に送り出した。彼らの尿の希釈度を調べて、事前に飲まれた水が尿として排出されたのはわずか十五パーセントから二十五パーセントだったと結論づけることができた。残りは体を冷やす汗として使うことができたのだ。

しかし砂漠で生存するという想定以外では、アメリカ軍は事前の水分摂取を推奨していない。バチャバチャと音の鳴る胃袋を抱えて動くのは不快でパフォーマンスを落としてしまう。そして、

「貯水タンク」を満タンにしようと努力した兵士には水毒症のリスクも発生する。体内の塩分レベルを過度に薄めてしまうと、体内システムを致死的なレベルで崩壊させるのだ。

そして、こういった行為は男らしくないのだろう。「余分な銃弾を持っていくんだったら」とジョシュは母親の質問に答えて言った。「水の代わりに持っていくようなことはしない。ただ、持っていく。それだけだよ。つべこべ言わずに、ただ持っていくさ」。ジョシュはサラダの中に入ったブルーベリーを見つけたようだ。彼はいきいきと、そしてど真ん中にフォークを突き刺した。銃剣による軍事訓練で優秀な成績を収めるだろう。

軍のジレンマである暑い気候の話が出たので、次は防護服の話をしよう。最新の組み合わせの総重量は約十五キロである。階段を上り続けるだけで、重量挙げの重さだ。ジョシュには防護服を身に着けないで建物の屋根にいて、銃撃され、命を落とした仲間がいるという。「あいつがいた部隊は防護服をバカにしてたんですよ。でも、実際のところ、俺でも防護服は着なかったでしょうね」「防護服を脱いでしまうのは、暑すぎるからなの?」私はまるで彼の顔の周りをブンブン飛び回るハエのようだった。もしくは足首のあたりでキャンキャン吠える小型犬だ。

「脱ぐのは理にかなっているからですよ」

雰囲気を明るくしようと、ダンが割って入った。「メアリー、俺たちは何十キロって荷物が入ったバッグを担いで、山道を登ったり下ったりしながら、ドレス姿でサンダル履きの男たちを相手に戦ってるんです。様々なものごとに対する軍の答えは、俺たちが背負う機器とか物資を増やしてしまう。で、そのどいつにもバッテリーが必要ときてる。そして、俺たちが持ち運べるものなんて、そう多くはないんですよ」

軍がすでに十年以上も面白半分に手を出し続けている、重い荷物を担ぐためのパワードスーツがもう一つの答えである。ロッキード・マーティン社がユーチューブにパワーアシスト外骨格（HULC）の動画を公開した。まるで軍が一九五〇年台のポリオ患者を徴兵したかのように、足の外側に連結式の金属の装具をつけた兵士たちが岩場を歩き、岩陰に身を潜める様子を映し出していた。HULCは二〇一〇年、ネイティックで四十キロの荷物を担いだ兵士たちが「長期の行進」を行うテストで使用された。そのテストに参加した人物から、ユーチューブの動画にコメントがつけられた。「ほとんど全員が四十五分でシンスプリント（脛の鈍痛）になって使いものにならなかったよ」。別の人物が、戦闘員たちが銃撃戦のなかを素早く動くことができるかどうか、また、転んだらすぐに起き上がることができるかどうか質問した。ディフェンスワンというウェブサイトのテクノロジー・エディターであるパトリック・タッカーは、バッテリーの寿命について疑問を呈した。平坦な地形をゆっくりと移動した場合（時速四・二キロ）で五時間だ。彼は安定した電源供給のない地域（「兵士が戦わなければならない、ほとんどすべての場所がそうだ」と彼は書いた）での、HULCの有効性を疑った。

「僕の友達が殺された理由を知りたいですか？」とジョシュが言った。「建物に入る音が聞こえてしまったんだと思います。だってそもそも、クソみたいな量の荷物を背負っているんだから、静かに入って行くことなんてできないですよ。リスクを減らそうとする人間が、同時に山ほどの制約を押しつけてくる。気持ちはうれしいけど、悪影響ばっかりじゃねえか」

ディアナは私のレコーダーを指さして、「それ、スイッチを切ってくれるかしら」と言った。熱はこの先も話題にはのぼらないだろう。彼の気持ちは聞けるだろうけれど。

ランチから車で戻るとき、ジョシュとダンは後部座席に座ってワークアウトの計画を立てていた。「スナッチ百回」というダンの声はまるで、ドクター・スース（訳注・一九〇四─一九九一年。アメリカの絵本作家。特徴的な文体と画風で人気を博した）の本のタイトルのように私の耳には聞こえた。前の席では私とディアナが科学について語り合っていた。私は彼女に最近ネイティック研究所に行ったことを話した。ネイティックには汗をかくマネキンがいるのよ！　それから「必要水分量予測方程式」っていうのがあるの！　天気予報を組み込んで、戦闘員の荷物と活動レベルを入力すると、どれだけの水を戦場に持っていく必要があるか、教えてくれるのよ。それってすごくありません？と私は言いたかったのだが、ジョシュが後ろで聞いているので言えなかった。

彼の苛立ちや冷笑は理解できる。方程式に当てはまらないものは常に存在しているし、狂気の中にいない人には理解できないものごとがあることも私は理解している。すべての任務に特有の要求とリスクがあることも知っている。午後のアフガニスタンで、建物に囲まれ、隠れる場所などない中庭を移動しながら砲撃をしている人間のルールを作るために、エアコンの効いた部屋に座っている人たちに、侮蔑的なあだ名がつけられていることも知っている。でも、なぜだかその時はその名前が思いだせなかった。

「地上勤務のレンジャー？」と、ダンが言った。「意気地なし、じゃね？」

「**科学者、だろ**」とジョシュは吐き捨てた。ディアナがハンドルを親指でトントンと叩いていた。彼女はバックミラーで息子を見て、そして「愛してるわよ」と言った。ジョシュは窓の外をじっと見たまま答えた。「俺も愛してるよ、かあさん。俺は間違ったことなんて言ってない」

軍事科学者への擁護を少しだけさせてもらいたい。与えられた任務において、自分の部隊に所属する男女が、何をどの程度戦場に持ち込むべきか、最もよく知っているのは、分隊長であることは否定しない。しかし、分隊長は知識武装したほうが望ましいし、そのすべての知識が体験から得られるわけではないのだ。ときにその知識は、ボディビル用サプリメントの潜在的で致命的な影響について調べている、米国軍保健衛生大学の意気地なしからもたらされる場合もある。あるいはフロリダの空軍基地にある港で、救命ゴムボートで男性をさまよわせ、一時間に体液の七十四パーセントを維持するには、制服を濡らすことだと発見した軍の生理学者からもたらされるかもしれない。あるいは、旅行者が下痢から回復する時間を短縮する方法を考案した、海軍の研究者かもしれない。こういったものごとは、摂氏四十六度で、自分の部隊の兵士が脱水して倒れるのを防ごうとする際には、大事なことだ。こういった仕事に名誉はもたらされない。誰もメダルを与えられない。もらうべき人はいると私は思う。

第八章

漏らすSEALs

国家機密を脅かす下痢

忘れられた砂漠の国、ジブチ共和国の首都ジブチに行く機会があれば、着陸する飛行機の窓から、空港に隣接する巨大な建設現場のような建物が見えるだろう。実はその場所は、アメリカ軍基地のキャンプ・レモニエである。まるで飾り気のないテトリスの箱のような、改造した船積みコンテナを積みあげて並べたこの場所に、三千五百人が住み、そして働いている。エアコンのユニットから落ちる水滴で育った低木を除けば、庭と呼べるようなものは一切ない。室内のインテリアは緊急指示のプラカードと(「立ち止まって基地内放送(ジャイアントボイス)システムを聞け……」)、フレームに入った指揮官たちの肖像画だけだ。基地にいる三日間で、私が目撃した贅沢品と思われるアイテムはひとつだけ。それは、うっとりするぐらいやわらかくて、高価で、陸海空軍の兵士たちにほんの少しの安らぎを与えるためだけにここに送られてきたものだ。マーク・リドル大佐はチャーミン・ウルトラ・ソフト(トイレットペーパー)を海軍メディカルリサーチ第三部隊で使うため、注文を済ましていた。ドアに掲げられたサインが教えてくれた。そこは「下痢臨床試験室」だと。

文字だけで人を笑わせることは可能だ。下痢。ね? リドルはこれに抵抗しようとはしない。それどころか、彼は被験者を、トイレの扉に貼った「下痢してる?」というサインを通じて募っているのだ。彼が最新研究の参加者用に作った「排泄物の等級付けのための確認チャート」には、キャンベルの具だくさんスープの広告から借りてきた写真が使われていた(「よく見て下さい。スプーンが刺さる程度の固さです」と、彼はちゃんと説明していた)。このような次第ではあるのだが、リドルがどれだけ下痢について真剣に考えているのかを示すものはたくさんある。彼は、面白くしようなどというつもりはなく、こう表現するのだ。「僕は、これを呼吸し、生きているんです」。私は彼が冷凍された排泄物のコレクションを表現するときに、聖なるという言葉を使うのを聞いたことがある。リドルは、軍の高級将校たちにも真剣に受け止めてほしいと願っているのだ。

過去数世紀において、下痢の問題は説得力に欠けるものだった。赤痢は兵士にとって、「弾薬よりも命取りである」と、一八九二年、現代医療の父ウィリアム・オスラーは書いた（「赤痢」とは、病原体が腸管の粘膜に侵入し、細胞と毛細血管から内容物が滲出（しんしゅつ）するという顕著な症状、つまり、イギリスの罵り言葉（bloody）のような血液まみれの激しい下痢「ブラディ・ダイアリア」を引き起こす感染の総称である）。一八四八年に勃発した米墨戦争（訳注・アメリカとメキシコの間の戦争。一八四六―一八四八）での戦闘で受けた傷がもとで命を落とすアメリカ人兵士一人に対して、七人の兵士が病死し、その原因のほとんどが下痢だった。アメリカ南北戦争では、下痢や赤痢で九万五千人の兵士が落命した。ベトナム戦争の最中には、下痢性疾患での入院患者が、マラリアの入院患者のほぼ四倍になった。

細菌論が受け入れられ、感染のメカニズムが知られるようになると、微生物（微生物が繁殖させる汚染物質とそれを運ぶ昆虫）は、軍事作戦のターゲットとなった。ハエ管理部隊、公衆衛生管理将校、軍所属の昆虫学者が、突然登場したというわけだ。アメリカ軍は下痢性疾患の予防、治療、理解において、重要な進歩のほとんどに携わってきた。ジブチにあるマーク・リドルの控えめなコンテナ製の研究室の親部隊であるカイロのＮＡＭＲＵ-3には、四つ星の下痢止めがある。館長のロバート・A・フィリップス海軍大佐は、補液にグルコースを加えることで、塩と水の腸内吸収が促進されることを突き止めた。これは、下痢をした人間が病院に行き、静脈内投与されなくても、液体を飲むことで脱水状態を改善できるということだ。この事実は、医療が不足している遠隔地で戦っている人だけでなく、そこに住む人たちの命も救ってきた。一九七八年、医学雑誌「ランセット」は、その論説でフィリップスの発見を「今世紀、最も重要な医学的進歩の可能性がある」と書いた。

リドルの研究の正式名称は「旅行者下痢症における外来治療の評価試験（TrEAT TD）」（※1）だ。「旅行者下痢症」とは、これもまた総称である。ほとんどが（少なくとも八十パーセントが）バクテリアが原因で、残りの五パーセントから十パーセントがウィルス性（嘔吐物が上水道に混ざる地域らしい）、残りがアメーバやジアルディアといった原虫など、種々雑多な割合となっている。すべて、汚染された食物か水が原因だ。以前は「軍の下痢」という、別のカテゴリーで呼ばれていた（ここで言う「軍」とは患者を指すもので、彼らの爆発を伴う退避を意味するものではない）。しかし、原因となる病原体を見てみると、分析結果はほとんど同じである。軍の下痢は、旅行者下痢症なのだ。なぜって、軍人たちも旅人ではないか（飲みたくない水のある場所への旅だけれど）。リドル、デイヴィッド・トリブル（※2）、そして海軍医学研究センターのメンバー数人で行った調査によると、二〇〇三年から二〇〇四年の間にイラクで戦闘に参加した軍人のうち三十パーセントから三十五パーセントが、安全な食料と水の確保ができない状況を経験していた。紛争の初期は特に、水たまりの水しか飲めないバックパッカー状態で、泥の中に腰を下ろし、地元の人間が売り歩いている食べ物に群がるハエを手で払いのけながら食事をするようなありさまだった。同じ調査で、イラクの戦闘員の七十七パーセントが、そしてアフガニスタンの戦闘員の五十四パーセントが、下痢を経験していた。そのうち四十パーセントのケースで、症状が酷く、患者自身が医療の助けが必要だと感じたほどだった。

朝の診療を受けに来た患者一人に対して、四人は我慢していた。リドルはその理由が知りたかった。旅行者下痢症は平均で三日から五日間症状が続く。なぜそれに耐えるのだ？　リドルのデータが立証する新しい抗生物質のなかには、四時間から十二時間で、体を通常の状態に戻してくれるものもあるというのに。彼はその疑問を当人たちにぶつけてみた。主に食事の時間に。格納庫サイズのドリー（※3）内部には、教会の地下室のように長い列で机が並べられており、フレンドリーな

※1　この語（Trial Evaluating Ambulatory Treatment）の頭文字を正しく取ると、TEAT TDが正しい。あまり気にしなくてはいいけれど。下痢の研究者が、teat（乳房）でからかわれることになるから。尊敬される前に。

※2　下痢の研究における統計値は次の通り――二人の研究者の名前がリドルとトリブルであったとき、片方、もしくは両方を「ドリブル」（ダラダラと流れる）と呼んでしまう確率は九十四パーセントである。

見知らぬ人が目の前に座っているか、肘が当たるほどの距離で横に座っている。食事中に緩い腸の動きについて語りあうお友達はたくさんいるというわけだ。

リドルはこの朝、左側に座った男性に率直に訊いていた。制服を見ると、彼が海兵隊軍曹で名字がロビンソンだとわかる。「私は海軍に所属しているのですが」とリドルは言い、「それで、旅行者下痢症のための簡易的治療法の検討をしているんです。抗生剤を一度投与すれば、腸運動抑制が……」

ロビンソンは皿の上の卵から視線を外して顔を上げた。「腸……抑制……？」

私は「ほら、イモジウムとかあるじゃないですか」と、強い下痢止め薬の名前を出した。「ぴたっとフタをしてくれるやつ」

「ああ、ありえない。出るものを引っ込めるなんて**とんでもない**」。ロビンソンの声は低音で、首が太く、その威風堂々とした雰囲気は俳優のヴィング・レイムスそのものである。リドルが朝食の後、研究室にまっすぐ戻り、ゴミ箱にデータを捨てる姿を想像した。**俺は一体なにを考えていたんだ！**

「悪いものが体に入ったということだよな。悪い水だとかそんなものだろ？　それはもう流すしかない」。下痢について、ジャイアントボイスと語りあっているような大声だった。「余計なことをしたら、台無しになるぜ」

私たちは同じようなことを何度も聞かされた。下痢は体内への侵入者を排除すること、またはそれが作る毒素を排出する体の動きだと考える人が多いのだ。彼らはイモジウムのような、腸の運動を抑制する薬剤を服用することは、腸をきれいにする働きを邪魔すると考える。しかし、実は下痢は人間が病原体に対して行っている動きではなく、病原菌が人間に行っていることなのだ。それも、とても多様で、邪悪な方法を使って。細菌性赤痢の一般的な原因となるシゲラとカンピロバクターは、毒を運ぶ「分泌装置」を巧みに使いこなす。それは、腸の内層の細胞に毒を送り込んで殺し、中の液体を溢れさせる皮下注射のような役割を果たすのだ。その流れ出した液体が、つまり水っぽい排泄物の正体なのだが、それで話は終わらないのよ！　このようにして細胞が任務を放棄すれば、大腸自体が水を吸収するという任務を果たせなくなってしまう。食べたものが消化管に沿って動くにつれ、乾き、固くなるはずなのに、消化管のなかに液体として残り続けるのだ。腸管

※3　フルネームはドリー・ミラー調理室。軍隊が自らの施設の名称として、軍人のニックネームをつけるのは珍しいことだが、男性のフルネームがドリスである場合、例外は多いようだ。ドリス・〝ドリー〟・ミラーは、日本が真珠湾を攻撃した際、称賛されるべき勇気ある行動をした調理師だった。その行いが立派だったため、彼の名は二十三箇所の政府と市の施設の名称となっている。八箇所は〝ドリー〟を、郵便局サービスを含む残りの十五箇所は〝ドリス〟というフルネームを使っている。海軍はフリゲート艦をドリス・ミラーと名付けた。ほとんどのフリゲート艦がファーストネームを省略しているが、ドリスの場合は問題なしのようだ。

凝集性大腸菌と呼ばれるバクテリアは、違う方法で、同じ影響を引き起こす。それは生きたラップとなって腸管を覆い、吸収を妨げる。バクテリアの密集隊形となるのだ。コレラ菌や毒素原性大腸菌（ＥＴＥＣ）は化学兵器としても使われている。両方とも、細胞恒常性を持続するためのポンプを乗っ取る毒素を生産する。命令を受けたポンプは、患者が水分補給するよりも速いスピードで、細胞から水分を引き抜きはじめる（※4）。

なぜこの生き物はこんなに酷いことを私たちにするのだろうか？　進化に動機はあるの？　もちろんだとリドルは言う。動機は常にある。飛び散り、流れ出し、べったりと広い範囲を覆うことができる液体の排泄物を人間に作らせることで、病原体の拡散が加速される。世界を覆い尽くすんだ、それッ！　コレラを引き起こすバクテリアは、特にやり手だ。コレラ患者は一日に約十九リットルもの液体を排出する。この排出があまりにも激しいため、フィリップス博士の同僚で海軍所属の男性は、お尻の部分に穴を開けた軍隊風の折りたたみベッド、コレラコットを発明した（バケツ別売り）。今日も生産されているコレラコットを使えば、患者は「ベッドを離れることなくトイレに行くことができる」と、歪曲表現を量子物理学の分野に昇華させて、specialneeds cots.comに記してある。

その上、腸内細菌はそうそう簡単に排出することはできない。彼らは大洪水でも生き残ることができるように、そのサバイバル戦略を進化させているのだ。旅行者下痢症の半分以上の原因となるＥＴＥＣには、ロンガスと呼ばれる毛のようなフックがついていて、それを使って細胞壁の近くまで自らを引き寄せる。細胞からの化学電気的シグナルを受けると、バクテリアは房状へりと呼ばれる、先端に吸引カップのついた毛を伸ばす。免疫システムはその役割として、ただ洗い流すだけではなく、より洗練された防御方法を持っている。それは、特別に設計された抗体を量産するところからはじまる。吸引カップを標的にし、接着を妨ぐこともできる。ロンガスにからまったり、毒素を分解したりする場合もある。

ロビンソン軍曹は下痢についてはそれ以上言うことはないようだったが、リドルに戦場配給品、別名MREsの担当者とトイレットペーパーについて話をしてほしいようだった。「これぐらいなんだ」（※5）と、彼はナプキンをドリンクチケットほどの大きさにちぎった。「尻を拭くってのに！」リドルは海軍の兵士たちに赤ちゃん用お尻ふきを持っていくことを提案した。彼はこの提案を後悔するかもしれない。なぜならロビンソン軍曹が、海兵隊員たちはTシャツを切って使っていると反論したからだ。これで海兵隊と海軍の関係が改善されること、間違いなしよ。

※4　「過ぎたるはなお及ばざるがごとし」。少量のコレラ・ETECは、便秘に対する効果的な治療法となる（過敏性腸症候群の患者の三分の一が便秘に苦しんでいる）。二〇一二年、アンアンウッド・ファーマスーティカル社が合成バージョンのリリースを行った。製薬市場のとある研究者は、これが「大型爆弾」になると即座に予測した。便秘薬として、これ以上ぴったりなものがあるだろうか？

リドルはロビンソン軍曹に礼を述べると、その場を去った。彼は朝八時前には自分の部屋に戻りたいのだ。午前八時にキャンプ・レモニエのスピーカーから国歌が流れるからである（最初はジブチ共和国の国歌、次にアメリカ合衆国国歌と続く）。屋外の人々も動きを止め、音楽が鳴り止むまで（※6）そこで礼儀正しく起立していなければならない。ジブチ共和国国歌は、古いテレビの西部劇のテーマソングのようにメロディアスで圧倒的だった。まだ曲のすべては演奏されていなかったが、「食事の後の緊急事態」が起きるのではと思えるほどだった。食事は（特に、思いっきり食べることができる食べ放題のビュッフェなどで食べるたっぷりの食事の場合）、内容物の大腸の移動に伴って、胃大腸反射を引き起こすことがある。ディナーを追い出して、朝食のための部屋を作るというわけである。それに加えて、過敏性腸症候群（IBS）の傾向が少しでもあったら、国中の愛国心を集めたとしても、最後まで耐えることはできないだろう。

カイロのNAMRU-3本部で勤務していた数年間で、リドルは定期的に下痢に罹(かか)っていた。それは、現地の飲食店で「排泄物のレイヤーをサンプリング」（訳注・排泄物のレイヤー Fecal Venner は比較的新しい言葉で、「世界は排泄物のうすい膜におおわれている」という考え方。要するに、どこもかしこもうんこまみれ、とする考えである）したことによる結果だった。IBSは十分な資料があるが、特に重度の下痢や、繰り返す下痢などその後遺症についてはあまり公にされていない。最近、IBSと診断された人に聞けば、その三分の一が、酷い食中毒の後に症状が出はじめたと証言するだろう。国防総省のデータベースでは、中東に配置され、急性下痢性疾患に罹患した男性と女性兵士では、IBSの発症リスクが五倍だということが分かる。復員軍人庁も、腸管感染症発生後の後遺症のひとつとして捉えている（「反作用」と呼ばれる関節炎も同じく）。患者が、派兵期間中に赤痢菌、カンピロバクター、あるいはサルモネラ菌に発症したと示すことができれば、後の手助けとなる。リドルは、

※5　私も試してみた。しかし、MREのトイレットペーパーの使用量と使用方法を誰が決めたのかは教えることができない。でも、それ以外でトイレットペーパーのことだったら、連邦規格の「ASTM D-3905」を見つけたので、山ほど教えられる。求められる紙の伸縮性と強度、湿っているか乾いているか。許可されている色（白、淡いベージュ、黄色、緑）、最小斤量と基本斤量、リサイクル繊維の使用率、求められる吸水速度などなど。そして、私たちの答えがそこにあるかもしれない。もしあなたの肛門が「軍事作戦用の備品として使用されるトイレットペーパー」、つまりASTM D-3905の担当者の肛門ほどきっちり閉じているのならば、そう多くの紙は必要ないだろうから。

※6　他の基地では旗が降ろされる午後四時三十分か五時である。音楽が流れはじめると、すべてを止めて、旗の方を見る。これが起きたとき、私はネイティックの研究所にいた。なんの説明もなしに、私を案内してくれていた人たちが話を止め、向きを変え、厳粛な面持ちで、旗のある方向に置かれた、コンテナタイプの新しい仮設トイレの展示を見つめだした。開放湾でのトイレの恐怖を聞いたことがあるだけに、誰はばかることなく、遠征仮設トイレシステムへの敬意を払うことは、意図したものではないにせよ、適切であると思う。

この食中毒からの長期間にわたる影響に国防総省が費やす費用は、外傷後ストレス障害に対して費やす支出を上回る可能性があると試算している。

抗生物質をより広い範囲で処方すればいいのでは、と考えるのは当然だ。しかし、第一に、抗生物質が効かない菌が発生しているという問題がある。もっともこれは、感染を一日で帳消しにする新しい治療法の数々があるのだから、たいして心配ではない。耐性菌が発達し、繁殖するには一日では時間が足りないようなのだ。おそらく、より心配すべきなのは、下痢に対して抗生物質の投与を受けた海外旅行者（特に東南アジアへの旅行者）の結腸に、本国に持ち帰り、拡散が可能な二種類の悪質なバクテリアが定着する傾向にあるという、最新の調査で判明した点だろう。どちらも旅行者の腸内に短時間だけいて、旅行先では問題も起こさないが、このバクテリアの存在は免疫システムが弱っている病人にとっては危険になる。しかしこの場合も、新しい単回投薬の治療法で問題になることはないだろう。

こういったバクテリアは、世界にとって深刻な懸念材料だ。ジブチ共和国から帰国した週に、世界保健機構が、世界の下痢による年間死亡者数の統計を二百二十万人と発表した。ＥＴＥＣ単独での推定死亡者数は、一年で三十八万人から五十万人とされる。短時間で危険なレベルの脱水を起こす子どもは、高いリスクにさらされている。疾病対策予防センターは、五歳未満の子どもの下痢による一日の死者数を二千百九十五人とした。これはマラリア、エイズ、麻疹による死亡者数を合わせた数よりも多い（ゲイツ財団は海軍のＥＴＥＣワクチン開発に資金を提供している）。

二十代に何度も海外に足を運んだリドルは、度々、自分の認識を改めさせられたという。多くの人の多くの人生（機会、健康、そして寿命）は、生まれた場所によるのだということを。「大きな差があるんですよ」と彼は言った。私たちは彼のコンテナ製研究室の一階にあるオフィスで話をしていた。「でも、そうあるべきじゃないんです。両親が住んでいた場所が問題になるべきじゃない」。彼はジェット機が離陸する間、話を止めた。一日のうち決まった時間、数分おきに離陸があるのだ。まるでヒースロー空港の滑走路の下に机を置いたようなものだ。音が消え、リドルは再び話しはじめた。「私は多くの人々を助けたくて医学の道に入ったんです」。彼が私に本気の告白をしてくれたと思った次の瞬間、「でもなぜだか下痢にはまったんですね」。

＊＊＊

キャンプ・レモニエには目的地への近道が多くあるのだけれど、それに沿って歩こうとすると撃たれること間違いなしである。有刺鉄線がコイル状に巻き付けられた高さ三・六五メートルのワイヤフェンスをよじ登り、「とまれ！　殺傷能力のある武器の使用許可エリア！」と書かれたサインを無視し、そして安全地帯にやっとのことで辿りつく。キャンプ・レモニエは北アフリカとイエメンにおける反過激主義活動の拠点である。ゾーン内には、ドローンの一団が海軍特殊部隊（Navy SEALs）やその他の特殊部隊の幽霊とともに駐在しており、機密扱いの仕事から、また次の仕事へと移動を繰り返す。

私が話をしたいのは、こんな人たちだ。私は国の安全を脅かす下痢に興味を持っているのだ。オサマ・ビン・ラディンを倒したとき、海軍特殊部隊の一人が超緊急の力と戦っていたらどのような展開を迎えていたのだろう？「作戦失敗」の原因が下痢になる頻度は、一体どれぐらいあるのだろう？

昨日、私はキャンプ・レモニエの広報官を務める、とてもひょうきんで愛嬌のあるシーマス・ネルソン中尉に、基地で働く軍人全員に毎日配信される電子メールのフィードに、私からのリクエストを掲載してくれるように頼んでいた。「メアリーさんが、接近戦において下痢がどのような影響を与えたのか、話を聞かせてくれる人を探しています……」。だって仕方ないじゃない。話の持っていきようがないでしょ？　特殊任務に就いている男性を見つけること自体は簡単だ。髭、ムキムキの体、冷酷なまでの全能感を見ればいい。彼らに話しかけるのは簡単なことではない。彼らは徹底した自己管理を行っている。コンバット・カフェや、バーで彼らの姿を見ることなどない。LGBTバーベキューや独立記念日のダンボール製レガッタレースに現れる特殊部隊の人間などいない。彼らはジムにも現れない。彼らには、専用の機器と訓練士がついているからだ。

「彼らが外出するのは、食べるときだけじゃないかなあ」とリドルは言った。私たちは、大変評判の悪かった下痢メールに反応してくれた四人と話をするため、シーマスの事務所に座っていた。

「それから、僕らから女性を盗んでいくときね」と、シーマスは頷きながら言った。

インタビューの予定は連続で組まれていた。一人が入ると、一人がその場を去るという形で、コンテナの広報室は、カトリックの懺悔室のような、うしろめたい静けさに包まれていた。私たちはジブチ市沿岸でアメリカ海軍駆逐艦コールが受けたタイプのテロから海軍艦艇を守る、ボートユニットの艦長から話を聞いているところだった。彼はシーマスのテープカッターとアレルギーの薬が入ったボトルを敵に見立て、ホッチキスを「付加価値の高い資産」として、互いの進路をジグザグに横切る作戦の手順を説明してくれた。不用意にトイレに行けばホッチキスは攻撃されてしまう。乗組員が自らのポストから離れなかったとしても、警戒は緩んでしまう。「病気への偏見」は、見落とされがちだが、それは軍の責任である。私たちは同じような話を爆撃手からも聞いた。ディエゴ・ガルシア島での長期間の作戦で、飛行機の防御装置を操作できる唯一の乗組員が、ケミカルトイレを使うために突然任務を離れた（それも、タリバンが管理するアフガニスタン上空で）。帰りのフライトでは、不良品の密封剤にトイレ室の圧力の差が加わって、中身が乗員室にぶちまけられた。「確かに」と、彼は無表情で言った。「青くて茶色い雨は、航海士の任務に集中する能力に影響を与えたでしょうね」

三時三十分に現れたのは、特殊任務部隊を引退し、今は建設業者として働いている男性だった。上腕の内側に彫られたタトゥーは、しっかりと確認はできなかったけれど、二つの金属を交差させたような形で、たぶん武道で使う武器の一種ではないかと推測できた。私が彼の仕事について尋ねると、彼は曖昧に「整える仕事です」と言った。私はこれを、人に話すことができない特定分野の婉曲表現だと受け取った。例えば、目撃者を消すだとか、死体を捨てるだとか、そんなことだ。その後、彼と話をするなかで、彼の実際の仕事は整備士だとわかった。ああそうか、**整備ってことね**。上腕に彫られたタトゥーはピストンらしい。

彼は所属していたチームが配備される度に下痢に襲われたという。これが理由で、一度も「長期間の調査」が割り当てられなかった。反乱軍の縄張りに深く入り込む任務、という意味だ。こういった任務は穴の中に隠れて行う(※7)、特定の場所の監視も含まれる。例えば交差点付近に隠れ、誰が来て、誰が去って行くのか、トラックの運転手は何人いたのか、それが何時だったのかなんていう監視行動である。

私はうんうんと頷いたのだが、何だか釈然としなかった。「えっと、何を見つけるための調査なんですか……?」

「当然、爆弾ですよね」

「ああ」。私ったらおバカさん。

私は特殊任務部隊の整備士に、部隊の誰かが酷い食中毒を起こしていたために、危険に晒(さら)された可能性のある任務があったかどうか尋ねてみた。彼は、それはないと言った。「特殊任務のために選ばれた男たちが? 彼らに限ってこういう問題はありえないですね。選ばれたのには理由がありますから」

この男性が去ったあと、シーマスが私たちのほうに向き直った。「あれって特殊任務部隊の選考基準になるんですかね？　例えば汚染された食物を与えて、どうなるか見るとか？」彼は冗談を言っていたのだが、人口の二十パーセントはリドルが呼ぶところの「壊さない人」ではあるのだ。道端で売られているセビーチェ（小魚のマリネ）を食べて生水を飲んでも、決して体調を崩さない人たちのことである。それは確かに、強みになるだろう。リドルは、重要な任務を前に、念のため抗生物質やイモジウムを特殊部隊が服用するかどうかが気になるらしい。それとも彼らはじっと黙って下痢に耐えるのだろうか？　キャンプ・レモニエの特殊任務部隊の医師は（特殊任務部隊には、当然専門の医師がいる）、特殊任務部隊というステータスを失うことを恐れ、医師の助けを得ることに気が進まない人がいるという話をしていた。

リドルにも私にも、聞きたいことがたくさんあった。でも、特殊任務部隊の誰も、下痢メールに答えてはくれなかった。二通目のメールが必要だろう。今回は報酬ありでどうだ。リドルはそれはやめたほうがいいとアドバイスしてくれた。現金を提示すると、嘘をつく人間が現れると言うの

※7　穴蔵暮らしのヒント――ピーナツバターサンドイッチは、二枚重ねたジップロックに入れること。残ったジップロックはトイレとしての任務も果たすから。ネコ砂を入れておくと下痢のときに便利。これを教えてくれた、ニジェールから戻ったばかりの空爆管理官の男性によると、これで十分だそうだ。彼は司令官から、なぜ特殊作戦軍がネコ砂を欲しがるのか理由を知りたいと、問い詰められたそうだ。

だ。以前、下痢の調査に参加した男性が、トイレに行って、カチカチの便の詰まった検査チューブをリドルに手渡したことがあったそうだ。

「それから?」と私は聞いた。シーマスは「公共のメール配信サービスに下痢関連のメールはもう送ることができないんですよ。諦めましょう」。〝アフリカの角〟統合任務部隊本部から、基地全体への一斉メールの適切な使用に関して、否定的な反応が来たのだそうだ。

食堂が、私のたった一度きりのチャンスだ。

シーマス・ネルソンは、百九十二センチの大男だ。彼が首をしっかりと伸ばせば、まるで潜望鏡のような働きをする。今、彼の首は完全に伸びきって、キャンプ・レモニエの食堂で夕食を食べている、きれいに刈り上げられた頭をスキャニングしている。ここでは、二つのカテゴリー内にいる男性のみが、髭(※8)を蓄えることを許されている。特殊任務部隊の人間と、特殊任務部隊のように見せたい民間の建設業者である。

「ああ、いましたよ」。シーマスの首は元の位置に戻っていた。「むこうの隅の、ドアの横ですよ」

リドルと私は席を立った。私たちはこの人物が売店から出てくるのを、昨日目撃していたのだ。髭がなくても、彼が部隊の一員であることは一目瞭然だ。衣服や運転する車、あるいはタトゥーなどでタフさを誇示しようとする男性がいる一方、この男性のように、ひけらかすこともなく、意識的にそれを見せつけてもいないというのに、一目でわかる男性もいる。その人物が経験したものごとが、期せずして一体となった状態である。

それに、彼が安全地帯に入っていくのも見ているしね。

これは間違いなくやっかいなことになる。話題自体が問題になるわけじゃない。彼のようなタイプの人間が他に与える影響だ。自分の小ささと、自分の存在が取るに足らないものだと突然突きつ

※8　髭をきれいに剃っておくという規則は第一次世界大戦のガスによる攻撃からはじまった。頰の髭はガスマスクの気密性を下げてしまうというのが理由である（特殊任務部隊に所属する軍人は、髭をたくわえたイスラム教徒の地元民に紛れ込む必要があるため、特例が許されている。だって彼らは特別だから）。そして衛生上の懸念もあった。一九六七年、陸軍部は「微生物学研究所に勤務する髭を生やした男性の危険因子」と題する調査に着手した。髭を生やした六十代の生物学研究所の職員が〝密接な接触〟を通じて家族を危険に晒しているかどうか調べたのだ。研究者たちは人間の髭を採取して、それに致死的な病原体を混入させて、それをマネキンの頭にくっつけた。そしてその頭をニワトリのヒナと密接に接触させた。生後六週間のヒナ三匹は、頭を髭の中に交代で入れられ、髭の三分の一の範囲でこすりつけられた（両頰に一匹ずつ、顎の部分で一匹）。髭が研究所のプロトコルにのっとって正しく洗浄されていた場合、最も高い濃度のウィルスに晒されていた九羽のヒナはいずれも感染しなかった。しかし、正しく洗浄されていなかった髭の場合、密接に接触したヒナに致死性の疾患を感染させた。ヒナは死に、マネキンの頭が元の生活に戻ることはなかった。

けられるのである。下痢について書くなんて、どれだけ小さいんだ、アタシ？　そして、どうやって私が彼を見つけたのか、どうやって説明するのよ？

「ねえシーマス、私と一緒に来てよ。彼に紹介してほしいの」

シーマスはオレンジをむいていた。皮はらせん状にむかれていて、トレイにまで垂れ下がっていた。「うーん、どうしようかな。広報の学校ではこんなこと習わないからなあ、メアリー」

私は自分のノートとレコーダーを手に持った。

「ちょっと待ってよ」。明らかにテンションが下がったシーマスは、オレンジのくっついた指を、一本一本丁寧に拭っていた。「ほら、今から握手するでしょ。彼に殺されちゃいますよ」。シーマスは低い声を出した。**「俺の手がベタベタになっちまったじゃねえか……なーんてね」**

私は立ち上がった。シーマスは不安そうな声を短く出すと、イスを後ろに引いた。私たちは、緊張した中学生がダンスパーティーに向かうように、おずおずとカフェテリアを歩いていった。彼は近づいてくる私たちに視線を向けたが、表情は変えなかった。私たちはテーブルから数メートルのところで足を止めた。まるでそこに鉄条網でもあるかのように。シーマスが口火を切った。「あ、あの、ご一緒してもよろしいでしょうか？」彼はトレイの両側を持っていた。「もう食っちまった」

「あ、あのですね……」

「もう帰るところだ」

シーマスは食い下がる。「少しだけ質問させていただいていいでしょうかね、えっと、**どのよう**

な職種でいらっしゃいますか？」どのような職種でいらっしゃいますかだって！　シーマス・ネルソンって、ほんっとにかわいい。

男はシーマスをちらりと見て、そして私を見て、もう一度シーマスを見た。「お前は誰だ」と、彼は投げつけるように言った。

「えっと僕はですね、広報部におりまして、こちらが作家さんなんです。彼女は今、とある本を書いていまして、そのなかでも、下痢がどのようにして任務に影響を与えるかについてですね……」

ここは私の出番だ。私は彼が特殊任務部隊の一員であるということを仮定して、そして彼に、私たちがそれに気づいていることを伝えなくちゃならないのだ。「ええとですね、今までに、こういったケースはなかったでしょうか……あの、重要な任務の最中にですね……」。私は途中で話を戻した。「というのも、ほら、下痢っていうのはある意味、ちょっとばかばかしい話っていうか……」

「ばかばかしくはないですよ」

彼はやさしく言った。そしてその次に彼が言ったことを、私はしっかりと描写することができないでいる。それは、胎児の姿勢で穴に潜ることについてだった。彼はちょうどソマリアの、名もない〝駐屯地〟から戻って来たばかりだけれど、そこでは全員が下痢になったと言うのだ。これはきっと誇張ではない。リドルによる、イラクとアフガニスタンで行われた下痢の調査では、回答者の三十二パーセントが、トイレに間に合わなかった経験があると回答していたのだ。そして戦場にいる特殊任務部隊の人間は他の人間の二倍の頻度で体調を崩す。

彼曰く、彼の名前はケーリーだそうだ。彼は私たちに座るよう勧めてくれた。私はレコーダーを、目立つ場所に置いた。これは、私が座っている側にいたすべての人に見えるような場所に置いた、という意味だ。そして同時に、調味料の入れ物の向こう側にいる人に対しても見える場所だった。

設定を理解するために、ケーリーの助けが必要だった。「もし、あなたが……いえ、もし誰かが狙撃手だったとして、任務のために身を隠すわけなんですけれども……それはだいたい何時間ぐらいになるんですか?」

「任務によって違いますね。起きないかもしれないことを警戒して、監視しているわけだから」

「そうですよね、そして、そういう場合は田舎の村なんかにいて、食べ物は衛生的に準備されたようなものじゃなく……」

「ヤギ」と彼は言った。アフガニスタンの地方ではヤギ料理を食べると聞いたことがあった。「毛焼き」とか、「生焼けになってしまう」なんて話だった。不衛生な状態については、ケーリーも認めた。「残念ながら、私たちが戦っているのは先進工業国じゃないので」

マーク・リドルはそういう人がいるという話を聞いたことがあるそうだが、ケーリーは抗生物質やイモジウムを任務の前や、ヤギの後に服用することはないという。彼が行う予防措置はひとつだけだ。これは特殊任務に当たる人間に対して、厳しくルール付けがされている。「危険なシチュエーションに入る前には、必ずトイレに行くようにしていますよ」。ケーリーの落ち着き払った口調に変化はなかった。それなのにシーマスは「それって家族でドライブ旅行に出るときに、父さんが『したいとかしたくないは関係ない』っていう感じですね」なんてことを言うのだった。

家族でドライブ旅行に行くときには、泥の中でうずくまって、セミオートマチックのライフルを抱えることなんてないだろう。軍医で歴史家であるA・J・ボレットは、南北戦争の兵士によって書かれた手紙を引用している。それによれば「必要不可欠な自然の呼びかけに従う兵士を銃撃してはならない」（※9）という、明文化されていない行動規範が説明されていた。テロとの戦いのなかでは、そのようなエチケットは存在しないものである。

私はケーリーから、よりリスクの高い作戦の詳細にかかわる話を聞き出そうとしていた。「こんな状況ってあるかしら、例えば……」

「不力化（イナビリテイティド）ですか?」。かっこいい。不能（イナビリティ）と無力化（ディスエイブルド）のコンビネーションだ。「ええもちろん、不力化したことはありますね。食中毒で」。ケーリーは横にあったイスの背に片腕を乗せ、自分のイスの背もたれに寄りかかった。「あなたがたが僕から何を聞きたいのか、ちょっとよくわかりません

※9　軍人保健科学大学の軍事医学専門の歴史家であるデール・スミスはこれに懐疑的だ。ボレットが、たった一人の人間の話から結論を導いたからだ。確かに、お互いを撃つ機会があれば喜んでそうする歴史家たちの間に、このようなエチケットは存在しない。

けどね」

シーマスが、なんとかしようとがんばった。「その状況を教えてもらえますかね、例えば、『私自身の話をしよう……』とかなんとか」

ケーリーが「私自身の話をしよう……」と、言うわけがないでしょ。「任務中にズボンに漏らしたことは何度もありますね。イラクではズボンに漏らしました。アフガニスタンでもズボンに漏らしましたね」。作戦がはじまってしまえば、その場から離れたり、トイレを探しに行くなんてことは誰もしないのだ。下痢は「殺害のストッパー」になることはできない。

「それで、どうなったんですか」。シーマスはまるでお話の時間の子どものように、身を乗り出して聞いた。「そっ、そのまま……任務を続けるんですか?」

「それ以外ないだろ。生きるか死ぬかのときだぞ。わかるだろ」。彼は肩をすくめた。「そのまま続ける。後で心配すればいい。作戦が終わり、任務が完了すればそれでいい。そしてこれが、僕があなたがたに伝えられることのすべてだ」

私は彼にマーク・リドルの「TrEAT TD」について話をした。「千六百ミリグラムのリファキシミンとイモジウムのビンを持っていくべきだと思います」

ケーリーはしばらく私を凝視していた。「この会話の目的は?」私は自分の使命を再び述べた。私は自分のノートを彼に見せ、マーク・リドルが、彼の研究である下痢の濃度(注ぎ込むことができるやわらかさ、あるいは容器の形をとることができる固さ)が何であるか、そして何が目的であるかを説明したページを開いて見せた。

「メアリー、それだったらここじゃダメだね」とケーリーは言い、私にソマリアに行くように言った。そうね、想像してみましょう。アメリカ人の中年女が、履きやすいコルクの靴底のサンダル履きで車輪つきのバッグを転がして、アルカイダのいる砂漠の要塞をぶらぶらするってわけね。**ヤッホー！　海軍特殊部隊の隠れ家を探しておりまぁす？**

「行こうと思えば行けますよ。危険じゃないから」。彼はカールした髭を指先で触った。「まあちょっとだけ、危険かもしれないけど」

ケーリーは、最初の冷たいあしらいを詫びてくれた。「NCISのやつらだと勘違いしてしまって」。NCIS。米海軍犯罪調査局。「怖くなっちまってね」


ケーリーは正しい。キャンプ・レモニエで食中毒になる人なんていない。彼らが食中毒になるのは、「自然界の秩序に左右されて」のことだ。特殊任務に就く者は辺鄙な村で食中毒になり、その他の軍人たちは、スパゲッティと火曜に出てくるタコス（訳注・メキシコでは火曜日にタコスを食べる習慣がある。これをタコ・チューズデイという）以外のものを食べたくてジブチ市に行き、食中毒になる。メキシコ（※10）で休暇を取る私たちと同じで、汚染された水道水や冷蔵庫の外に置いたままの食材を食べるのだ。ダウンタウンでの自爆テロが原因で基地の自由が制限される前、それは私がここに来る一ヶ月前のことだったのだが、リドルは一週間に二十人以上の食中毒のケースを目撃したのだという。先月は、全員が基地内部に閉じ込められていたため、わずか一名のみが宅配のレストランが原因で診察に訪れた。リドルは事務仕事に精を出した。孤独な下痢研究者である。

キャンプ・レモニエの調理室はバクテリアを食物から遠ざけるためならどんな苦労も惜しまない。玄関ホールには、膝で操作できる手洗いステーションが所狭しと並び、柱に取りつけられた手指消毒剤のディスペンサーもある。すべてがきちんと準備されているものの、本当に重要なのは、そういうことではない。調理担当者と準備担当者が、うんちの後に手を洗わなければなにもはじまらない（手を洗いさえすれば、室温に置かれたままの、病気の原因となるレベルにまでバクテリアを増殖させた食物ほど、バクテリアを広めることはない）。その上、ドリー・ミラー食堂にはハエがいない。空調機の設置が完了して以降、軍の食堂は密閉されている。この結果（ハエの減少が胃腸感染症の数を減らした）、不潔なハエが病気を媒介する原因だったことがわかったのだ。米西戦争中の一八九八年、ウォルター・リード（Walter Read）の名の由来となった優秀な三人の軍医が、アメリカ軍の五人に一人の命を奪っていた腸チフスの蔓延（まんえん）を調査するため、キューバへ呼ばれた（リードの医療調査が、黄熱病を伝染させるのは蚊であり、汚れた空気や不衛生なベッドではないことを示した）。現地に入ったチームはすぐに、虫除けのスクリーンのついた将校たちの乱雑なテントでは、感染率が低いことに気がついた。そして同時に、キャンプによる様々な「排泄物の処理」の方法で感染率に違いが出ることもわかった。地面に穴を掘っただけの仮設トイレがある場所で感染率が高いのは、「感染した便の上にハエが覆い被さるようにいる」ことが原因の可能性があると、リードの調査チームは書いている。

リードは二つの疑わしき容疑者を割り出した。ハエとハエが食べているバクテリアを含んだ便で

※10　メキシコはどのようにして旅行者下痢症の申し子になったのだろう？　私の仮説からいえば、下痢研究のゴッドファーザー、ハーバート・デュポンがそれを教えてくれそうだ。彼は三十年にわたってメキシコのグアダラハラで研究を行っている。〝グアダラハラ〟と〝下痢〟をPubMed（訳注・米国国立医学図書館内の国立生物学情報センターが作成しているデータベース）に入力すれば、四十五もの学術論文を閲覧でき、休日の旅行先をスイスに変更するための説得力のある議論ができるだろう（「グアダラハラの大人気レストランのメキシカンソース内の腸内病原菌」、「グアダラハラの人気レストラン提供の野菜の大腸菌汚染」、「グアダラハラのレストランのデザートの大腸菌と病原性大腸菌汚染」など）。

メキシコの汚名を晴らすべく、善意の努力が行われている。カリフォルニア・メディスンの論文の著者によると、メキシコ人がカリフォルニアに行くと旅行者下痢症になると読んだことがあるという。彼女は、もしかしたら、不衛生が原因だというよりも、旅行のストレスが原因なのではと考えた。彼女はUCLAの二百十五人の外国人新入生と、二百三十八人のアメリカ人新入生に「排便の頻度と便の状態」を尋ねた。外国人生徒のうち、誰も旅行者下痢症を経験していないようだったが、判断するのは難しかった。なぜなら、外国人学生のほとんどが「使われている用語の意味が理解できなかった」からだ。ネイティブスピーカーでない人たちにとって、「水っぽい便」とか「爆発的下痢」なんていう言葉は難解だろうし、怖ろしくさえあるだろうことは理解できる。

ある。しかし、決定的な証拠はなかった。ハエは噛まない。ならばどうやって病原体を運ぶのだろう?

ある晴れた日、リードの視線は兵士の食べ物の上を歩き回るハエに釘付けになっていた。より近くから観察すると、その小さな毛の生えた足に白い粉がついていることに気がついた。その白い粉、最近見たことなかったっけ? ほら、あの仮設トイレだって! 兵士たちが野営地の衛生状態を改善しようと石灰を散布していたではないか。ハエの足はバクテリアを、うんちからシチューに運んでいたのだ。彼らは機械的媒介動物と呼ばれている。豆の入った鍋のなかの十個のネズミチフス菌は、キューバの午後の暖かさが原因で、夕食の時間までには百万個に増えてしまう。

リードの遺産は、私の次の目的地であるウォルター・リード陸軍研究所の昆虫分科に、今も残されている。軍事昆虫学科ではありとあらゆる調査を行っている。病気を媒介する昆虫を殺し、軍人から遠ざけ、そしてその両方が管理できないときのための、ワクチンと治療法を開発しているのだ。汚物に集まるハエに関しては、通常とは異なる事象が起きている。戦時の軍事昆虫学の物語の多くとは異なり、今度の昆虫は英雄なのだけれど。

第九章

ウジ虫の逆説

The Maggot Paradox

戦場のハエ、善かれ悪しかれ

私が成長期に読んだ忘れることができないマンガに、やぎ髭をたくわえ、きちんと身なりを整えた紳士が、レストランのテーブルでハエの向かい側に座っているというシーンがある。巨大なハエが、まるで人間が座るようにしてダイニングチェアに体を収めていた。男性はウェイターを呼んで、こう言った。「私はガスパチョをいただこう。私のハエにはクソを頼む」。それはハエに関する解説であり、またおそらくは、栄養素の摂取を社会的儀式へと高める人間の奇妙な習慣の観察であったのかもしれない。それとも単純にこういうことだろうか。いくらハエが好きでも、夕食を共にするのは奇妙であると。

そしてこのマンガは、夕食の様子を途中までしか描いていなかった。なぜなら、ハエには歯がないから、食べようとするものをまずは液状化しなければならないのだ（それかガスパチョをオーダーすればよい）。ハエは、消化酵素を体の外に放出して液状化させる。このプロセスは、一九四〇年代の英国軍の衛生学映画『イエバエ』に記録されている。「ハエの嘔吐物はお粥のようなものを作るために、あなたの食べ物に塗りつけられ……」と、その場に似合わない気取った声でナレーターは言い、「そのお粥をハエが吸い込むのです」。アメリカ軍害虫駆除委員会の技術指針三十番（第五ファイル）には、「ハエは食べている間に糞をすることで食品をさらに汚染する」とあり、これは周知の事実であるだろう。

今夜、シルバースプリングスのダウンタウンにある、この「ミランチョ」というメキシコ料理店には、どんなサイズのハエもいないが、今ここにハエ学者たちがいることは、ハエがいるのと同じぐらい、客を不安にさせるかもしれない。私たちは今、ハエの体の外に排出される消化酵素について話をしている。私が先週話をした研究者は、消化酵素の出所は、胃ではなくて唾液腺だと教えてくれた。それを明確にするため、私は道路を挟んで向かい側にあるウォルター・リード陸軍研究所の昆虫分科に所属する、汚染されたハエのエキスパートで、今夜一緒に夕食を食べる予定の一人、ジョージ・ペックに聞いてみた。

「僕はその両方だと思いますね」と、ペックは言った。「ハエは消化酵素を唾液と一緒に吐き出して……」

「なにか追加でご注文は？」

ペックはウェイトレスのほうを見て、礼を言った。「ええ、ありがとう……それで食物の上に流すというわけです」

ジョージ・ペックが相手だと、ハエとその珍しい生態について話をしても、嫌悪感は一切ない。むしろ畏敬の念を抱いてしまう。ハエの体毛が、どのようにして近づいてくる手の衝撃波を感じ取り、それと衝突する直前に飛び立つことができるのか、彼がその敏感さに驚嘆しながら話している姿を見たことがある。とても小さなジャイロスコープで、ハエのホバリングや、「ジェット機に搭載された、最速の飛行コンピュータよりも速く」方向転換することを可能にする平均棍(へいきんこん)について、彼は語るのだ。

彼ほどすごいというわけではないのだけれど、日本の研究者たちが、致命的大流行でアメリカで定期的に新聞のヘッドラインを飾る大腸菌O157：H7が、イエバエの口器や糞粒（※1）で繁殖することを突き止めた。腸チフス、コレラ、赤痢、そしてそれよりも軽い下痢性感染症は、ハエについたバクテリア、あるいは汚染されたハエの中のバクテリアによって伝達されることも示されている（イエバエもクロバエも、汚染されたハエに属する）。イギリスの研究者たちは、汚染されたハエの数とカンピロバクター菌による食中毒発生の間に密接な関連があることを明らかにした。両方とも、最も暖かい時期にピークを迎えるのだ（イギリス人は以前、「夏の下痢」について議論を重ねていた。暖かい夜になると起きる、緩い便と腹痛の症状についてだ。そしてその季節の危険信号がハエだった）。一九九一年の調査で、イスラエル軍のフィールド部隊が、汚染されたハエの管理プログラムを集中的に実行し、食中毒の発生件数が、管理されなかった場合に比べ、八十五パーセント減ったことが確認された。国軍害虫管理委員会の汚染されたハエの技術ガイドには、牛乳を管理下で与えられた二十四時間以内で一匹のハエが何度吐き出し、何度排便したのかが記されている。十六回から三十一回という幅のあるその数は、夜通し観察して数えたのではなく、「糞便スポット」と「嘔吐スポット」（後者は前者に比べて明るい色合いなので区別可能）を数えて導き出されたものである。食堂施設が密閉される前の時代に、どれだけのスポットが食堂の食べ物にあったのか、疑ってみたくなるものである。ベトナム戦争の混乱の中で、ハエの蔓延はとても激しく、「一匹や二匹を飲み込まずに食べるのは難しかった……」ということだった。ハエの蔓延は今でも起きていて、主に戦争開始後数日から数週間の間の、混乱の時期に発生している。初期の段階では、どんな物資が送られるかについて、武器や弾薬は、トイレや冷蔵設備よりも優先される。第一次湾岸戦争では、海兵隊員はジュバイル港を経由してこの地に到着し、サウジアラビア人は彼らを倉庫に収容した。「一万人の海兵隊員にアジア式トイレが二つしかありませんでした」と、海軍を退役した昆虫学者のジョー・コンロンは回想する。トイレはすぐに詰まってしまい、汚水は道に流れ出した。その間も冷蔵設備はなく、摂氏三十八度の気温のなか、農産物の入ったパレットが港に積みあげられていった。何千ものハエが集まった。コンロンは海軍兵の六割が体調を崩しただろうと推測した。

歴史的に見て、戦場はより過酷な場所だった。戦闘は汚染されたハエで溢れている。腐敗する有機物が惜しみなく与えられているから、卵を産むために食べ、子孫の繁栄を享受することができる。第二次世界大戦中の太平洋の島々では、「ハエが戦場の死体や仮設トイレの排泄物のなかで、現代の理解を超えたレベルで数を増やしたんです」と、国軍害虫管理委員会のガイドは言った。似たようなシナリオはエジプトのエル・アラメインの戦いでも発生していた。イギリス第八軍の将校たちは、ハエを殺す割り当てを軍人たちに課した。軍人一人当たり、一日最低でも五十匹のハエを殺す責任があるとした。ベトナム戦争では死体がひどく腐敗してしまいウジ虫が湧き、死体袋（※2）の内側に殺虫剤を散布しなければならなくなった。クウェート国境にあるコンロンの駐留地

※1　昆虫のうんこのこと。

では、ゴミの蓄積が問題を悪化させた。海兵隊員はそれを燃やすことを許可されていなかった（それが通常のゴミ処理方法だった）。ゴミを燃やすことによって駐留地の場所がわかってしまうからだ。（ゴミは最終的に軍事戦略の一部となった。それは暗闇のなかで移送され、遠くの場所で燃やされ、イラク人を欺くことになった）。

アメリカ南北戦争よりも悲惨な、汚染されたハエの状況は記録されていない。あるいはより記憶に残るように記録されていないのかもしれない。「たこつぼのトイレを使おうとした新兵はほとんどいなかった」と、スチュワート・マーシャル・ブルックスは『南北戦争と医療』で書いた。「ゴミは至る所に散乱していた……屠られた牛の横にも、台所にある動物の臓器の横にも」。昆虫学者のゲーリー・ミラーとピーター・アドラーは南北戦争と昆虫に関する論文の中で、インディアナ州の歩兵が手紙に書いた文章を引用している。「激しい雨が降り、地面を濡らした。地球全体が汚物の海になるまで……何万匹もの緑のハエが……絶え間なく卵を産み続ける。焼け付くような日差しは卵をあっという間に何万匹ものウジ虫に変えてしまう。ウジ虫は地面に落ちた葉っぱや草がうねうねと動くほどに、体をねじらせ、動きまわる」

戦場に横たわる兵士の開いた傷口に何が起きるか、想像に難くないと思うだろう。しかし、きっとその想像は間違っている。

二人の兵士がいた。名前はわかっていない。彼らが撃たれた戦場もわかっていない。わかっているのは、それが第一次世界大戦中のフランスだったこと、そして、一九一七年に起きたことだ。それは冬時ではなかった。なぜなら、二人は「雑木林で七日間横たわった」後、陸軍病院に運び込まれたからだ。そしてハエのシーズンでもあった。

傷口を覆っていた布を取り、驚いた。傷口に何千というウジ虫がうごめいていたのだ。それは吐き気をもよおす光景で、この忌まわしく、気味の悪い生き物を洗い流す措置が急いで行われた。そして傷口は通常通り食塩水で洗われたのだが、そこに現れたのは驚くべきものであった。傷口には、想像をはるかに超えた美しさの、ピンク色の肉芽(にくが)組織が広がっていたのだ。

これはアメリカ外征軍(訳注・一九一七年、第一次大戦の戦闘を支持するためにヨーロッパに派遣されたア

※2　ベトナム戦争終戦後は、農薬は検死解剖の一部として行われる化学分析と遺伝分析に影響を及ぼす可能性があるため、こうした死後処理は禁止された。同じく、死体安置所で禁止されたものは、電気虫取り機だ。虫取り機にかかったハエは爆発し、自らのDNAをまき散らし、また、這い回っていた物体の上にもまき散らす。軍の遺体安置所はハエを追い出すために「エアカーテン」に頼っている。エアカーテンとは、ハイテクバージョンの「ハエカーテン」だ。中東の家屋の入り口に吊されているビーズのヒモのようなもので、風は通すがハエは通さない。一九七〇年代にこれを寝室にぶら下げていた何千人ものマヌケのなかで、ビーズの起源がハエの制御だと知っていた人はいただろうか？　私も知らなかったけど。

メリカ軍）の衛生兵ウィリアム・ベールが、傷口に意図的にウジ虫を寄生させて治すという奇想天外なアイデアをどのようにして思いついたのか説明したものだ。汚染されたハエの幼虫は（クロバエのウジ虫がとりわけ顕著だけれど）、死んだ生き物の肉や腐敗した肉を好む。開いた傷口の一部が肉である場合、それを食べるという行為は、肉に対する天然の創面切除術の一種である。創面切除術とは、死んだ組織の、あるいは死にそうな組織の切除のことで、感染症と闘い、治癒を促すのだ。なぜなら、死んだ組織には血液が送られず、免疫防御もないため、バクテリアが簡単に定着してしまう。これにより、健康な組織への感染と炎症が起こり、治癒を遅らせてしまうのだ。

ベールは兵士に熱が出ていないこと、また、壊疽の兆候がないことに感動した。「陸海軍が提供できる、最高の医療と外科的なケア」を受けたとしても、この男性の複雑骨折と大きな裂傷での死亡率は、七十五パーセント以上だった。終戦から十年後の一九二八年、ベールは勇気を振り絞って、自らの実験を民間人に行ってみた。彼の初めての患者は四人の子どもで、全員が血液感染性の結核を原因とする再発性骨感染症に罹患していた。その感染症に対しては、殺菌や手術で症状を緩和できないケースが多かった。ベールの伝記的論文を執筆したレイモンド・レンハードは、偉大なる外科医が語った物語を回想している。レンハードは、ボルティモアの子ども病院学校でのベールの生徒であり、嫌々ながら、いつも彼と昼食を共にしていた（「彼は昼食中に私たちが食欲を失うようなことを度々言った」）。病院の近くで捕まえたクロバエの子孫を使って、ベールは子どもの傷口に「たっぷりとウジ虫を盛りつける」と、結果を観察した。六週間後、傷口は治り、残り三人の子どもの傷も治癒したのだ。

子どもに実験的にウジ虫をはびこらせるとは、どんな人間なのだろう？　もちろん、自信家だろう。そしてきっと、異端者だ。生物学の美しくない事実なんてへっちゃらな誰かさん。「チーフはとても太っていて、息が荒く、ハァハァと音を出して呼吸するような人だった」と、レンハードは書いた。ベールは手術室から大教室に、血のしみがついた、だぶだぶの手術用ズボンを履き替えずに行くこともあった。自宅ではチャウチャウを繁殖させ、ベールの家によりいっそうの荒い息とハァハァをもたらしていた。

気取らない外見とはうらはらに、ベールは厳格で献身的な開業医だった。彼は自らの「ウジ虫治療」は、標準治療方法である切断術よりよっぽどましだと考えていた。ベールにとって四肢の切断は「究極の破壊行為」だったとレンハードは記し、八十年も前にビデオゲームのマーケティングの才能が彼にあったことを知らしめている。

自ら設計して組み立てた、温度自動調節器つきの、ガラスと木材でできたハエ孵卵器のなかで、幼虫のお友達がしてくれた仕事に感激していたのはベール本人である。八十九の症例でウジ虫が失敗したのは三回だけで、それらの患者は感染により死亡した。幼虫が他のバクテリアを持ち込むことを恐れたベールは、無菌状態の見本ウジ虫を育てるプロトコルを作りだした。彼の技術の名残は、カリフォルニア州アーバインにあるモナーク研究所で今も生きている。二〇〇七年に医療用具として認可された、この研究所の生きたクロバエの幼虫も、ＦＤＡ（食品医薬品局）の要求に従って無菌である。

現代の〝ウジ虫セラピスト〟の大半が、治癒の難しい糖尿病患者の足の潰瘍を治療しているけれど、ＷＲＡＩＲのジョージ・ペックは医療用ウジ虫を、本来のルーツである軍に戻す道を模索している。二〇一〇年、彼は慢性的に感染を繰り返す簡易爆発物による負傷に対する、クロバエの幼虫の有効性を研究するための資金提供を受けた。最近になって、ペックはクロバエの幼虫が抗生物質を作りだすように遺伝子を組み換えるための助成金を得た。ウジ虫はすでに感染を予防しているとはいえ、こういった「スーパーウジ虫」たちは、特定の感染症に合わせることができる可能性がある。

ペックは私のために「ひとつかみ」のウジ虫を孵化させてくれると言った。彼と妻の自宅での夕食の時までに、育ててくれるらしい。その頃までには、傷口に這わせることができる医療用ウジ虫の大きさにまで育っていると彼は言った（長さ約二ミリ）。私、怪我はしてないんだけど。ちょっと確認しておきたかっただけなんだけど。

ジョージ・ペックと彼の未来の妻ヴァネッサは、ＷＲＡＩＲ地下の昆虫実験場で一緒に働いている。昆虫実験場とは、昆虫を飼育するための施設だ。このケースでは、ワクチンや、兵士を悩ませている虫に対する防虫剤を試験するために昆虫が使われている。ヴァネッサはサンドフライ（※3）のコロニーの世話をし、ジョージは廊下を行った先で汚染されたハエと一緒にいた。二人の情熱に水を差すような設定だが、ペックはヴァネッサにぞっこんだ。それは彼が彼女を語るときの言葉に表れている。ペックはとても感激屋だ。数日前のミランチョでの夕食の後、私たちが店を出ようとしていたとき、話題が少しだけハエからそれたのだ。私がイスから立ち上がろうとしたときだった。ペックが誰に言うでもなく「僕、蜂を愛しているんですよ」と言ったのだ。感情を込めた、息づかいの聞こえるような「愛」だった。

ペックは太陽物理学者としてのキャリアを捨てた。自然の世界から離れすぎてしまうと感じたからだった。彼とヴァネッサは、二人の住む家で、どこよりも多く自然の世界を共有している。二人はペットとしてタランチュラ（名前はヘンリエッタ）を飼い、マダガスカルゴキブリのコミュニティを育てている。ウィリアム・ベールと同様に、ペックのことを変わり者だと思う人もいるだろ

※3　今、この仕事を任されているトビン・ローランドが、ウォルター・リード陸軍研究所特製サンドフライのための昆虫キッチンレシピを教えてくれた。うさぎの糞とアルファルファ、水をまぜて大きな九つのフライパンの中に注ぎ込む。そのまま二週間、あるいは表面を完全にカビが覆い、ＷＲＡＩＲの昆虫学の指揮官ダン・スズムアスが「レモンメレンゲの便」と呼んでいるものを生成し出すまで漬け込む。それを乾燥させ、粉状にすりつぶす。うさぎの糞は牛糞よりも匂いがマシで、安いから利用されるわけではない。うさぎの糞は、うさぎ本体よりも高いのだ。ウィルターリード陸軍研究所にうさぎの糞を供給している業者は、競合他社がいないため独占権を保持している。ちなみに一ガロン三十五ドルで販売されている。

うが、しかし彼を少しでも知っている人間であれば、すべて彼の寛大で開かれた心から来ているものだとわかるだろう。

私がワインを飲み干している間に、ヴァネッサは夕食の皿を洗っている。子どもたちはリビングルームで宿題を片付けている。ジョージがグラスに入ったデザートを私の前に出してくれた。**チョコレートプリンだ**。私の脳が楽観的にそう提案したが、いや、違う。これは生の肝臓だ。

「これで生後一日ぐらいでしょうかね」と、ペックはウジ虫の塊を指して言った。二十四から三十匹といったところだろうか。横にびっしりと並んでエサを与えられている。あっという間に姿を見失ってしまう。見えているのは、ウジ虫のしっぽの先だけだからである。昆虫は呼吸孔と呼ばれる外骨格の開口部から酸素を取り込む。幼虫の場合、これらは、具体的には、肛門である。その数々の魅力に付け加えるように、ウジ虫は肛門で呼吸をするのだ。これは便利な進化的適用だと言えるだろう。なにせ、ペック曰く、ウジ虫は「日がな一日、どろどろの死体の肉に頭を突っ込んで過ごす」のだから。肺と横隔膜と比較すれば、それは非効率的なシステムである。昆虫網が、決して哺乳類ほど大きく進化しなかった理由の一つだろう。ジョージ・ペックの家庭用顕微鏡でハエを数分前に見た私が保証するが、それはとても良いことだったと言える。

ウィリアム・ベールは、ウジ虫の軍団にエサを与えることを、子犬にエサを与えることと結びつけた。「食べ物を求めるウジ虫はとても貪欲だ。頭を上げてまっすぐ立ち上がり、しっぽを振ってまるで子犬のようである……子犬の数に比べて小さすぎるボウルに群がっているかのごとく貪欲なのだ」。ベールの頭の中には常に犬がいたようだ。私にとってエサを食べるウジ虫は、ポルカ舞曲を見事に演奏する幽霊が操る小さなアコーディオンのボタンのように見える。大切なこと、特にウジ虫に治療されている人たちにとってのそれは、ウジ虫には見えないということ。患者がモナーク研究所の登録商標ブランドであるラフラップ・ダブルレイヤー・マゴット・ケージ・ドレッシングの下をのぞき見たとしても、うねうねと動く、怖ろしい生き物を目にして驚くことはない。

ペックは私の人差し指の先に三匹の異端児たちを乗せてくれた。彼らは立ち上がって、まるでセサミストリートに出てくる人形のように頭を振っていた。ペックは彼らが食べ物を探しているのだと言った。二匹が協力して一匹を担ぎ上げた。スポーツの試合に勝って喜び合うチームメイトのように見えた。

ペックはそこに喜びを見出さなかったようだ。「共食いですね」と、彼は穏やかに言った。注意深く観察してみると、ほんとだ、うん、攻撃してる！ **食べてるのね**、ウジ虫仲間を！ 生の肝臓から離れ、たった二分よ！ ウジ虫は食べるために生きているのだということがわかる。集中的にエネルギーを必要とする、本格的サイエンスフィクションのプロジェクトである、ハエへの変身前の四日ほどの期間で、彼らのすることは食べることであり、彼らの仕事は食べることだけなのだ。

ペックはキッチンテーブルの上にセットした顕微鏡にウジ虫をセットし、私が口のあたりを詳しく観察できるようにしてくれた。ウジ虫解剖学の手本である。それはギザギザで、鎌のような形をしたものだった。ウジ虫の体の中では、キチン質で形作られている唯一のもので、固くて茶色い。ウジ虫の、じめっとして透き通っていて、ぐにゃぐにゃしている体とは対照的だ。マゴットセラピー（ウジ虫による創面切除）を受けている患者にとって幸運なのは、傷の奥深くにある組織には、それが死んでいようがいまいが、感覚神経がないということだ。感覚神経は、皮膚の最も上の層にしかないのである。

医療用ウジ虫の推奨用量（一平方センチメートルの傷の表面につき、五匹から八匹のウジ虫）を超えないと仮定すると、すべてのウジ虫に死んだ組織が十分行き渡り、飢えたウジ虫が生きた組織に目をつけることはない。

「あの小さなくちばしって」と、接眼レンズを覗いている私にペックは言った。「外科医やメスができないことをやってのけるんですよ。ロボットのレーザーでも、光を曲げて、簡易爆発物でできた、体の奥深くにある裂け目に届けるなんてことはできないですから。それができるんだから、彼らこそまさに、素晴らしい外科医なんですよ」。バクテリアと死んだ組織の断片を最後の最後まで破壊したいのであれば、ウジ虫は最高の相棒だ。小さいやつらだから、しばらく時間はかかるけれど。ウジ虫創面切除治療を一通り終えるには（新鮮な幼虫を最大六回交換する）、数週間かかるだろう。一方で、外科的な創面切除術は数時間で終了する。若い兵士がそうであるように、患者の免疫システムが健康な場合、すべてのバクテリアの細胞と、壊死した肉を最後の最後まで切り取る必要はないのだ。

しかしペックは、爆発物でできた傷の最初の創面切除治療にウジ虫は決して勧めないという。軍人にとって、ウジ虫は、もっと後になってやっかいな感染がはじまってしまったとき――たとえば土の中に潜り込んだ異質で頑固な抗生物質耐性菌が、爆発で傷の深くにまで大量に入り込んだような場合に――出番が来るのだ。こういった合併症は頻繁に起きたため、土壌感染を起こした簡易爆発物での傷にウジ虫創面切除治療が有効かどうかを調べる齧歯類への研究について、ペックが軍の資金を得ることになった。実験プロトコルは、難題にぶち当たった。ペックのチームは爆弾の爆発によってできる典型的な怪我を外科的手術でネズミに施さねばならなくなった。動物評価委員会の要求と、ペックの個人的な倫理観が、いかなるプロセスもネズミに痛みを与えてはならないと決めていた。怪我をした部分に感覚を送る神経を特定して、切断しなければならなくなった。

ペックに資金が追加で与えられることはなかった。理由は想像に難くない。現代の病院文化は技術主導であり、先を見据えたものである。研究の内容と成功率を知らない人たちにとって、ウジ虫治療は原始的で時代遅れに映るのだろう。ペックが可能性を秘めた予備調査結果を、部屋いっぱいの同僚に披露したときのことだ。それに反対の意見を述べた大佐が、WRAIRで勤務していた際目撃した三十年間の進歩について話し、頭を振りながらこう言ったそうだ。「それなのに**ウジ虫**を使うのか」と。

二〇一二年、アメリカ軍の医師を対象に行った調査によると、大佐の意見は大多数を占めてはいなかった。調査対象となった医師のわずか十パーセントがウジ虫創面切除治療を行い、八十五パーセントが実践者に相談するのが助けになるだろうと感じているようだった。彼らが躊躇した理由は主に実質的なものだ。つまり、彼らはどこでウジ虫を手に入れ、どのようにして使い、請求コード（※4）が何かを知らなかったのだ。より規模の小さい調査では、患者が尻込みするのではと懸念を口にした。はウジ虫の使用を許可してくれないのではないか、患者が尻込みするのではと懸念を口にした。

患者については、彼らは誤解している。アリゾナ州南部患肢救済連合のデイヴィッド・アームストロングは、千人以上の患者にウジ虫を適用した。「治療を拒否した人の数は、片手で足りますよ」と彼は言った。医療用ウジ虫のＦＤＡによる承認概要には、「苦情と有害事象」が一パーセントで、その大半がフェデックスの配送時の「配達遅延か紛失」であった（または配達人によってゴミ箱に捨てられた）。こういった傷の不潔さは（そして彼らの一般的な治療への抵抗は）、生きたクロバエの幼虫を育てる不潔さより、はるかにひどかった。その上、医療用ウジ虫は、想像以上に不快感を与えないものだ。小瓶から出されたウジ虫は、カップケーキに振りかけられたスプリンクルと大して変わらない。生きて共食いしはじめなければ、まあまあ愛らしい。尺取り虫のように動きまわるし。子どもの絵本のページの上を急いで動きまわるあの虫を見たことがあるだろう。「みんな、愛らしい彼らに興味を示すんですよ」。アームストロングはそう言うと、すぐに「……女の子もいるけど」と、付け足した。ねえ、それってもしかして、植えた苗の成長を見守ったり、グッピーを育てるみたいにってことなの？　「その通り」と彼は言った。「そして、見返りとして、治癒が進んでいくんです。説明するのは難しいのだけれど、幼虫って、傷に対して人間を熱心にさせるんですよね」。医療用ウジ虫の治療を受けている患者たちは、少なくともその一部は、彼らの寄生虫に対してとてもポジティブで鷹揚だ。モナーク研究所の中を「ウジ虫さん、お仕事中！」と書かれたTシャツを着て歩き回るほどなのだ。

病院スタッフは、あまり喜んではいない。「多くの医師や看護師がウジ虫治療を不快だと感じていると思います」と、アームストロングは言った。WRAIRで「複雑な外傷と患肢救済センター」の所長をかつて務め、現在はウジ虫研究プログラムのチーフであるピート・ウェイナー大佐もこの意見に同意する。二〇〇九年頃に、ウェイナーはウィリアム・ベールと同じような瞬間を経験したのだという。「通路で気を失った患者さんがいましてね。ハエが飛んできて卵を彼の傷に産み落としたんですよ。そしたら看護師たちが『わあ、どうしよう、ウジ虫を取り除かなくちゃ！』となってしまいました」。ウェイナーは、以前読んだことがある、クロバエの幼虫の創面切除の才能を思いだし、包帯を巻いて、ウジ虫が迷子にならないようにそこに留まらせた。傷はきれいに治ったが、ウェイナーは実務からは外された。「病院全体が、私がしたことにムカついてましたね」

ジョージ・ペックは、彼自身が「ムカつく要因」と呼ぶものを割り引かないとしても、主な障害はコストだと考えている。どういう意味かと不思議に思うだろう。だって、手術よりウジ虫が高いわけではないのだから。しかし生き物自体の値段が問題なわけではない。モナーク研究所の使う、

※4　ウジ虫のメディケア請求コードはＣＰＴ９７６０２である。

ガラス製の小瓶が百五十ドルもするのだ。医療スタッフに対する時間の必要性（スタッフはウジ虫を観察する方法や包帯を変える方法を訓練しなければならない）も原因になっている。ペックは二日前に孵化したばかりだという、ウジ虫と生の肝臓が入った二つ目のボウルを見せてくれた。「見て。すごくふわふわしてて、べちょべちょになっているでしょ？」と言った。そして彼は、百匹のウジ虫が乗せられると、通気性のあるメッシュの包帯でも、あっという間に通気性を失なうのだと説明した。幼虫は窒息してしまう。看護師はゾッとする。

ウジ虫の包帯を変えるのは、やっかいだ。他の怪我の包帯を変えるよりもゾッとするし、**べちょっとしている**。だって、包帯を変えると同時に、昆虫も変えていることになるのだから。別の包帯を巻くときは、前の包帯の下の、文字通りすべてをガーゼで拭き取らなくてはならない。成長し続けるウジ虫を見落とせば、すぐに蛹化（ようか）してしまう。数日間暴食を繰り返し、ハエの幼虫は幼い頃過ごした水分たっぷりのカオスを離れ、乾燥した静かな場所を探して繭のような囲蛹殻（いようかく）を作り、ハエに変身してしまうのだ。

医療用ウジ虫に添付されている文章には、控えめにこのような記述がある。「逃げ出したウジ虫は病院のスタッフを困らせることで知られていますが……」。理由として、ひとつめ、だって彼らはウジ虫なんだもの。ふたつめ、だって彼らはハエになりそうな状態なんだもの。医療施設にハエ。手術室にハエ。開いた傷口に舞い降りるハエ。嘔吐し、排便するハエ。他の傷にまで移動して、足にくっつけて拾ってきた抗生物質耐性病原体を拡散するハエ。モナーク研究所の創設者で医師のロン・シャーマンは、ロングビーチにある退役軍人病院のクロゼットのなかでウジ虫を育てはじめた。「それを知っていた人たちにとって、クロゼットは随分疑わしき場所になりましたよ」。ハエが逃げ出したときは、事務局が彼を批判した。シャーマンはそれ以降、自分の「生きた薬」作戦をアーバイン空港近くの倉庫に移し、ウジ虫を育て、ヒルを育て、大腸菌を育てている（移植のため）。会社の自営業純利益の課税対象経費(スケジュールC)が、国税庁からの訪問を促すと同時に、遠ざけるのが想像できる。

汚染されたハエは、体全体、あるいは体の一部から発せられる腐敗臭に惹きつけられる。湿度、悪臭の強さ、感染した体の開口部（怪我、あるいは自然にできた空洞）は、受胎したメスにとっては、入室OKのサインなのだ。ウジ虫の侵入が医学雑誌に掲載されているときは、一般的に、専門用語であるハエウジ症と、感染し、腐敗した、歯茎や鼻腔、そして性器の接写画像が掲載される。

ここでまた、国軍害虫管理委員会のお言葉が出るのである。「膣のハエウジ症は、配備部隊における女性人口の増加に伴い重要性が増す懸念事項である。……産卵は病気に罹患した性器からの排液によって促進される可能性が存在する」。委員会は、暑い気候では屋外で、体になにもかけずに睡眠を取る傾向にあると指摘する。そして私が推測するところ、下着を履かずに眠る兵士は、生殖器疾患を持つタイプの兵士なのではないだろうか。そんなタイプの兵士が、何らかの「不名誉な排出」をする方向に進んでしまったのだ。

そしてとうとう、腸にとっては典型的な「偶発的ハエウジ病」が発生する。物語はこんな感じで展開するはずである。患者は自分の排泄物の中や、その近くでウジ虫を目撃する。そして、自分の便からそれが出たのだろうと推測する。彼自身も、医師も、たぶん、偶然にハエの卵が入った食べ物を食べてしまったのではと考えるのだ。とある過換気症候群を専門とする医学博士が、一九四七年に英国医学ジャーナルに「耐性のあるキチン質にコーティングされたハエの卵」は、胃酸と胃の中の酵素の中でも生存するとした。卵の中の幼虫は無傷のまま、孵化してキャンプができる腸内の、あまり厳しくない環境の中まで移動することが可能なのだと記したのだ。

編集者への手紙の形で救いの手を差し伸べた人物が、インペリアル・インスティテュート・オブ・エントモロジー（訳注・王立昆虫学協会。かつて英国に存在した機関）のF・I・ヴァン・エムデンだ。幼虫が孵化したのは患者の体内ではなく、それを受けた器の中（つまり、トイレや病人用のおまるが聖なる器であるとヴァン・エムデンは書いた）、つまり中に貯まっていた排泄物の中だと考えるのがより自然ではないか、と疑問を呈したのだ。さらに、ヴァン・エムデンは、昆虫の卵はキチン質でないと指摘した。「殻」は、細くて薄い、透過性の膜である。彼は自らの主張を証明するため、実験用の卓上胃腸を作り、そこに暖かい胃液と嚙み砕いたパンを準備して、問題となった種の幼虫と卵を設置した。卵の中のものを含め幼虫はすべて死んだのだった。

もっと安心したい人たちには、一九四五年頃、ベルギー領コンゴ、ガタンガ市で政府医療サービスに従事していたマイケル・ケニーを紹介したい。政府医療サービスは貧困者のために医療を提携していたはずなのだが、「六十人のボランティアが生きたウジ虫を飲み込んだ」と、ケニーは『実験生物学と実験医学のための協議会』の中で書いた。当時よく見かけられたイエバエのウジ虫を、大きなゼラチンのカプセルに入れた。なんと一人につき二十匹のウジ虫である！　幼虫が一匹ずつ入れられていたのか、大きなカプセルのなかに詰め込まれたのかは定かではないが、いずれにせよ、すべて飲み込むにはコップ二杯分の水が必要だったそうだ。ボランティア中、三分の一の人々は飲み込んだすぐ後にカプセルを吐き出し、カプセルの乗組員たちはほとんどが生きていたとある。残り三分の二のボランティアには、死んだウジ虫が原因の下痢が発生した。その原因となったウジ虫はオデッセイを生き延びたわけだが、だからボランティアが感染したのではない。ほんの一時、消化管を通ることとは、定住して、幼少期を過ごすこととは意味が違う。ボランティア全員の症状は四十八時間以内には消滅し、それからウジ虫が姿を現すことはなかった。これは第一に、ハエの幼虫が「本当の腸ハエウジ病」など人間に引き起こすことはできないこと、第二に無料の医療ケアなど存在しないことを証明した。

そろそろ午後八時になろうとしていた。ペックの家である。ジョージはピンで留められた昆虫の標本を持ってきた。私は生きた昆虫のおかげで取り乱したままである。

「ジョージ？」

「ん？」

「肩の上になんだか巨大で怖い昆虫が乗っているんだけど」

ペックはそれを確認する気もないようだ。視線をトレイから外すことなく、彼は「クサギカメムシだと思うよ」と言った。この時期、そこらへんに飛んでいるらしい。名前は虫が潰されたときに放出される匂いから来ているそうだ。このカメムシは潰されることなく、やさしく、注意深く網戸の外にエスコートされ、メリーランドの夕闇に放たれた。ペックはキッチンテーブルに戻ると腰掛けた。「顕微鏡で観察すると、とても美しい昆虫なんですよ」と彼は言った。

＊＊＊

ジョージ・ペック以外の軍の汚染されたハエの研究者たちはフロリダにいる（会いに行くことはできるかぎり先延ばししていたのだが）。海軍昆虫学研究センター（ＮＥＣＥ）は、ジャクソンヴィルに位置し、米国農務省蚊とハエの評価部門から車で一時間程度の距離にある。ＮＥＣＥはアメリカ軍の害虫駆除の拠点としての役割を果たしている。これは、永遠に続くタイプの仕事だ。なぜなら、新しい世代は数週間で入れ替わり、ハエはあっという間に、新しく噴霧される殺虫剤への抵抗力をつけてしまうからだ。生き残ることができる突然変異体は必ず存在するし、そうやって生存を果たしたものはあっという間に数を増やし、地域にはびこり、霧吹きや噴霧器を持った人間や、トラックにスプレーを積み込んだ人間をせせら笑うのだ。

湾岸戦争のハエは、砂漠の食糧難の原因として機能し、腹立たしいほどに執拗だった。砂漠の盾作戦（訳注・イラクのクウェート侵攻に対抗し、アメリカがサウジアラビア防衛の名目で一九九〇年八月六日に開始した軍事作戦）の期間中、海軍所属の昆虫学者ジョー・コンロンは、クウェートとの国境近くにあるサウジアラビアの砂漠で軽歩兵隊とともにキャンプをしていた。ハエは不愉快ではあるがとても効果的な目覚まし時計として役に立ったそうだ。「口を開けて寝ているとしますよね。明け方近くになってハエが出てくると、彼らは水分と食べ物を探すわけです。口の中に直接飛び込んできます。海軍兵士が咳をして悪態をつく声で目が覚めるんですよ」。農務省のハエ研究者ジェリー・ホグセットは、砂漠の盾作戦に参加していた昆虫学者チームについて教えてくれた。彼は何もない砂漠に車を走らせ、基地が見えなくなる場所まで行き、オイルサーディンの缶を開けてみたそうだ。ものの数秒でハエが現れたという。

人間と汚物に対するハエたちの執拗な行動は、軍の絶え間ないハエ撲滅への誓いも納得できる。常にハエを追い払わなくてはならない兵士は、任務に集中することが難しい。任務が銃撃に関係していたり、撃たれないように身を守る必要がある場合、命を脅かす妨害である。ホグセットは牛がハエを追い払うのに必死になるあまり食べることを忘れ、飢えることもあると教えてくれた。農業関連コミュニティーでは「ハエの憂鬱」という言葉を使うそうだ。

湾岸戦争では同じような状況が見られた。殺虫剤の憂鬱だ。アメリカ軍がクウェートに到着した直後、軍の諜報部が、サダム・フセインが四十本の殺虫剤噴霧器を購入したことを突き止めた。あのときさんざん騒がれていた「大量破壊兵器」が原因で、妄想は膨らんでいた。ジョー・コンロンは、この機器を使って化学兵器や生物兵器を噴霧する可能性と危険性を評価するために呼び寄せられたそうだ。彼はその可能性はないと考えた。「雲の行く先なんて決められませんよね。そんなの使ったら、自軍に毒を吹きかけるようなものですよ」。コンロンのプロフェッショナルな見解は「サダム・フセインはハエを殺したかったのだろう」というものだった。大容量の捕虫器は軍の基地ではよく使われるツールだ。なぜなら、メンテナンスがあまり必要ないからである。ここでは芸術性が人を惹きつける。NECEでは様々な波長の紫外線、背景色、そして様々なタイプの科学的誘引物質をテストした。第二次世界大戦中には、ハエの誘引物質が、より戦略的な戦場での役割を果たした時期があった。エルヴィン・ロンメルのドイツアフリカ軍団と戦っている兵士への連合軍供給ラインを絶つ目的で、ナチスはスペインの飛び領地であったモロッコに入った。ペンタゴンはCIAの前身である戦略諜報局の研究開発指揮官スタンレー・ロベルに連絡を入れ、ロベルは誰にも知られることなく「スペインのモロッコを奪う」方法を模索するよう指示されたと、後に回顧録に記している。

「私は人工のヤギの糞尿を進化させたのです」と、本当とは思えないことをロベルは書いている。スペインのモロッコは「人間よりもヤギが多い」土地で、その糞尿であれば疑われないと彼は理由をつけた。計画は、ヤギの糞尿にパワフルなハエの誘引物質と有害な微生物を混ぜ合わせ、夜中に飛行機から散布するというものだった。そこからは汚染したハエの出番だ。糞尿に舞い降りて、病原体を拾い上げ、その有害な荷物をナチの食事まで運ぶのだ。

米国国立公文書館のOSSに関するファイルには、スタッフが思いついた武器や道具（※5）に関する資料は山ほど残っているが、「ヤギ」や「糞尿」、あるいはロベルが命名した「カプリシャス作戦」という記述を見つけることはなかった。ロベルは、彼も同僚も、ドイツ軍がスペインのモロッコから撤退したと聞いて「納得した」と書いた。たぶんね。殺人うんこは計画段階で終了したのではと私は疑っている。それか、カクテルナプキンの裏の落書きだったのではないか。

しかし私は「誰だよ、俺？」と、ラベルが貼られたOSSファイルをこの後見つけることになる。私がスタンレー・ロベルを甘く見ていたことは明らかだった。

※5　私のお気に入りを紹介する。アシュレス・ペーパー（無灰紙）、ブースターとバースター（伝爆薬と炸薬）、コラプシブル・モーターサイクル（折りたたみ式バイク）、ヘディー・ラマー（発明家の名前）、ルミナス・テープ（光るテープ）、ノンラトル・ペーパー（デコボコじゃない紙）、ペーパーパイプ（紙パイプ）、ポケット・インセンディアリーズ（ポケットに入れられる放火犯）、パンクタイプ・シガレット・ライター（パンク型タバコ用ライター）、スマチェット（小型戦闘用ナイフ）、シンパセティック・ヒューーズ（共鳴するヒューーズ）、ツリー・クライマー（木に登る人）。

第十章

殺しはしないが、やたらとくさい

悪臭弾略史

私が初めて読んだ秘密文書であったが、期待通りだった。ファイルの中の各ページには、ゴム印でページの上の余白と、下の余白、両方に「機密」とでかでかと押してあった。それに加え、この文章には「アメリカ合衆国の国防に影響を与える可能性のある情報」という、長々としたゴム印まで押されていた。そしてこの情報を漏らすことは、諜報活動取締法に抵触するともあった。「安全な手」によって運ばれるようマークがつけられていた紙も何枚かあった。その手とは、通関業者が検査できない、高級な革の小型カバンを持つ、大がかりな方法で審査された政府の配達人に属している。

ファイル内の最初の文書は一九四三年八月四日の日付が記されていて、第二次世界大戦中、アメリカの諜報員であった、戦略諜報局（OSS）のスタンレー・ロベル宛てだった。それは彼のイギリスの連絡係の一人からのもので、特殊作戦執行部の諜報員のメモから引用したものだった。メモは「七月六日付のお手紙に返信いたします」とはじまり、まるで退屈な政府の礼儀作法が続くと思わせた。しかし、いきなり話はそれるのである。「現時点において、例のものすごくくさい物質の主な使用目的は、個人の服を汚染することとなっております」。このメモには、「人間の不潔さを表現する、とても頑固な匂い」を発生する油性混合物、「S液」（Sはすごくくさい［stench］のs）の、秘密の調合方法が含まれていた。また、ピンで穴を開けて、絞り出し、「作戦が終了し次第、直ちに捨てる」というゼラチンカプセル、鉱水のアトマイザーと農薬噴霧器の中間のような、小さな真鍮製の霧吹きという、二種類の発射装置についても記されていた。後者は「秘密裏に手やポケットの中に隠して持ち運ぶ」とあった。私は英国人諜報員の妻が夫のブレザーのポケットにあったそれを見つけて、顔の前まで持ち上げてじっと見つめる姿を想像した。コロンが吹きだすのではと予想したにもかかわらず、代わりに、配偶者のキャリアを完全に把握できていないのではという、新たな不安な気配を感じ取るのだ。

目的は「物笑いのたねになる、もしくは軽蔑される」ことだ。ドイツと日本の指揮官たちの、占領国における士気喪失と疎外感である。同盟関係にある諜報機関は、目的を果たすことに一生懸命な市民であるサボタージュや抵抗集団が持ち歩くことができる、安くて目立たない機器を見つけようと躍起だった。戦略諜報局は兵器開発を担当する国防調査委員会の助けを借りて、自分たちで悪臭を考案しはじめることになった。戦後二十年経過して出版された回顧録でロベルは汚物であり悪臭を放つ、SAC-23を見くびっていた。血まみれで浅ましい「人を殺傷するための、最新鋭の特別な武器を作る仕事」に対する解毒剤として、「悪臭の汚染者」は「コミカルな気晴らしのようなもの」だと強調した。しかし、ファイルの厚さと詳細さ、形式的な内容は、別の可能性を匂わせる。SAC-23プロジェクトは二年間継続し、七人の少佐、八人の中尉、四人の大尉、そして一人の空軍中佐の忍耐力を限界まで搾り取り、ノックアウトした。ロベルのそもそもの指示は、「ゆっくりとした腸の動きから発せられる極めて不快な匂い」を持つ物質だったと、彼が回顧録で書いている(「誰だよ、俺?」は、SAC-23プロジェクトでの彼のコードネームだった)。彼は日本の将校を侮辱する目的で、中国の抵抗勢力に何かを渡せないものかと目論んでいた。理由は定かではないが、ロベルは日本人がこのような種類の嫌がらせに対して特に脆弱であると信じていたのだ。「日本人は大衆の面前で排尿するのは平気だが、排便だけはとても秘密で、恥ずかしいことだと考えている」（レイシズムも恥ずかしいことだけど）。国防調査委員会は追加の要件を定めた。少なくとも数メートルの「範囲」に「暴発しない」で影響を及ぼすこと。「作戦は無音で」。目立たずに。雨、石鹸、溶剤では落とせないように。最低でも数時間の間、恥辱を与えること。

マサチューセッツ州ケンブリッジにある化学エンジニアリング会社がこの溶液の開発に駆り出された。アーサー・D・リトル・カンパニーは、匂いと味に詳しい、百万ドルの鼻を持つ男の異名をとる、最も優秀な男性にその仕事を任せた。アーネスト・クロッカーは、まるで夏の正午に埋め立て地から匂いが立ちのぼるように、この挑戦のために立ち上がった。「匂いの中でも、悪臭というものは、植物のなかの雑草と比べられるかもしれない……例えばお花畑にあるじゃがいものような、場違いな植物だ」と、彼はメモの後ろに走り書きした。言い換えれば、背景が重要ということである（※1）。イタリアのデリカウンターでは、酪酸のかすかな匂いがパルメザン・チーズと認識されるが、それ以外の場所では嘔吐物である。同様に、トリメチルアミンの匂いは、魚やヴァギナの匂いと言われることがある。クロッカー曰く、「状況によって、不愉快にもなるし、喜びにもなる」のである。背景抜きで、その本質によって、不快なものと分類できる匂いはほとんどない。これこそがOSSが求めていたものである。すなわち「悪臭を作りだすもの」だった。

イギリスの「S液」の主な成分は、肉が分解される時に発生する腸内細菌の強い糞便臭（※2）、スカトールであった。クロッカーは二枚目のメモに、「糞便にまつわる事実」と、明るく書いていた。消化された炭水化物から発生する酸は、腸内ガスから不快な酸を産出すると彼は続けていた。微量の硫化水素が腐った卵の悪臭をもたらす、などなど。とにかく、人間にうんこの匂いをつけるというのは単純な仕事ではないということなのだ。人間の排泄物の匂いは、ほかのあらゆる自然の排泄物同様、非常に複雑であり、数百とは言わないまでも、何十もの化合物によって構成されている（これがパーティーグッズの「おならスプレー」が、いやな匂いにもかかわらず、おならの匂い

※1　何年もの間、香水会社ディメーターに最も要望が多かったのは新生児の頭の匂いだった。そこで彼らは、それを分離して合成した（変？　ディメーター社にとってはそうでもない。彼らの製品には、コインランドリー、カビ、ペンキ、粘土、泥、そして剪定バサミなどもあるのだ）。赤ちゃんの頭の匂いの試験はうまくいかなかった。赤ちゃんという文脈を外れて、新生児の頭蓋骨の頭の匂いは好かれるものではないことがわかったのだ。ディメーター社はベビーパウダーと柑橘系の果物の匂いを少し加えて、名前をニューベイビーに変更した。ベビーヘッドが剪定バサミのすぐ隣にあることに不快感を覚える人がいたのだろう。

※2　薬は毒にもなる。高度に希釈したスカトールは、花の匂いを香水や人工ラズベリー、バニラフレイバーに加えることができる。私はこれを、普通の人々がインターネット・ムービー・データベース（ＩＭＤｂ）から情報を得るように、ヒューマン・メタボローム・データベース（ＨＭＤＢ）から学んだ。

ではない理由だ)。高度に忠実な疑似物を作るとしたら、とても手ごわく、高価なものになるだろう。

そしてクロッカー自身は、それができたとしてもあまり効果的ではないと考えていた。彼は「一般的に、人を惑わすには混合物が一番だろう」と書いた。味覚と同様、嗅覚は感覚的な警備員のようなものであり、危険かもしれない化学物質の早期検知システムでもある。匂いを認識できなければ、安全かどうかの判断をすることができない。何千年も前から、安全策を取って未知の匂いから遠ざかる人間が、生き残って遺伝子を伝える確率が高かった。それゆえに、識別ができない悪臭は、単にくさいものよりも強力な武器なのだ。

より一般的な「臭気剤」の軍事利用例――例えば現代の嗅神経への非致命的武器――は「地形の拒否」だろう。これは、例えばベトナム共産勢力のトンネル、テロリストの隠れ家、武器貯蔵庫など、ターゲットとなる土地から人間を排除する武器なのだ。おおよそほとんどのケースにおいて、これは悪臭を混ぜ合わせたものである。特殊作戦執行部の「悪臭を放つ物質」というメモの中には、小さなガラスのビンに入った悪臭を放つ物質が、ナチスの会議室に敷かれたカーペットに撒くため、レジスタンス側の人間に手渡されたとある。知らないうちに、将校が立派な黒いブーツでそのビンを踏みつぶせば、場所を特定できない、硫黄とアンモニアのひどい悪臭が部屋に充満し、そして人々をそこから追い出すのだ。

我らがクロッカーの出番である。彼は凶悪な混合物の有効性を測るための、「感覚刺激性試験」

のセッションを屋内で設定した。感覚刺激性とは、「感覚器官」に影響を与えるという意味でもある。それはアーサー・D・リトル・カンパニーに一九四三年後半に雇われるなんて絶対に嫌だという意味である。クロッカーは最終的に、スカトールのブレンドに、酪酸、吉草酸、カプロン酸、メルカプタンを使った。それは、うんち、嘔吐物、くさい足、ヤギ、そして腐った卵の匂いだ。サンプルはNDRC宛てに二種類の形式で届けられた。塗るタイプのより強烈な「ペースト状のくささ」と、鉛管の中に入った絞り出すタイプのくさい液だった。クロッカーは後者について、摂氏二十一度以上の環境で最低でも二時間は標的となる人物を「極度に不快」にさせると顧客に対して保証した。彼は「完璧な追放」を約束し、報告書を、マーケティングの年代記としてはとてもユニークなオチで締めくくった。「この種類の製品としては、不快さは尽きることがない」

パム・ダルトンは「誰だよ、俺？」入りのボトルを研究室に置いてある。ダルトンは、これはモネル・ケミカル・センシズ・センターで働いている。独立の非営利団体で、近隣にあるペンシルバニア大学と提携し、国防総省が資金提供する、長い歴史のある悪臭中和剤研究所で、正面玄関に一・五メートルの高さの青銅の鼻がある。私が初めて彼女に会ったのは一九九七年で、彼女は養豚場で起きた訴訟の鑑定人（法廷審理で専門家の立場から証言を行う人）だった。彼女は電子鼻を手に持ち、煙のサンプルを集めながら、柵の際（きわ）を楽しそうに歩いている赤毛の女性だった。彼女に関してはもう少し面白い話もあるが、彼女の髪はまだ赤く、そして今も彼女は自分の仕事を愛している。

ダルトンの研究室に鼻で感じられる匂いはないが、ここにはたくさんの悪臭を放つものがある。私たちの頭上にある棚には消防士の脇の下の匂いが詰まった箱がある。各被験者によって寄付されたサンプルがジップロックのプラスチックバッグで密閉されている。ケチャップとサラダのドレッシングが入っているのが普通の冷蔵庫だとすれば、ダルトンのそれには、ジャコウネコの肛門腺の匂いを人工的に作ったシベトンのビンが入っている。武器となるようなレベルの匂いはドラフトチャンバー（訳注・実験などに用いる局所排気装置）の下にある。建物の排気システムに入り込むとパニックを引き起こすという「誰だよ、俺？」は、ボトルに入れられ、テープで留められ、二重の袋に入れられて、さらに小さな再密閉可能な管に入れられていた。

ダルトンの研究室のマネージャー、クリストファー・マウティがそれを開けてくれた。マウティは頬骨が高く、鷲鼻だった。艶のある黒髪は、おそらく何もつけずに、ロマンチックな生え際から導かれ、後ろに流れていた。彼は、彼の説明によれば、結婚式でバラの匂いをかいで「う〜ん、フェニルエチルアルコール？」と言うような男性だという。マウティは私の顔の前でボトルを持っていたけれど、絶対に手から離そうとはしなかった。もし私が「誰だよ、俺？」を落とそうものなら、モネルの建物が、アーネスト・クロッカーが喜んで言うように、「極度に不快」になってしまう。

少し嗅いだだけで最悪なのはわかったけれど、私が期待したものではなかった。この特定のバージョンは下痢を目指したロベルのオリジナル・バージョンからは遠く離れたものだ。ダルトンはカリフォルニアのミルピタスにあるゴミ捨て場から戻ったばかりだったが、匂いが彼女を呼び戻した。それは亜硫酸塩だが、ふざけたおならのような腐った卵のような匂いではない。より強烈で不快な性質を持っている。

マウティは「誰だよ、俺?」にキャップを塡めた。そして腕を伸ばしてほかのビンを取り出した。手書きのラベルには「悪臭スープ」とあり、大きな文字で「絶対に開けるな」とあった。一九九八年、非致死性兵器理事会が、建物から人間を排除するため、穏便に暴徒を分散させるための、最高レベルの臭気剤の開発にモネルを任命した。この「悪臭石鹸」こそ、モネルとそのチームが作り上げたものだった。

マウティは私の顔の前にキャップを持っていた。ダルトンは二歩後ろに下がって、匂いが穴を上ってくる瞬間に備えていた。くさい。メチャクチャくさい。腐ったタマネギの王座にいる悪魔だ。マウティは素早くキャップを閉めて、コンテナを戻した。

「チャンバーを閉めて」とダルトンは、穏やかだけどきっぱりと言った。そして、穏やかさゼロで「チャンバーを閉めろ」と続けた。

ランチを食べるのにちょうどいい時間になった。悪臭スープとして名高い、世界でもっとも不快な匂いはどんなものであるかについて訊くために、私は二人について近所の牡蠣レストランに行った。

それはアメリカ政府標準トイレ悪臭という調合液としてはじまった（アメリカ政府はこの匂いの製作者ではあるが、その天然源ではない）。この匂いは第二次世界大戦中に、仮設トイレを消臭するための調合剤を開発する努力の一環として作られた。私は古い写真を見たことがある。笑っているGIたちの裸のお尻が、穴の上に建てられた木製の柵の上に乗っていた。調合した様々な消臭剤を試すため、軍の化学者たちは実験室で悪臭を再現する必要があった。それは明らかにユニークだった。何百人もの男たちが長期間にわたって使う、多くの場合、とても暑い日の屋外の仮設トイレでは、典型的な住宅のトイレで発生するものとは違う匂いが発生すると、味と香りの企業、フィルメニッヒのマイケル・カランドラは言う。フィルメニッヒは洗浄製品と消臭剤をテストするため、企業が必要とする悪臭の「図書館」を有している。

「ということで、私たちはトイレの悪臭を選んだの」とダルトンは言い、トリメチルアミン的ななにかを混ぜ合わせて、「それから少し甘さを加えたというわけ」と言った。このインスピレーションは、下水管が溢れてパニックになったラスベガスのホテルのオーナーの電話から得た。トイレ掃除の時に、花の匂いのする洗浄剤を加えたことで、下水の匂いが余計に不快になったのだ。

マウティは、悪臭スープにフルーツの香りを加えたのには、ほかの理由があると打ち明けてくれた。「匂いを嗅ぐときって、最初は浅く嗅ぐんですよね。その時、まず最初に香ってくるのがいい匂いだと、喜んでその匂いを受け入れちゃう人がほとんどです」

そこにダルトンが割って入った。「ということで、最初に甘い香りがすると、もっと深く吸い込むでしょ、すると……」。二人はまるで社会見学から戻ったばかりの子どものようにウキウキして言った。「……そこで硫黄が待ちかまえてるってわけ。吸い込まれるのをね」「そしてその硫黄は、一度鼻に入るとどうなると思う？　そこに留まり続けるの。粘膜に閉じ込められちゃう。硫黄は同じ受容体に再結合し続けるから」

これはとても印象的で、創意に溢れている。一流の、有害な匂いのする物質になるのだ。イギリスのS液には、匂いの発生を遅らせる化合物が含まれているので、「匂いが検知される前に、作戦実行者がその場を離れることができるようになる」のだ。

戦争とは、このように敵を殺したり、傷つけたりしない武器を使って、勝つことができないものだろうか。もし、国の大義のために命を犠牲にすることや、その理由が道徳的につり合わない状態である場合、原子分裂と装甲車の串刺しの代わりに、士気を失う計画なんてものがあったらいいのではないか。悪臭スープと同じ楽しいカテゴリーの中には、ライトパターソン空軍基地の研究室で材料エンジニアとして勤める、アイデアマンのボブ・クレーンがいる。彼は砂漠の嵐作戦（訳注・一九九一年、アメリカがイラクを空爆した作戦。湾岸戦争の皮切りとなった）の時に開かれた非致死性武器のブレインストーミング・セッションに参加していた。

クレーンは、彼の考えた状況の説明をした。敵が身を潜めて数日が経過し、供給ラインが寸断される。男たちは腹を空かせ、孤独で怒りを抱えている。ここで秘密の武器の登場である。それは懐かしい、焼きたてのパンの香ばしい匂いだ。クレーンはマイクロカプセル化のエキスパートで、そのテクノロジーの背景にあるのは、その他多くのテクノロジーに加えて、こすると香りが出るというもの。彼らはマイクロカプセルの上を歩いてそれを潰し、匂いが広がりはじめるのだ。もうどうにもならない。兵士たちは故郷を想い、母が恋しくなり、脱走を心に決める。

クロッカーが約束したように、SAC-23は、「永続的に」匂い続けた。メリーランド調査研究所の品質管理テスターがそれを最もよく知っているだろう。OSSは長さ五センチの鉛管に入れ、さらにそれを箱詰めして出荷していた。「ほとんど例外なく、管の内容物が噴射されると作業員は汚染された」と、報告書には綴られていた。OSSのジョン・ジェフリー大佐は、自分でも独自にテストを複数回行ったそうだ。一九四四年に書かれた彼の辛辣な手紙の中には、十二パーセントのチューブが、**彼のオフィスに到着した時に**漏れていたそうだ。漏れていない十本の管が、暖かい倉庫と同じぐらいの温度になるようオーブンに入れられた時は、すべての管から内容物がにじみ出た。SAC-23を放出させることの現実的な実用性を評価するため、ジェフリーはダミー人形に軍服を着せてみた。三本の管のうち一本が彼の手の中で「バックファイヤー」した。フタを開けるだけの作業なのに、「自分の手の中に液体が漏れ出すのを防ぐのは不可能である」と彼は書いた。

保管と散布の問題が臭気剤の製作チームを、今もイライラさせ続けている。ベトナム時代、開発者が調合剤を二つの成分に分けて配送するシステムを考案したが、これには多くの問題があった。エポキシ成分のように二つの化合物は分けたままで置かれ、それが混合された時のみ悪臭を発生させるのだ。ダルトンは悪臭スープの試験中に起きた、致命的な失敗について話をしてくれた。悪臭を封じ込めるために、ダルトンは被験者に気密性のあるプラスチックのフードを着用してもらった。「バイオ安全スーツみたいなものだったんですけど、結局、汚染された環境を内側に閉じ込めちゃったんですよね」。柔軟性のあるチューブが悪臭を含んだ空気をフード内の吸排気口を通って流れてしまった。三日目、システムが故障した。ガスとして慎重に濃度を調整した悪臭スープを送り込む代わりに、原液を泡立たせてしまったのだ。被験者の一人はダルトンの資金提供者だった。テストが終わると、男性はフードを外し、油まみれになった後頭部を確認しはじめた。ダルトンは言葉を失った。「鯉みたいに口がぱくぱくしちゃって、何も言えませんでした。技術者が『わあ、それってここに来た時にはすでについてたんですか?』って、彼のせいにしようとしてるんですよ! まるで、それってヘアジェルですよね? みたいな」。その男性はモネルから空港にまっすぐ向かう予定だった。「彼にはシャワーを浴びてもらわなくちゃなりませんでした」

一方で、当時のOSSは、それよりも大きな問題を抱えていた。管に欠陥があり、それを再設計する時間がなかったのだ。誰かが先を急いで、OSSのカタログに「誰だよ、俺?」を追加してしまっていた。緊急の電報が送られ、一万本の管が注文された。「誰だよ、俺?」に添付されていたメモには、「作戦実行者への汚染を防ぐ方法」と、解決策の詳細が書かれていた。紙でできた着脱式の手袋? いや、薄すぎる。裏布のある紙の覆いが丈夫であると分かったけれど、「水平な姿勢から放出した時」のみ、保護できるに過ぎなかった。

「アメリカはあなたのいらなくなったゴムが必要です」という後にコレクターアイテムとなるポスターが作られたほど国内のゴムが不足状態でタイヤの配給があったにもかかわらず、最終的にOSSは、ゴム製の覆いを選択した。ガスマスク、救命ボート、ジープのタイヤとともに、国家の戦時のゴム需要に「誰だよ、俺?」の、作戦実行者を保護するへり付きの、垂れないゴム製のスリーブが含まれるようになった。

一九四四年、九十五本のゴムの部品がつけられた「誰だよ、俺?」の管がメリーランド研究所に運び込まれた。乱暴な取り扱い試験に合格したのだ。経年変化試験にも合格した。熱帯気候試験にも、厳寒保存試験にも合格した。乱暴な取り扱い試験と熱帯気候試験を組み合わせた試験にも合格した。試験者の手を汚したのはたった一度だった。理由は「噴霧した方向から強風が吹いたから」。ようやく成功だ! 一九四四年十一月九日の日付がつけられた、この最終的な試験の報告書には、「誰だよ、俺?」の、製造開始と戦地への配送の準備が整った旨が書かれていた。連邦研究所は一本につき六十二セントで、九千個の注文を取るように促された。最高級のドラフトチャンバーを購入して、設置するのに十分な歳入になる。

そしてここで物語は終わるべきだった。しかし、そうはならなかった。アーネスト・クロッカーは、利益をもたらす政府契約が彼の鼻先から逃げていく危険を嗅ぎつけ、そこに悪臭を放つ爆弾を投げつけたのだ。「誰だよ、俺?」の悪臭は東洋人にとっては不快ではないと言いはじめた。スタンレー・ロベルの最初の目標は中国を占領している日本人を辱めることだった。クロッカーは、別の悪臭を放つ物質の開発を提案した。再び生産は遅れることになった。より多くの試験が指示された。アメリカの納税者は不信感もあらわに頭を振った。一九四五年二月十九日付の「誰だよ、俺?」最終報告書の補足事項として、「東洋人と多く交流を持ったことのある海軍医師との話し合いから、二つのタイプの悪臭だけが東洋人にとっては不快だということが判明した。それはスカンクの匂いと死臭である」と記された。そして、「『誰だよ、俺?』を見本として、そこに糞便の匂いの代わりにスカンクを使って、『誰だよ、俺? Ⅱ』を開発した。この調合液は凶悪な悪臭を放ち、際立った浸透性と持続性がある。従って、すべての日本人に対して有効であるのは確かである」。最終的には五百本の「誰だよ、俺?」と、百本の「誰だよ、俺? Ⅱ」の管が製造された。

しかしそれは一本も戦地に送られることはなかった。なぜか? なぜなら、国防研究委員会が、はるかに長い時間持続し、浸透性のある武器を日本人に対して使おうと、研究を重ねていたからである。「誰だよ、俺?」の、二度目の最終報告書が発行される十七日前に、アメリカは広島に原爆を落とした。

十五時間のフライトの最中に不快なトイレの悪臭を感じることは稀ではないし、乱気流の程度にもよるが、嘔吐の匂いを感じることもある。しかし、こういった匂いが頭上のコンパートメントから流れ出すことはとても珍しいことである。南アフリカへの六時間のフライトで、パム・ダルトンにそれが起きはじめていた。「私、トイレに立ったんです。だから、鼻がその高さにあったんだけど、その時『**うわっ、これ、私の荷物だ！**』って思ったんですよね」

それは一九九八年のことだった。ダルトンは米軍のために、当時も盛んに探されていた「例外なく非難を浴びる」悪臭の王様についての調査を行っていた。彼女はそれとは無関係のプロジェクトのためアフリカに向かっていた。彼女は村に住むコーサ族の人たちにテストを行うため、悪臭の詰め合わせセットを持参していたのだ。彼女の手荷物には、嘔吐物、下水、燃えた髪、アメリカ政府の標準的なトイレの悪臭……と、ラベルのついたビンが入っていた。ダルトンはビンを密閉し、二重の袋に入れていたが、客室の与圧を考慮に入れるのを忘れていた。液体は膨張してパラフィンの封の間から洩れ出していた。幸運なことに、頭上の荷物入れには、彼女と、同僚男性の荷物しか入っていなかった。「『荷物入れから何も出しちゃだめよ』って彼に言いました。飛行中、私たちが使えるものは、足元に置いてあったものだけになったんです」。頭上の荷物入れが閉じられていれば、悪臭の大半はビンの中に留まるはずだ……飛行機が着陸するまでは。着陸したらどうなるの？「ここからが私の賢いところ。飛行機のドアが開けられるまで、荷物入れを開けなかったんです。そうすれば、乗客は外から入ってきた匂いだと思うでしょ？」

コーサ族の被験者と仕事をする前に、ダルトンはアジア人とヒスパニック系の人々、アフリカンアメリカン、そして白人に同じ匂いを嗅がせていた。どれがチャンピオンだったかって？　それはアメリカ政府の標準的なトイレの悪臭だった。「本当に、心底嫌われていたわ。本当に、本当に大嫌いで、危険だと思われたほどだった」。アーネスト・クロッカーの日本人に対する考えは間違っていたわけだ。ダルトンによるアジア人の被験者たちには、日本人、韓国人、中国人、台湾人がいて、そのなかの八十八パーセントが（ほかのどの人種のカテゴリーよりも最も多い数値）、その悪臭を「不快」だと答えた。これは五つの民族カテゴリーすべてにおいて悪臭不愉快ランキングでトップを獲得した。一人の珍しいほど心の広い人がアメリカ政府の標準的なトイレの悪臭を「身につけてもよい」と答えた以外は、ほぼすべての人から拒絶された。

ダルトンの持っていた別のビンに入った不快な匂いは、普遍的な基準になるほどのレベルには達していなかった。下水の匂いはまったくダメだった。ヒスパニック系の被験者の十四パーセントが、その匂いを嗅いで気持ちが良くなったと答えた。白人、アジア人、そして黒人の南アフリカ人の二十パーセントが、「食べることができる」と回答した。吐瀉物の匂いも同じような弱い影響しか与えられず、コーサ族の被験者の二十七パーセントがそれを心地良い匂いとし、三パーセントの白人が香水として身につけてもいいと回答した（※3）。

ダルトンの同僚で私が尋ねた時はモネルで主任を務めていたガリー・ボウシャンプスは、燃えた人間の肉の匂いの代わりとして、燃えた髪の毛の匂いにかなりの期待を寄せていた。彼はそれをどんな人種も必ず嫌うだろうと確信していたのだ。彼がこう思うに至るまでに、彼は一体どんな残虐行為に時間を使ったのかしら？　「いいえ、違うんですよ」とダルトンは言った。「昔、ガリーは指の皮をめくって、ジョークで同僚の電球の上に置いておいたそうなんです」。電球に電気が入ると、温められた皮が匂いはじめる。「私、『あなたって**そういう**一面があったんだ』って言いましたよ」

もうすでに製造されて、存在している悪臭である嘔吐物とアメリカ政府の標準的なトイレの悪臭とは違い、燃やされた肉や髪の悪臭はいちから作り上げなくてはならない。ダルトンは自分が通う美容室の美容師に、床に落ちる髪の毛を袋いっぱいに集めてくれるよう頼み、研究室に持ち帰って熱分解した。熱分解とは誰かの電球に皮膚を置くという行為の実験室バージョンである。集められた蒸気に鉱油を注入し、被験者が匂いを嗅いだ。四十二パーセントの白人被験者が燃えた髪の毛の匂いを食べることができると回答した。コーサ族の被験者六パーセントがそれを香水として身につけてもよいとした。

誰一人として、食べたり、身につけたり、近づいたりしたくない匂いがアメリカ軍の仮設トイレの匂いだった。ということで、アメリカ政府の標準的なトイレの悪臭が悪臭スープのはじめの一歩だったのだ。その匂いが国に仕えたのは何年頃からなのかしら? ダルトンは肩をすくめた。「作り方は教えたけれど、でもどうやって彼らがそれを使ったのかはわからないですね」

モネルセンターを訪れると、「匂いドナー」の役割を押しつけられる可能性は高い。誰かが必ずあなたの息の匂いを嗅ぎたがるし、耳垢の匂いや脇の下から発散されるガスの匂いを集めたがる。そして寄付された匂いに関する研究費は国防総省より提供されている可能性が高い。最近、アメリカ軍はストレスから発散される匂いに興味を持っているらしい。ストレスを感じている人から特徴的な匂いが発せられていた場合、香水やタバコ、あるいはゆうべのニンニクの匂いの中からセンサーが違う匂いを拾うことができたとすると、ある種の体臭のプロファイリングが可能になるのだ。センサーを空港に設置すれば、疑わしいテロリストを発見することができるかもしれない。しかし、それが爆破犯か飛ぶのに恐怖を感じている人かを識別しなければならない。体の匂いは高いプレッシャーや高いリスクのある仕事をしている人間のストレスレベルを測定することに使うことができるかもしれない。スマートユニフォームと呼ばれる服の一部として化学センサーが組み込まれる可能性もある。もしストレスが発散する化合物が、息から確実に検知できるのであれば、センサーをヘルメットのマウスピースに組み込むこともできる。「今は空軍パイロットに対して研究をしているんですよ」と、マウティは教えてくれた。パイロットに対する試験的研究(パイロットスタディー)である。

そのゴールは介入だ。もし任務を安全に完了できないレベルのストレスに達していた場合、上司に対して無線で警告を発することも可能となる。自分の匂いが、静かにあなたを突き出すというわけだ。

※3　インターナショナル・フレイバー・アンド・フレグランスが、独占的に嘔吐臭を開発したのはこれが理由ではない。それをダイエットの道具として売り出そうと計画した会社からの要望で開発したのだ。冷蔵庫に貼りつけることができる棒状のディスペンサーで、冷蔵庫の中を嘔吐物の匂いで満たして食べることを防ぐというものだった。このアイテムは製造されることはなかった。理由は、テスト段階で、お腹が空いている人の数パーセントがその匂いにポジティブな反応を見せたからだ。それをおやつとして食べたいと希望したらしい。

けだ。それと同時に、機器のスイッチを切るといった、ある種の自動的な介入を開始することもできる。

私は以前、ストレスの匂いを提供したことがある。マウティが私の脇の下にガーゼを挟み込み、彼が時間を計るなか、二百から十三まで逆に数えたのだ。間違えると、最初からやり直さなければならなかった。途中で彼が、撮影中の動画をユーチューブに投稿すると言いだした。私の脇の下のガーゼは、エキゾチックなレース状の羽を持った昆虫のように、ガラス製の標本瓶の中にピンセットで収められた。その匂いを嗅いだマウティは「素晴らしくフレッシュな体臭ですね」(※4)と表現した。褒め言葉が上手に侮辱に紛れ込んで、どう反応していいのか分からないといった場面が人生にはある。モネルの中では、体臭は恥ずかしいことではないようだ。むしろ敬意を払われているように思える。マウティが同僚を「体臭を作り上げる能力を有するドナー」と表現した時は、まるで敬語で話しているように思えた。あまりにも敬語らしかったので、ずっと後になるまで同僚が名前で呼ばれていなかったことに気づかなかった。

モネリアンとは、人間の足の匂いの分類に用いるキーワードで、感情によって調節される脇の下のアポクリン腺からの分泌液は「オニオン・ガーリック・ホーギー」である。他の動物のストレスの匂いにつけられたキーワードもあるとは思うが、それはその動物に訊かなくてはならないし、またはその動物を狩ったり嫌なことをしたりする動物に質問しなければならない。ストレスを感じているアカハタの匂いを知りたかったら、サメに訊けばいい。あるいは、アメリカ海軍でもいいけどね。

※4　「新鮮じゃないおしっこの匂いのような体臭」、都会育ちの女の子である私の継娘のフィービーは、私の体臭をホーボーピー（路上生活者のおしっこ）の匂いがすると言った。モネル・ケミカル・センシズ・センターの体臭エキスパートであるクリス・マウティはホーボーピーを、バクテリアによって広範囲に分解された汗と皮脂の匂いだと分析する。彼曰く、それは「体臭のキムチ」だそうだ。

第十一章
古い仲間

サメ忌避剤の作り方とその試験方法

人間には無害であるけれど、人間よりも下のクラスに属する生き物にとって有害な化学物質の購入を希望する場合、農業関係者に連絡を取るのが普通だろう。良い殺虫剤は（そのようなものがあるとすれば）、両方の性質を兼ね備えているはずだ。殺虫剤のロテノンは、一九四二年にアメリカ農務省から第十一海軍区へ送られたメモ書きの話題だった。ロテノンは虫を殺すことに加えて、強力な魚毒と記されていた。人間に対しては影響を及ぼさないわずかな量でも、水に加えた場合、その化学薬品は「金魚を朦朧とさせる」とあった。

これは喜ぶべき情報であったが、海軍が探していたのはサメに対する薬品だったのだ。第二次世界大戦はアメリカ軍史上初めて熱帯の海で行われる戦闘だったが、船を放棄したり、飛行機が不時着した後に、サメに襲われ、むさぼり食われたという話が船員やパイロットの間で囁かれるようになった（第一次世界大戦では、船の乗組員は北太平洋に留まったため、まずは寒さに苦しめられた）。とある物語が、その当時、大統領から人類学者という称号を与えられ、またとあるポストを与えられたヘンリー・フィールド（フィールド自然史博物館と同じフィールド）という男と繋がった。そのポストとは……あら、また会ったわね、そう、戦略諜報局（OSS）よ！

一九四一年、エクアドル海軍の飛行機が燃料切れで太平洋に不時着したところから物語ははじまる。搭乗員の「絶望と恐怖」はこの事故の正式な報告書に記されていて、ヘンリー・フィールドはそれを読むか、聞くかしたらしい。それは月の輝く夜だった。男性はライフジャケットを身につけていて、溺死した大佐の体を押しながら泳いでいた。そこへサメが目の前を横切りはじめた。「サメが私から死体を奪おうとしているのがわかった。死体の足を引っ張っているのだ。私は必死になって仲間の体を抱き寄せ、引っ張る力がなくなるまで耐えた」。白状すると、私はこの恐怖に震えた主人公よりも、翻訳者のほうに興味を抱いた。「一度再浮上し、絶望を感じながら彼の足を触り、その一部が無くなっていたことに気づいた」という表現力。搭乗員は死体を手放し、一人で泳ぎ続けた。何匹ものサメが後ろをついてきていた。

「毎晩、私はサメにつけ回される男たちのことを考えていた」と、ヘンリー・フィールドは回顧録に綴った。大統領専属の人類学者として、フランクリン・デラノ・ルーズベルトにもその報告はなされていたが、それでも魚類学の問題であると捉えられていたようである。「私は大統領宛てに、サメの忌避剤を開発しようとしていると示唆する手紙を書いた」

大統領の計らいで、フィールドは博物館キュレーターのハロルド・J・クーリッジと巡り会い、そしてOSSで働く機会を得た。クーリッジは霊長類学者ではあるが——彼がコンゴで集めた（撃った）シルバーバックのゴリラは、今もハーバード大学の比較動物学博物館にある——サメのプロジェクトを監督することには同意した。諜報組織から給料をもらっているゴリラのエキスパートが、ちょっとばかり目的を見失ったような気持ちになるのは容易に想像できる。そして、ついにわずかながら進展が見られた。クーリッジがこのプロジェクトの主任研究員として、キュレーター仲間のW・ダグラス・バーデンを雇い入れたのだ。彼の専門はコモドドラゴンで、コモドドラゴンについて一冊の本を書き上げたほどだったが、彼も、サメについてはほとんどなにも知らなかった。サメについての実質的な専門知識を得るために、ＯＳＳは大学を中退したスチュワート・スプリンガーに目をつけた。彼の履歴書には、商業漁業者として、そしてインディアナポリスの活性汚泥処理施設で化学技術者として働いた経歴が書かれていたのだ。一九四二年の時点で、サメの生物学や行動について専門知識のある人間はいなかった。本当の意味で、その生き物について知る者はいなかったのだ。サメとのじかの体験と汚泥の化学のコンビネーションは、実際のところ、この試みの背景としては理想的だった。ＯＳＳの文章で彼がスプリンガー「博士」と書かれていたのは、当然のことだ。

海軍は資金提供に同意したが、地位の高かった人物が、その当時、海軍でサメに危害を加えられた人間がいたという正式な記録がないことを指摘した。彼らが心配していたのは、士気だった。サメへの恐怖は、不合理ながら、喜んで飛ぶ飛行士たちの数を減らしていた。スチュワート・スプリンガーは、そのばかばかしい皮肉を口にした。「お国のために命を落とすのは構わないが、お国のために食べられるのは別の問題らしい」。ほかのことはともかくとして、忌避剤はダグラス・バーデンが呼ぶところの「ピンク・ピル」という精神的な慰めとして、サメが嫌いな飛行士たちの役に立っただろう。一九四二年の七月三日、ＯＳＳの化学研究所開発プロジェクト３７４、契約ＯＥＭｃｍｒ−１８４への資金援助は承認された。それは三ヶ月にわたる調査で、「救命帯を着用して漂流している人間を、サメ、バラクーダ、クラゲ（※１）から防御する方法を探す」というものだった（三百ページ超の関連アーカイブの中には、バラクーダに関しては二箇所の言及がある。私が見た限り、誰もクラゲについて言及はしていない)。

研究室の仕事は主にウッズホール海洋研究所で行われた。そこには捕まえられた小型のホホジロザメが多くいた。そのサイズと気質は大型のホホジロザメと金魚の中間のようなものだった。ロテノン殺虫剤は、チームがテストした最初の物質のなかのひとつだった。バーデンはクーリッジに「まったく無反応」だと報告した。「致死量の投与も、給餌方法を妨げるものではない」とした。サメは死ぬが、人間よりも早く死ぬものではない。ロテノンがよく効く金魚が国家安全保障に脅威を与えるまで、それはUSDAの武器庫の中に留まることになるだろう。

七十九種の物質が検査され、却下された。刺激物は失敗した。「ひどく不快な匂い」も失敗。クローブ油、バニリン、松油、クレオソート、ニコチンもダメだった。モスボール、アスパラガス、

※1 二ヶ月間にわたる調査で、米国情報安全コマンドの局長はハロルド・クーリッジに対して、ピラニアをリストに加えるよう強く勧めた。米国情報安全コマンドには、ピラニアに対するよりいっそうの理解が必要だったのだ。数年前、自然映画製作者のウォルフギャング・ベイヤーが、血に飢えたピラニアがカピバラを食べる映像を撮影するためにアマゾンに送られたときの話を私にしてくれたことがある。ベイヤーは網を川にかけてピラニアを捕まえた。そしてカピバラを捕まえて、川に入れた。なにも起きなかった。彼はピラニアにエサを与えずに腹ぺこにさせた。それでも何も起きなかった。彼は家に帰ったそうだ。

馬の尿に関する化合物も試した。サメはそれらすべてを無視したのだ。最初の「食いつき」はサメに関する知恵からもたらされたアイテムだった。スプリンガーは、サメの死体がえさ場に放置されると、サメの漁場に悪影響を及ぼすと聞いたことがあったのだ。彼とチームは動きはじめた。彼らはフロリダの人里離れた場所に毎月十ドルで家を借りた。清掃のための敷金は、これ以上無理なほど厳しく請求されただろう。サメの筋肉組織が室温の状態で四日から五日間放置された。次に、腐乱した肉をこすり、アルコールの中に混ぜ入れ、そしてそれを濾過してサメの液体を作った。

その後四十三回の実験を経て、スプリンガーはバーデンに「その肉にはサメが強い嫌悪感を抱く物質が含まれると確信しています」と、興奮気味に書き記し、報告した。忌避率は八十八・四パーセント！　九十パーセントから百パーセント効果的！　二ヶ月に一度のOEMcmr-184の報告書には、スプリンガーが「濃縮液での有効性を十分確認しているため、バケツに入れた血液を持った状態で、救命帯のテストを希望している」とあった。

スプリンガーとバーデンは腐敗したサメの肉の濃縮液を野生のサメにテストすることを次のステップとして予定していたが、生産は直ちにはじめるようにOSSを急がせた。「我々が作ったものに効果があるのなら……フィールドテストが行われたとすると、実際の使用は六ヶ月遅れてしまう。そしてその六ヶ月の間に哀れな人たちを守ることができていたのに」と、スプリンガーはクーリッジに書いた。スプリンガーはたまたま、濃縮液を生産する権利を得ることができる業者を知っていた。シャーク・インダストリーズはフロリダでサメの皮とサメ油を提供していた。そして、魚くさいと言えばスプリンガーで、彼は時々そこで働いていたのだ。スプリンガーは、その会社が毎月二千から五千着のライフジャケットに装備できる量のサメのエキスを生産できると確信していた。もしスプリンガーが好き勝手にしていたら、すべての事業はすぐに廃止されただろう。だってそんなに大量に作ったら、肝心の駆除するサメがいなくなる。

ＯＳＳはその話に乗らなかった。濃縮液の開発を進める代わりに、彼らは活性成分の分解を望んだのだ。その化合物は作成依頼が可能であり、安価で合成することができるため、彼らにとってはコスト削減になるし、大きなサメの死体を処理する煩わしさからも解放される。三人の科学者が雇われた。彼らはすぐに有望な物質を見つけ出した。酢酸アンモニウムだ。以前に有望だとされた二つの化合物（硫酸銅とマレイン酸）と、それに加えて十四キロ弱の「サメ肉を分解するエキス」と混ぜ合わせられ、物語のはじまりとなった場所と同じ水質のエクアドルで流され、「貪欲なサメ」たちにテストされた。宿舎が確保され、ボートが用意され、ガイドが雇われた。三週間後、バーデンは陰気な電報を打った。「エクアドルの海岸には事実上サメがいないも同然だ」。資金はたっぷりあるＯＳＳのハロルド・クーリッジの返信は、ペルーを試せというものだった。「落胆するな」と彼は書き、「サメの捕獲とトラの捕獲は同じようなものだ。二週間から三週間しか時間がない状態で一匹を撃てる場所に辿りつくと、フランスとインドシナの様々な地域で多くのトラがいることを忘れてしまうものだ」。これらの手紙を読むと、自然史のキャリアは、広い人脈を持った紳士が遠く離れたサファリまで資金を送り、科学の名のもとに釣り調査を行うことと大差ないことがわかるだろう。ダグラス・バーデンの回顧録のタイトル『様々な土地でのハンティング』が、その仕事を上手にまとめている。

最終的にこの遠征で、エクアドルのグアヤキル沖で複数のサメの居場所を確認することができた。よりいっそう落胆する言葉が続く。まったく効き目がなかった。化学者たちは酢酸アンモニウムと硫酸銅を混ぜ合わせてみた。そしてその化合物（酢酸銅）は効果的に思えた。しかし残念なことに、人間を丸一日サメから保護しようと思うと、ゆっくりと溶解する塊が一キロから一・五キロ必要だった。これではダメだ。海軍が欲しがっていたのは、小さくて軽いものだった。重くても百七十グラムとされていた。それでないと、袋に入れて救命帯につけることができない。救命帯とは、救命胴衣の先駆けであり、しぼんだゴムのチューブが腰回りに常に装着されていて、緊急時には膨らむようになっていた。軍人の制服と同じように、その帯は摩耗や破れることで穴が開いてしまった。穴から空気が漏れる救命帯のうえに、一・五キロの効果も怪しいサメ忌避剤なんて、船員が望むわけがなかった。

海軍は辛抱しきれなくなった。現在の貨幣価値では百五十万ドル相当にもなる、数千ドルの費用を費やしたというのに、実用的で効果のあるサメの忌避剤は一向にできあがらないどころか、一年前から進歩していないのだ。ＯＳＳは追い込まれ、プロジェクトは米国海軍研究試験所に引き継がれた。海軍が最初にしたことは、フィールドテストをより現実的にすることだった。スプリンガーもバーデンも、救命帯をつけた人間の代役としてボラの塊を使い、孤独に泳ぐ一匹のサンプル（落ち着いたサメ）をおびき寄せていたのだ。海軍研究試験所は、沈没船、墜落した飛行機、または「逆上したサメ軍団」のような、シナリオとして興味を引きつつ、示唆も与えられるようなシチュエーションが導く結末を、より明確に見積もりたかった。いわゆるエサの奪い合いは、心理状態であり、暴動の衝動が優先し、嗅覚は二の次と推測されていた。一九四三年八月、酢酸銅がミシシッピ州ビロクシー行きの海老漁船に積み込まれ、「雑魚」（エビじゃないからと振り落とされパニックになった検査サンプル）を守る能力があるかどうか、テストされた。何が起きたと思う？ 雑魚の大群に対して**ニキロから三キロ**の酢酸銅でも、船を追いかけてきた怒り狂った軍団に影響を与えることはなかった。「サメは一時も止まることがなかった」と報告された。

プロジェクト374への最後のダメ出しは、海軍大尉H・デイヴィッド・ボールドリッジ・ジュニアの論文「分析が示す、水性薬物への暴露による、サメの攻撃能力を奪うことの実行不可能性」だった。近づいてくるサメの速さに対して、希釈される速さと生き物が動かなくなるために必要な濃度を想定して、ボールドリッジは大量の薬物が必要になると示してみせた。「肉食性のサメの行動抑制というアプローチに対しては、まったく妥当でないと思われる」と結論づけた。バーデンの同僚がこう言った。「海の中では液体なんて意味がないですよ」。この次に、タコからヒントを得て、海軍の研究者たちは墨を使って捕食者から乗組員を守る方法を検討しはじめた。「群衆心理学」の条件下では、すべての捕食行動は、墨が薄くなりエサが見えるようになるまで一時的に止まったのだ。生産はすぐに開始された。シャークチェイサーの有効成分は、黒色の染料八十パーセントと、二十パーセントのピンク色のピルだった。ほんの気休めに、少量の酢酸銅も鍋（※2）に加えられた。一九四五年からベトナム戦争まで、緊急サバイバル用品として、米軍の艦船や飛行機の救命ボートや救命用ゴムボート、ライフジャケットに積み込まれていたそうだ。水星に向かう宇宙飛行士の着水後のサバイバルキットにまで、シャークチェイサーは入れられていたのだ。

このような状況であったものの、海軍上層部には懐疑的意見があった。海軍医学部事務局長のロス・T・マッキンタイアは、とても合理的な指摘をした。シャークチェイサーと大きな太字で書かれたパッケージは、現実的に海上でのサバイバルの脅威である、脱水、飢餓、溺れること、熱、そして寒さが訪れるその時まで、兵士の士気を弱め、恐怖を心に植え付けるのではないかというのだ。マッキンタイアの言葉を借りれば、サメは海軍の軍人にとって「無視できる危険」と考慮すれば、特にそれは当てはまる。

しかし、それはどれぐらい無視できるのだろう。意見は多岐にわたったが、手続きが進められていたある時点で、南太平洋艦隊の司令官がすべての海軍基地と病院船に、「サメに襲われ怪我をしたという、実際のケースについて」情報を求めるメモを発行した。最終的に報告されたのは二件だった（もう一件襲われたケースがあったが、それは後に「凶暴なウナギ」による攻撃だとされた）。ＯＳＳは時代を超越した諜報機関的やり方でそれに答えた。彼らは報告書を破棄したのだ。「サメの攻撃に関する報告書は貴殿の要望通り破棄された」と、一九四三年十二月、スタッフからハロルド・クーリッジ宛ての内密なメモに記されていた。

それはOSSにとってもう一つの匂い爆弾だった。彼らはたった一人の経験と、政治的結びつきに基づいてサメの忌避剤の開発をはじめ、それをサポートする信頼できるデータを持っていなかった。そもそもこの開発が行われるきっかけとなったエクアドルの事件を振り返ってみても、それがサメについての危険や恐怖の証拠ではなかったのだ。もし何かあるとしたら、それはサメの無関心や内気さの証明だった。搭乗員は三十一時間もライフジャケットを着てさまよっていたのだが、それでも彼は、海岸に辿りつくまで彼についてきたサメにひどい怪我を負わされるでもなく、浮上できたのだ。

軍人の士気を維持し続けたいのであれば、このような心強い事実と統計を開示するのがよりよい

※2　かの有名なジュリア・チャイルドの最初のレシピがサメの忌避剤だったという話を聞いたことがあるかもしれない。OSSの雇用記録には、彼女が確かにサメの忌避剤プロジェクト研究のトップ、ハロルド・クーリッジのために、一九四四年、緊急救助装備課で働いていたとある。彼女の役職は先任書記だったが、OSSのサメ関連ファイルには彼女の名前は見当たらない。彼女自身はサメの忌避剤シャークチェイサーのレシピに関わったと言及することはなかったが、参考にして、お風呂場で材料を混ぜ合わせたことがあるとは言ったことがある。これはいささか奇妙に思える。なぜなら、OSS本部では、忌避剤のプロトタイプが製作されたこともテストされたこともないからだ。これに私は疑問を抱いた。彼女は本当にシャークチェイサーを作ったのだろうか、それともただの良くできた作り話だったのか？

アプローチだったはずだ。マッキンタイアは「正しい情報はどんな忌避剤よりも、恐怖の緩和に広く役立つだろう」と書いた。一九四四年のはじめにそれをしたのは海軍だった。航空訓練課が、「シャーク・センス」と名付けられた冊子を、未来の飛行士たちに配布した。二十二ページに及ぶ資料で、泣き叫び、汗だくになり「助けて！」と叫んで逃げ惑うコミカルなサメのイラストが描かれていた。

そしてそれは事実であることが証明されたのだ。第二次世界大戦中に海に投げ出されて生存を果たした二千五百人の飛行士が、目撃したサメはわずか三十八頭で、そのうち怪我や死亡に繋がったのは十二頭だけだったのだ。

「シャーク・センス」は人々を安心させることはできたが、災害の最中に海に浮かんでいる人たちにとって最も必要とされる質問に対処することはできていなかった。それは、サメは海中に流れた人間の血液の匂いをかぎ分けられるというのは本当なのか？　騒音はサメの興味を引くのか、それとも恐れさせるのか？　動きはどうなのだろう？　泳ぐエクアドル人も含め、体を激しく動かすことがサメを恐れさせると言う人たちがいるのだ。しかし、その行動はサメの興味を引くだけと言う人たちもいた。誰も、よくわかっていなかったのだ。

一九五八年、海軍研究事務局の生物学部のトップ、シドニー・R・ゲラーがその答えを追求した。彼はサメ調査委員会（その名もずばり「サメ調査委員会」）に資金提供し、「インターナショナル・シャーク・アタック・ファイル」として今なお存在する、世界的なサメによる事故のデータベース構築に尽力した。デイヴィッド・ボールドリッジの九年にわたる統計的分析「シャーク・アタック・ファイルデータ」は世界に発表された。このデータベースには「我々が今日、サメの攻撃について知っていることのほとんどが収められている」ということだ（二〇一三年のアメリカ海洋大気圏局の報告書から引用している）。残りの情報の多くは、一九五〇年代にサメの捕食、嗅覚、そして摂食行動の調査に対して海軍研究事務局から資金提供を受けた研究より導かれている。「サメに関する調査でいいアイデアがあったとしたら、それはシドに会ったということだ」と、ボールドリッジは海面漁業報告書に掲載された、サメ研究史の解説の著者に語った。

アルバート・L・テスターはシドに会いに行った。彼にはいいアイデアがあったし、家の外の海には三種のサメがいたし、長さ十五・五メートルの実験用海水タンクが二つあったのだ。テスターは、マーシャル島にあるエニウェトク海洋生物学研究所で働いていた（エニウェトクはアメリカが核実験を行ったビキニ環礁（※3）のひとつ。研究所は放射能の降下が海に及ぼす影響に関するデータを提供した。もし何十年にもわたって死亡記事の追跡をした人がいたならば、エニウェトクのスタッフもいただろう）。テスターは具体的に何がサメを獲物に向かわせるのかの究明に着手した。サメは主に目に見えるものを狩るのか、それとも匂いなのか？　もし匂いであれば、なんの匂いなのだ？　誰の匂いなのだ？　もしサメの忌避剤が妥当な選択肢でないならば、水兵や飛行士にとってもっとも安全な策は、そもそもサメを引きつけないことではないか。

まずは良いニュースからはじめよう。人間の尿はサメを引き寄せない。ティースプーン半分からカップ三分の一の尿を与えられても、カマストガリザメは何の興味も見せなかった。興奮することも避けることもせず、素早く動きまわったり、あるいは「ぐるぐる回ったり」することで、サメが単に物質に気づいたことが示された。それはたぶん、ひそめる眉や、すくめる肩がない者が、プールでおしっこを確認したというサインなのだろう。

人間の汗も、同じくサメの興味を引くことはない。サメの家は大変暑く湿度も高くて、テスターも彼の生徒も、お互いの体をスポンジで拭うことで必要なものを得ることができた。そしてそれを海水の入ったバケツの中で絞って、静かにサメのタンクの中に入れたのだ。サメはわずかではあったが嫌そうにした。誰がサメを責められるだろうか。アルバート・L・テスターの汗は特にサメにとっては不快だったようだ。百万分の一という低い濃度でさえ、テスターの汗で捕獲されたツマグロは頭を振って、「そのエリアから急いで逃げ出した」とある。エクリン腺の冷却水である全身の汗は、ヒヤッとしたときの汗とは違う。ストレス下にある人間の脇の下からにじみ出る刺激臭を集めるという、モネル・ケミカル・センシズ・センターで私の友達が私にしたことをテスターもやっていたら、結果は違うものになっていた可能性がある。サメはもしかしたら苦痛を感じている際の匂いを嗅ぎつけ、簡単に捕まえられると思い、攻撃モードに入ったかもしれないのだ。

これこそサメの好む獲物がストレス下に置かれた時に、まさに起きることなのだ。サメは簡単に食べることができる食物を感知し、攻撃態勢に入る。テスターはバケツに入れたハタの集団を「動く棒で脅迫した」（べつの文章では「つつきまわし」とあった）。そして水をバケツの中からくみ出し（科学的に言い表すと、「ひどく苦しんだハタの水」）、サメのいるタンク内に注ぎ込むと、「暴力的な狩猟反応」が引き起こされた。獲物はタンクの外にいたことから、その攻撃はハタの姿や混乱した姿がサメの捕食行動を引き起こしたわけでないことはわかる。きっかけとなったのは、ハタの皮やエラから滲出（しんしゅつ）した化学物質である可能性が強かった。そして、そのトリックを導くのはどんなハタでもいいわけではなかった。「活発でないハタ」の水がタンクに注入された時には、サメはほとんど気にもしなかった。

魚の血液と内臓（魚の苦痛を知らせてまわる、この二種類の吹聴者（ふいちょうしゃ））もまた、サメの凶暴な狩猟反応を引き起こすトリガーとなるのだ。ボールドリッジが発見した化学信号はとても強力で、毛

※3　ツーピースの水着の開発者であるルイ・レアールは、爆発的に売れるようにと、それを「ビキニ」と名付けた。「ビキニ」の「ビ」は、接頭語として長年にわたって誤用された。例えば、「モノキーニ」（前から見るとワンピース、後ろから見るとビキニというスタイル）、「タンキニ」（セパレート型の水着で、タンクトップとホットパンツなどの組み合わせ）、「トリキニ」（タンクトップとビキニの組み合わせ）の発明者も「ビ（bi）」の意味をマーシャル語でツーピースだと勘違いしたのだ。実際のところ、ビキニとは「ココナツのある場所」という意味。うっかり使ってしまうと、あやしげな意味である。

皮に「ボラブレンド」（ボラに水を混ぜたもの）をコーティングすれば、サメはラットでも捕食した。通常はサメの味覚をそそるものではない。別の研究では、サメは魚の体から出た液が入ったボウルに浸したキッチンスポンジでも攻撃するように刺激された。ボールドリッジは「サメは魚の『ジュース』に浸されたものであれば、基本的に何であれ攻撃する」と書いた。

そしてその中には、海中で銛を使って魚を捕まえる人間も入る。特に危険なのは、その日に獲った魚を腰のベルトに結びつけて泳いでいる人、それから岩や船にロープをくくりつけた状態で漁をしている人たちだ。ボールドリッジが分析を行っている当時、「シャーク・アタック・ファイル」には、傷ついた魚と、魚の血液、あるいは内臓の存在が記された事故が二百二十五件記録されていた。テスターは「サメはその匂いを追跡することができて、苦しんでいる魚（例えば顎骨にフックを突き刺されて吊り下げられている生きた魚）に、相当なスピードと正確さで近づくことができるのだ」と感嘆した。

「シャーク・アタック・ファイル」でサメの犠牲になった人々の十七パーセントがウェットスーツを着用していたのだが、これは銛を使っての漁が原因だと考えられる。元々考えられていた理論は、サメが黒いウェットスーツをクジラと見間違えたために事故が起きたというものだった。きっとそういったケースもあっただろうけれど、それよりも銛を使って漁をする人たちが犠牲になったケースでは、ウェットスーツそのものではなく、そのアクセサリーが原因になった、つまり銛と、体液を流し続ける魚がサメを引き寄せたということがありうるのだ。

死んだ魚もディナータイムのお知らせだった。テスターは、カマストガリザメとメジロザメを、生魚を提供する寿司バーに招待した。マグロ、ウナギ、ハタ、フエダイ、ブダイ、オオジャコガイ、タコ、イカ、そしてロブスターも振る舞われた。そのすべてをテスターは、サメを惹きつけると格付けした。サメはリスクを嫌う。彼らは、抵抗を示すようなエサを求めてはいない。怪我をしているものがいい。死んでいたら最高なのだ。

これを考えた時に疑問に思えるのが、サメの肉を分解した忌避剤の品質である。これはテスターも同じように疑問に思った。彼は漁師から「ある種のサメの忌避剤」を、水産研究所から別のサンプルを、そして彼のチームが熱帯の暑さの下にシュモクザメとイタチザメの肉を一週間放置して作った忌避剤を集め、検査した。忌避効果を観察することはできなかった。それどころか、時にはサメを引き寄せる効果があったのだ。「我々が導き出した結果は、スプリンガーのそれとは相違している。説得力のある説明はない」とテスターは書いた。テスターはきっと知らなかったのだろう。サメの加工工場から支払われる見返りの、パワフルな引きつけ効果を。

魚の場合も、人間の場合も同じである。第二次世界大戦中に発生したサメによる攻撃の報告書では、何度にもわたって死体に関する言及がされていた。海水に浮かんでいた船員は興味を持って近づいてくるサメを、足で水を蹴り、水を攪拌(かくはん)することで追いやることができた(ボールドリッジは、**泳ぐラット**の後ろ足によるサメの鼻先へのキックでさえ、「驚愕反応と、その周辺からの急速な立ち去り」の原因になったとした)。「サメは死体を追いかけていましたよ」と、一九四五年に沈没したインディアナポリス号の生存者は証言している。この事故はサメの軍人への攻撃についての議論では度々引用される。海軍大佐ルイス・L・ヘインズは、アメリカ海軍医療看護局により行われた口述歴史プロジェクトで「私は百十時間にわたって海でさまよっていましたが、その間に誰かがサメに攻撃されたのは一度も見ませんでした……」。彼によると、サメは「死体で満足していた」ように見えたそうだ。ヘインズは手足を食いちぎられた遺体は五十六体回収されたと証言したが、そのうち、生きている間に手足を食いちぎられたことを示す証拠は何もなかった。

それではなぜ、サメは救命ボートの近くをさまようのか？　その下に求めるものがあるからだ。日陰を求めたか、それとも船の下に日陰を求めて集まった、より小さい海洋生物を食べるために、サメはそこに集まるのである。第二次世界大戦の水兵はこう回顧している。「小さな魚を求めてやってくる大きな魚。そしてその大きな魚を食べるために、より大きな魚が集まってくる。最後には奇妙な背びれを持ったやつらが、この大騒ぎは一体何だと集まるのです」。証言をもう一つ紹介させてほしい。私が個人的に好きなものだ。「サメは水中に沈んでボートの真下を泳いでいました……。私たちは息を殺してじっとしていたんです……。そしてレーダー技師は、転覆が怖くて舷側からお尻を出して水中に排便することをあきらめました。サメは何度かこの動きを繰り返しましたが、私たち人間には興味がないようでした」

ということで、現状は変わらない。海軍の人間をサメが噛んだという近代史における記録は、私が知る限り一件だけである。二〇〇九年、シドニーハーバーでテロ対策活動中であったオーストラリア人クリアランスダイバーの腕と足を、メジロザメがひと噛みで奪ったのだ。特殊作戦海軍の通信スペシャリスト、ジョー・ケーンに海軍特殊部隊へのサメの攻撃について訊いてみた。「あなた、質問のしかたが間違っていますよ」と彼は言った。「海軍特殊部隊がサメの忌避剤を必要か、ではなく、サメが、海軍特殊部隊に対する忌避剤が必要か、ということでしょう?」

近年、海軍ではサメの攻撃を防ぐための正式なカリキュラムは存在しない。危険を感じたらゆっくりと潜り、船の下に身を隠すように言われたと回想するダイバーもいた。一九六四年に制作された『サメからの防御方法』と呼ばれる空軍訓練映画では、飛行士たちに水中に息を吹きだし泡を作るか、水のなかで叫ぶようにアドバイスしていた。私はベテランのサメ撮影家ロバート・キャントレールにこのアドバイスについてどう思うか訊いてみた。キャントレールはサメとともに、囲いなしで泳いで三十年になる。興奮したヨシキリザメの集団に「カミカミ」という形容詞を使う男だ。彼の答えは、ボールドリッジやテスターが頻繁に口にしたものだった。それはサメの種類によるそうだ。水の中で叫ぶ方法については、一時的にオオジロザメの気をそらすことはできるだろうが、キャントレールは、イタチザメでは効果がないだろうと言った。気泡はヨシキリザメを怖がらせるだろうが、ほかの種類は無視するという。

最後の空軍の提案は謎解きのような、これだった。「紙を小さくちぎってばらまく」。私が想像するに、これはサメの気を散らせるという意味だろう。あるいは海に漂う水兵に紙の束を探すことに必死にさせて邪魔をするという意味かもしれない。とある調査でキャントレールは、古いベーグルを船外に投げてみたことがあるらしい。イタチザメがその上を素早く泳ぎ、オオジロザメは無視した。サメに遭遇したダイバーに対する、キャントレールからの大切なアドバイスは？「その体験を楽しめ」だった。

さて多くの水兵たちの心にある、この疑問に話を戻してみよう。人間の血液がサメを引きつけるってのは、本当なのだろうか？ ボールドリッジとテスターの実験の結果は矛盾している。血液に引きつけられているようにサメが動くこともあるし、それ以外では試験が行われたエリアを避けたりした。テスターは血液の新鮮さが要因なのかと疑った。彼自身の実験のなかで、カマストガリザメとメジロザメは、一日あるいは二日ほどの新鮮さの血液には強い反応を示した。〇・〇一PPMの低濃度の状態でも。しかし、ボールドリッジによる「シャーク・アタック・ファイル」のデータ分析はこの発見を裏切るものだった。千百十五件のサメによる攻撃事案のなかで、攻撃された際に被害者が流血していたケースはたった十九件だったのだ。「サメにとって人間の血液が高度に誘引作用があり、また興奮を呼び覚ますものであるという説を受け入れるのは難しい。なぜなら、多くのサメによる犠牲者は一撃を加えられた後、大きく開いた傷口から大量に出血しているにもかかわらず、それ以上の攻撃を受けていないからだ」と彼は結論づけた。

ボールドリッチの実験では、四種のサメに奇抜なメニューを提供した。出血しながら泳ぐラットである。哺乳類仲間として、ラットは人間の血液と同じぐらい魅力的な（またはまったく魅力的でない）血液を持っているはずである。しかし彼が予想していたように、サメは何の興味も示さなかった。

結論として、サメの攻撃の多くは、ほかの動物の攻撃と同じように、獲物をはっきりと限定しているのだ。夕食のように見えなかったり、その匂いをさせていなかったら、ディナーとして扱われることはない。捕食者は大好物の生き物の匂いに敏感である。サメが人肉を味わうことはない。サメが人間の血液を嗅ぎつけたとしても、飢えていない限り、それを追いかけようという気にはならないのだ。

その事実は、海で泳ぐことを楽しみたいけれど、生理中に泳ぐべきか心配する女性を安心させるものであ**るはず**だ。しかし、月経血はサメを恐れる上では特別のケースである。一九六〇年代のアメリカ海軍は女性の生理について無関心だった。しかし、国立公園局はそうではなかった。一九六七年、二人の女性が（そのうち少なくとも一人が生理中だった）が、グレイシャー国立公園のグリズリー・ベアに襲われた。その攻撃のきっかけになったのが月経血ではなかったのかと憶測が飛び交った。野生生物学者たちはそれに賛成せず、そのうちの一人であるブルース・クッシング（楽しいことにその後のクマの攻撃と月経の関連性の調査ではブルース・**ガッシング**（飛び散った液体）と間違って引用されている）が、データを収集するため立ち上がった。クッシングはホッキョクグマを研究対象に選んだ。なぜならホッキョクグマはほぼアザラシのみをエサとしており、動物の生理中の女性に対するこだわりを比較するための、明確な基準値を出してくれるからだ。

ファンのついた箱に入れられたアザラシの脂身の匂いを檻に入ったホッキョクグマに向かって流

すと、クッシング言うところの「最大級の行動反応」が起きる。ホッキョクグマは頭を上げて、その匂いをかぎはじめる。大量のよだれを流し、立ち上がり、歩きはじめる。声を漏らしはじめる。そして**うなり声をあげる**。クッシングがファン付きの箱にもう一つだけ入れたアイテムがあった。使用済みタンポンだった。それがホッキョクグマを唸らせたものだったかもしれなかった。鶏肉は同様の効果はなかったし、馬の糞もだめ、ジャコウ鹿の匂いもダメ、あるいは未使用のタンポンでもだめだった。似たような効果を発揮したもの、それは生理中の女性だった。女性はファン付きの箱には入っていなかったが、ホッキョクグマの入った檻の方を向けて置いた椅子に「静かに」座っていたそうだ。地球上の生き物の奇妙さに感嘆していたのだろう。クッシングは同じく、人間の血管から採取された普通の血液も試してみた。これは実験に参加していた四頭のクマのいずれも反応しなかった。

言い換えれば、ホッキョクグマにとってタンポンを魅力的にしたのは、血液ではないということだ。それはつまり……ヴァギナなのだ。そこからの分泌物が、えっと、ほんとにごめんなさいね、アザラシの匂いに似てるってワケなのだ。これはなんとも理にかなっているではないか。女性向けの衛生用品会社が香り付き生理用品の有効性を検査するために研究所に依頼するときに、この目的のために使用される標準的な匂いは「魚のアミン」として知られているほどだ。

ということで、ホッキョクグマにとって魅力的なのはタンポンから発せられる強いヴァギナのアザラシっぽい匂いであり、アザラシの味がしないなんてことは、ホッキョクグマにとってはどうでもいいようなのだ。五十二例のうち四十二例では、使用済みタンポンを乗せられたステーキ（科学的名称：「使用済みタンポンステーキ」）に遭遇した野生のホッキョクグマは、それを食べ、「激しく嚙み砕いた」そうだ。一番人気だったのはアザラシの肉で、常にステーキからはぎ取られて、消費された。通常の血液に浸したペーパータオル（ここでも、ステーキに貼りつけられていた）が食べられたのは三回だけだった。

このことから、私たちがサメについて理解できることはなんだろう？　女性は恐怖に震えるべきなのか？　言い切るのは難しい。アザラシの肉はどれだけサメにとってはおいしいものなのだろうか？　死んだハタはタンポンみたいな匂いがするのだろうか？　それは誰にもわからない。私が生理中だったとしたら、デッキチェアから動かないとは思う。

クッシングは、ホッキョクグマが使用済みのタンポンがお気に入りだったことから、ほかのクマ科の動物もそうなる可能性が高いと論文を締めくくった。しかしサメと同じく、クマもその種類によって大きく異なるのだ。森に住むクマはホッキョクグマのように、匂いの強い海洋動物が好きではない。グリズリーは鮭が好きだが、彼らは生きたものを捕まえる。ツキノワグマはゴミを漁る。だから、何年かにわたってどのように味覚を発達させたかなんて、誰にもわからないのだ。

この問題を解決するために立ち上がったのは、米国農務省林野部だった。一九八八年八月十一日にミネソタ州のゴミ置き場にいたのなら、逮捕の瞬間を目撃できたかもしれない。「使用済みタンポンをモノフィラメントの糸にしばりつけて、それを、ゴミを漁っていたクマに投げ与えてみました」と、中北森林実験ステーションのリン・ロジャースと二人の同僚は書いた。抜群のフライフィッシング技術が披露された。タンポンはクマの向こう側まで投げられ、クマの鼻先まで引きずり戻された。二十二本のうち、二十本のタンポンが無視された。実験場でもある給餌場に頻繁に訪れていたクマに、手から直接渡されたタンポンも同じ運命を辿った。もう、クマは戻ってくることはないかもしれないわね。

使用済みタンポンを五本まとめて縛って、ツキノワグマのグループに投げ与えた際も、タンポンは無視された。しかし、クマの通り道の真ん中に置かれたタンポンのうち一本には反応があった。四本が月経血を浸したもの、一本が普通の血液を浸したもの、もう一本は牛脂を塗ったものだった。十一匹のクマのうち十匹が「タンポンに鼻を近づけると、牛脂の塗られたタンポンを食べて立ち去った」

全般的に見て、国立公園の安全性とツキノワグマの忍耐力を証明した実験だったと言える。

フランク・ゴールデンは、冷たい海中で長時間さまよった際に人体に起きる出来事についての権威だった。彼曰く、「完全なる金鎚」である医師のゴールデンは、一九六〇年代後半から一九七〇年代初頭にかけて、この主題を海軍医科大学で研究していた。ゴールデンの古典『海で生き残るための秘訣』の見出しには、軍人や、船を放棄しなければならなかった人、飛行機を海上に不時着させなければならなかった人々が経験することになる、様々な恐怖が並べられていた。低音衝撃反応、息をこらえる時間の減少、泳げなくなる現象、溺水、二次性溺水、海水による潰瘍、入水急死、氷の下に閉じ込められる、ひどい低体温症、油による汚染、浸水足、亀の血液（※4）、日焼け、波しぶき、浸透圧性下痢、救助搬送時の心停止、体温が戻った時の心停止などである。サメの攻撃についての見出しはなかった。サメは索引にも載っていなかった。

海底近くに沈む潜水艦に搭乗する海兵隊員にとっては、このような、海面で発生する危険と不快感を伴う出来事など、すべては遠く、甘い夢のようなものだろう。

※4　自分が何をしているのか理解できていれば、これはさほど悪いケースというわけでもない。第二次世界大戦中に海の事故からの生存者について記しているハロルド・クーリッジが話を聞いた、船の沈没から生き残ったノルウェー人、カーリー・カースタッドは自分のしていることを理解できていた。彼が夜に亀を捕まえると、その血は冷たくさわやかだった。そして「血液の凝固がはじまる前に飲み干さなくちゃダメだ」と彼は助言したそうだ。体腔液だって無駄にしちゃだめ！　二十二キロほどの亀であれば、二カップほどのコンソメを体内に持っている。「すごくおいしくて、魚の味があまりしない」そうだ。ちなみにサメは「特に凶暴でもなかった」らしい（たぶんおいしくもなかっただろうけど）。

That Sinking Feeling

第十二章 沈む

海でなんだかヤバイとき

圧力がかかっている時に、水が発する音がある。出ようとしているのに、穴が小さすぎる時の、あの音だ。夏の芝生の、あの楽しげなスプリンクラーの音。ほら、わかるよね、**プシュー**…… しかし、夏でもなければ芝生もない海兵隊員にとって、それほど不気味な音もないだろう。絶対に漏れてはならない場所に、水が漏れている音なのだ。漏れた鉄管、破裂したパイプ。海がドアに片足を突っ込んだ状態だ。深く沈んでいればいるほど、かかる力は大きくなる。海底百メートルにもなると、水は直径五センチの穴を開けるほどの威力で、膝の関節を曲がってはいけない方向に曲げるだけの力を持っている。水深三百メートルまで潜れば、直径二十センチの穴が、三分でオリンピック用プールを船内に作ってしまう。すぐに直さなければとんでもないことになる。沈没だ。

私はそのプシューっという音をたくさん出している、潜水艦のエンジンルームを見下ろしている。十一人の男性がびしょ濡れになりながら、漏れた箇所をのぞき込んでいる。最初は三箇所。今は四箇所だ。私たちがいる場所は、海抜六十メートルのコネチカット州グロトンの建物内部だから、水没する可能性は極めて低い。この部屋は大型の模型で、海軍潜水艦学校のダメージコントロール訓練所、またの名をウェット訓練所、またの名を「海軍の軍人が悪態をつく理由」。私は水に濡れていない、とても大きくて見通しの良い（なんとワイパーつき！）窓の側にいて、エンジンルーム内で毒づきまくっている軍人たちを眺めている。

私と一緒に窓の側に立っているのは本日の指導教官である機関兵曹長アラン・ヒューだ。数分置きに彼は制御盤で水漏れを管理している同僚に指示を出すのだが、彼が主に見ているのは生徒たちだ。彼は成績をつけ、そして彼らにその内容をフィードバックしている。フィードバックするために、彼は窓からサインを送る。窓越しでは、そして例の**プシュウウウウウウ**という音が鳴っている限り、彼の声は聞こえないからだ。**漏れには二人。当て布の作業をしろ。水流の中ではヒモで縛るな。**このような指示が書かれた板は固い材質の赤いプラスチックでできており、これを作った人は一体なんのことだろうと疑問に思ったに違いない。

今日、潜水艦は現代的なテクノロジーで動かされてはいるが、何か問題が起きた時に軍人たちが使う道具は、木造帆船の時代のものと大差ない。私たちが見ていた軍人の一人は麻綱を使っていた。穴の二センチほど下から細い綱を固く巻いて、開いた穴を一回巻くことで塞いでいた。「松の栓」とは、ただの木製の栓だが、主にブロックのセットを組み立てる時や、幾何学の授業で目にするものである。開いた穴に栓の先を、入るだけ打ち込んでいくのだ。松が水を吸収すると膨張し（松はほかの木に比べてもっとも膨張する）、その穴にきっちりと収まって、より効果的な栓となる。

「警告音」とヒューが肩越しに言った。制御盤で作業をしていた男性はエア・ホーンを鳴らして生徒たちが手をとめて上を見るように促した。ヒューは指示板（ハンマーは両手で）を差し出しながら、ハンマーと栓を水流によって、毛糸玉で遊ぶ子猫、もしくはゴジラにもてあそばれる子猫のごとく吹き飛ばされてしまった若い男性を指さした。十回に九回はこうなるのだとヒューは言った。栓をなくすか、ハンマーをなくすか、時には両方をなくしてしまう。一平方インチにつき九十ポンド（重量ポンド毎平方インチ）は、幾何学の授業を「尖ったミサイルの危険因子」の授業に変えてしまう。その軍人は彼の数メートル後ろで、水に浮かんで動きまわる栓を回収した。「松のいいところは、浮くところですね」とヒューは言った。

しかし、ハンマーは浮かない。「だから彼らには言うんです、『ハンマーチャンス』って」。ハンマーを落としてしまったら、持っているものをなんでも使えという意味だ。これは栓にも同じことが言える。アルカイダが米海軍駆逐艦コールの船体に十二メートル×十八メートルの亀裂を生じさせた時、乗組員はそこに詰められるものならなんでも詰め込んだ。「マットレス、木材、係船索、スニーカー……」ヒューは真面目な顔で言った。「すべて丸めて穴に突っ込んだんです」。それには三日かかったが、機関部への浸水は治まった。

私は、ヒューが同僚二人とシェアしている事務所でヒューに会っていた。カラフルで奇抜な緑とベージュのストライプ模様の派手なピーナツバターの瓶が際立っていた。アメリカ軍をその色で塗ってやろうと誰かが考えたのだろう。ヒューはやせ形で手足が長く、青白かった。彼の前歯は目立つほど出っ張っていて、子どもがベッドでジャンプしている時のように、話すと切歯が下唇にひっかかった。彼は、「それら」を「彼ら」と言う人々の暮らす地域で育ったらしい。しかしヒューが愚かだということではない。彼は誰かがその名前を言い当てるよりも早く、蒸気タービンを取り外すことができる。

今日、漏れを止めるために使われた道具以外のものはすべて、パッチとして分類されている。この用語は適切ではあるけれど、誤解を招くほどのんきな響きである。これは、ズボンにパッチを当てることとはわけが違う。これは、水を吹きだしながら荒れ狂うホースにパッチをすることなのだ。上から破裂した部分を塞ぐことはできない。パッチは、燃え盛るゴミ箱に毛布をかけるようにして、横からかぶせるようにして、そしてきつく固定しなければならない。

ヒューは二人の軍人がストロングパックと呼ばれる中型のパッチの取りつけに失敗する様子を見ていた。彼らが使っていたヒモは、水圧六千ｐｓｉまで耐えることができるように作られている。「ということは、九十ｐｓｉで漏れている水に対して、彼らが行った作業はお粗末きわまりないということですよね」。ヒューが示したいサイン「どうにかしやがれバカ野郎」は残念ながら存在しないのだった。

ヒューが生徒たちに厳しいのは、現実が突きつけるものに比べれば、ウェット訓練所なんて子ども用プールのようなものだからだ。一九三九年、試験的な浸水時に約八十センチのエアバルブが閉じなくなった際のできごとは、このようなものだった。それは水深十五メートルの位置にいた米軍艦スコーラス内部で起きた。「スコーラス全体に配置されていたパイプの迷路に海水が流れ込んだ。制御室には、海水が噴き出していた」。私は『最悪なできごと』に記されたピーター・マーズの説明から引用している。「男たちは狂ったように作業をした。つかまれるものにはなんにでもつかまって、なんとかまっすぐ立っていた」。そして停電がはじまった。

そして次は、一九四四年十月二十四日、米軍艦タングの潜水艦パトロール報告書からの引用である。この日、魚雷が海底にぶつかり、鋭く左に折れて船尾に大きな穴が開いたのだ。「タングは船尾から沈みはじめた。まるで水平の位置に固定された時計の振り子を落としたようだった」。ローレンス・サヴァドキン中尉がその状況を振り返っている。「船は突然下の方向に沈みはじめ、人間や道具がぶつかり合い、私の横を、水と一緒に流れていった」。ウェット訓練所は、傾きはしないけれど、ロードアイランドにある軍人教育コマンドにある、バターカップというニックネームがつけられた戦艦は傾くそうだ（実際のところ、相当本格的に傾くようだ。ヒューは「バターカップを救うことは難しい」と言っていた）。サヴァドキンは、事故を振り返りつつ、控えめで事務的な表現を用いて「この時の混乱は大変なものであった」と、結論づけた。

このように極限的なシナリオの場合、乗組員はパッチと栓を諦めて、防水ドアへと急ぐ。潜水艦を三つから四つの防水コンパートメントに区切っているのは、洗濯機の前の扉についている窓か銀行の金庫室の仲間のような、大きくて分厚い円形のハッチである（見た目と浸透性という点で似ている）。扉の向こう側は完全に満たされてしまうが、水はそこで止まる。どのぐらい海水が流れ込んだかによるが、「緊急浮上」が指示されることもある。加圧された空気は、食べ物を喉に詰まらせて紫色になった客にハイムリッヒ法（訳注・異物を気管に詰まらせて窒息しかけた患者を救命する応急処置。患者の後ろに立って手を腹部に当て、突き上げるようにして横隔膜を圧迫する。これにより肺が空気で押され気管から異物が除去される）を試した時のように潜水艦内部のバラストタンクを空にする。望みは、この攻撃を受けた船を軽くして、空洞化し、流れ込んだ水の重さに打ち勝つことで、海水に浮上することである。

「十分な気泡を得ることができなければ、沈むだけです」とは、ダメージコントロール・トレイナーから数軒向こうにある海軍潜水艦医学研究所のジェリー・ラムの言葉だ。私はアラン・ヒューとびしょ濡れの生徒たちに別れを告げて、ラムと、彼の片腕であるイギリス王室海軍出身で軍医中佐のジョン・クラークに会いに来た。両者とも、ダメージ管理に続く、潜水艦からの脱出と救助に精通していた。

ラムは私にコーヒーを注いでくれ、クラークはミルクを探しに行ってくれた。彼は一分後に戻ってくると、日付を読んでこう言った。「一月二十日。たぶん大丈夫」

「何年の？」と聞いたジェリー・ラムは、ひょうきんで、楽天的だ。海軍に二十五年も勤めたのだから致し方ないが、彼の陽気さは少し古くさかった。だって、海軍である。賢い人と、マヌケな官僚。会議、書類仕事、学会。少し前にラムが「ミサイル防衛ランチ」なんて言ったのを聞いたばかりである。水の入ったピッチャーの下に敷かれたナプキンと、飛んでくる弾頭についてのパワーポイント資料を想像した。ランチの気分になんて、なれるものなの？

潜水艦タングもスコーラスも、十分な気泡を得ることができなかった。海底に沈んだ潜水艦の中で真っ先に遂行すべきは、救助隊へ警報を送ることである。そして、現在では、各潜水艦のコンパートメントには、照明弾、発煙筒、位置を示すブイが搭載された小さな発射管が装備されている。第二次世界大戦の時代の潜水艦に搭載されていたブイは、ある意味、海の真ん中に浮かぶ電話ボックスのようなものだった。「潜水艦　ここで沈んだ」と、スコーラスのブイには書かれていたそうだ。「電話が中に入っています」ともあった。「ニューヨーカー」誌に掲載された、意味のわからないマンガのようであっただろう。そこにはもう一行必要だったのではないだろうか。「いや、**ほんとに沈んでるんだって**」。沈んだ潜水艦とブイは電話線で繋がっていた。救助船が現れたら、乗組員が浮かんでいるそれを引っ張って、なかにある電話を取り出すのだ。ピーター・マーズはこの時のことを著書のなかで回想している。救助船の司令官ウォレン・ウィルキンは受話器を取って明るい声で、「何かありました?」と言ったそうだ。まるで、側道に停まっているルーフトップの開いた車に自分の車を横付けして、質問するように。

潜水艦スコーラスの艦長は(ここでも、大災害に直面して呆然としているように思えるが)陽気にこう答えた。「こんにちは、ウィルキーさん」。ウィルキンの船はすぐに大きく揺れてケーブルは切断され、その先のコミュニケーションは船体をハンマーで叩くことによるモールス信号に切り替えられた。

もちろん、一九四〇年代に比べて技術は進歩している。現代版の位置を示すブイ、SEPIRB(非常用位置指示無線標識装置)は、コード化されたメッセージと潜水艦のIDと場所の情報を衛星経由で、最も近い救助調整センターに送信する。ブイはいまだに小さなチューブ経由で放出されるが、理想を言えば、冷戦時代の潜水艦のように、チューブは船体に溶接されていない方がいい。というのも、意図せず発射してしまい、スパイ活動を行っていたソビエトの潜水艦に自らの位置を知らせてしまったことがあるのだ。位置を知らせるブイが発射される前に、誰かが油性鉛筆で、できる限り内部の情報を記す。潜水艦（そして乗組員）のダメージ、酸素の質などである。

次に何が起きるかは、状況がどれほど悲惨かによる。アメリカの各潜水艦内部には、大きくて白い『機能しなくなった潜水艦からの脱出ガイド』とラベルの貼られたバインダーが入っている。その表紙には、脱出するか、それとも留まるかを決めるチャートが掲載されている。そこには三つの質問が書かれている。イエスかノーかで答えるものだ。浸水は制御されているか？　火は消し止められているか？　もし消し止められていて、状況が安定しているとすれば、そのまま「留まる」が正解となる。救助艇を待つのが正解だ。水深百八十メートル以内の場合、沈んだ潜水艦から脱出して水面に出ることは可能である（「こんにちは、ウィルキーさん！」）。しかしながら、今から述べる理由により、それは最終手段となる。

アメリカの潜水艦は、最低でも一週間は電力なしで酸素を供給し、二酸化炭素を排出する性能を備えている。クラークはこの一週間を「底の生存性」と呼んでいる。彼の言う「底」とは、まさに海底のことだが、イギリスのアクセントだと、私の耳にはどういうわけか、なんとなく卑猥な言葉に聞こえるのだ。底（ボトム）とは、「おしり」が救われるということなのかしら？　七日間とは、救助が到着するまでにどれぐらいの時間がかかるのか、最大限の日数という意味だ。十五の国々とNATOは潜水艦の救助システム（減圧可能で深くまで浸水することができる車両）を保有しているが、それぞれ到達できる深さが違う。また、水深六百メートルより深い地点で機能することができるものは一台もない。そもそもその深さではどんな潜水艦でも機能しないのだが（最新鋭のアメリカの潜水艦の「押しつぶされる水深」は機密情報（※1）であるが、知識に基づく推論では、それは八百メートルあたりとされる）。

クラークは七日よりもはるかに長く持ちこたえられるかもしれないと付け加えた。「なぜなら、乗組員の割合もありますから」。彼の言葉の意味に気づくのに少し時間がかかった。彼は、酸素はたぶん一週間以上持つだろう、なぜなら、乗組員のうち何割かはそれを必要としなくなるからだと言いたかったのだ。スコーラスの乗組員のうち、二十六人の男性は悲劇が起きた直後の数分で溺死した。防水扉が完全に閉じられた後の海水の流れ込むコンパートメントに彼らは閉じ込められたのだ。

飢餓について心配する者は少ない。潜水艦は港を離れる時に十分な食糧を積み込んでいるからだ。実はあまりにも多くの缶詰めが積み込まれるため、小さな潜水艦の貯蔵庫が溢れてしまう場合がある。その結果、潜水を開始して最初の数週間は、通路に缶詰めが敷き詰められる。海水淡水化装置が機能していない場合、飲み水は懸念事項になるだろう。『機能しなくなった潜水艦からの脱出ガイド』には、断固とした水の保全戦略が記されている。「トイレを流す回数を最小限にする。三回の使用につき一回流す」とある。匂いを管理するために、『機能しなくなった潜水艦からの脱出ガイド』は、バグジュースを作るための粉を使えとあった。バグジュースの強い酸味は指摘されており、それが理由でこの粉がトイレに使われるのではと推測した者もいたが、バグジュースに対する脱出ガイド編者の意見と考えることも可能だ（あんなものは流してしまえ）（※2）。

そして待つのだ。スコーラスの乗組員たちは、悲しそうな表情で魚雷部屋の床で身を寄せ合い、パイナップルの缶詰めを食べた。スコーラスの乗組員も、タングの乗組員もパニックを起こした様子を見せなかったのは特筆に値する。タングに搭乗していた艦長は報告書に「誰もヒステリックになったり、混乱した者はいなかった。最後の方では、会話の中心は家族のこと、そして愛する人のことになったように思う」。一九二七年、間違いで追突され、沈んだ潜水艦S-4の船体から送られてきた最後のメッセージは、「お願いです。急いでください」だった。面倒で、時間がかかるのに「お願いです」と書いたその気持ちを思うと、つらくなった。まさに、これが海軍なのだ。最後の瞬間まで、礼儀正しく、丁寧なのである。

スコーラスの乗組員たちは、不幸中の幸いだったと言える。海軍初の潜水艦救助チャンバーが、

※1　「トップシークレット」というフレーズは古くさいスパイ映画の中で使われているだけだと思うかもしれないけれど、これらは本当の機密情報なのだということを忘れてはならないと思った。ナビゲーションルームのドアにかけられているサインに「トップシークレット：立ち入り禁止」と書かれているのを見たけれど、それを真剣に受け取るのは、私には難しいことだった。今となっては「女性立ち入り禁止」と付け加えられたかもしれない。乗組員専用ラウンジのプリンタに貼られた、「シークレットプリンタ」というラベルも見た。**シークレットプリンタだって！**

※2　アンドリュー・カラムのコメントでこれと同じぐらい傑作だったのは、冷戦時代の潜水艦乗組員の回顧録『超低音性の帆船』にある。「バグジュースには味などなくて、色だけついていた」

ちょうど完成し、テストされたところだったのだ。スコーラスはその初めての救助作戦だった。三十三人の乗組員がそれに乗り込んで浮上を果たした。チャンバーは改良された釣鐘形潜水機だった。逆さまにしたコップを水中に沈めるように、内部に閉じ込められた空気は、水を外に押しやる。潜水機には、潜水艦のハッチの外側に開口部を固定し、ボルトで留めるための運転手が乗り込んだ。潜水艦のハッチはようやく開かれ、乗組員の集団がチャンバーへと乗り込んだ。

これよりも前の時代、沈没は死刑宣告も同然だった。潜水艦のハッチにとってはわずか数センチの水でさえ十分な圧力となって、開けることは難しい。車のドアでもそれは同じことだ（もちろん水を中に入れて圧力を同じにすれば開くのだが）。一九二〇年代の小型の潜水艦では、空気は、約三日ほどもったそうだ。それはいわゆる「鉄の棺」と呼ばれたS-51で、海軍少佐チャールズ・〝スウェード〟・モムセンが人々を潜水艦から救い出す方法を見つけるきっかけとなった。モムセンの潜水艦はその現場にいち早く到着した潜水艦のひとつだった。乗組員にできたのは、水面の油膜を見つめることだけだった。「完全にどうしようもない状態だった」と、モムセンは友人宛の手紙に書いた。潜水艦が引き上げられた時、乗組員の死体の指は裂け、血が流れていたと言われた。十五トンの海に抗い、ハッチを開けようともがいたのだ。

アメリカの弾道ミサイルを搭載した潜水艦の大半が、その圧壊深度よりも深い地点でほとんどの時間を過ごす。「鉄の棺」という言葉はある程度正確なのだ。圧壊深度とは、極度の水圧に船体が負けて、内側に向かって爆発することである。ジョン・クラークはこれを大きな爆弾の中にいる潜水艦に喩えた。潜水艦は内側に向けて砕け散る。乗組員はどうなるかって？「想像してみよう」とクラークは言った。「金属部品が内側に向かって破裂する。その途中にあるものはすべてメチャクチャに引き裂かれ、バラバラになって砕け散る」。誰もあなたを助けてはくれない。一九六三年の四月十日、潜水艦スレッシャーが圧壊し、乗員百二十九名の命が奪われた。「海底で粉々に砕け散っていた」とジェリー・ラムは言った。

現代の潜水艦が深海に頻繁に出入りしていることを考えれば、そもそも救助や脱出システムの必要なんてことがあるだろうか？　乗組員の一人が言っていたけれど、「父さんと母さんを安心させるため？」に、それは単に存在しているのだろうか。いや、そうではない。飛行機の緊急脱出用滑り台よりも、必要性は高い。なぜなら、飛行機の場合と同様に、ほとんどの衝突が到着か出発の際に起きるからだ。

潜水艦タングが潜ったのはわずか水深五十五メートルだったが、救助活動は、戦況に左右され、難航した。タングは日本の何艘かの船の真ん中で沈没したために、一晩、魚雷で攻撃し続け、潜り続けた。最後には、淀んだ空気が乗組員の手を止めた。機密書類から煙が出て、海水が電池にまで到達し、有毒な塩素ガスを放出した。大災害のはじまりである。「留まる」から「逃げる」にどの段階で変えるかのチャートなんてお呼びでなかったのだ。

スウェード・モムセンがこのタイプのシナリオのために発明したものもあった。第二次世界大戦中の潜水艦には脱出トランクとモムセンラングが搭載されていた（この「肺（ラング）」は着用できる酸素供給機で、水面に到達すると浮き輪のようなデバイスに手動で変形させることができた)。宇宙船の気圧調整室のように、脱出トランクは内部と外部の圧力を同等化できる。潜水艦の場合は、これがハッチを開いて、ラングを身につけた軍人たちが自由に海へと脱出する手助けをする。潜水艦タングは、釣鐘形潜水救難機の助けなしで軍人たちが脱出することができた最初の潜水艦だった。九人が脱出したが、その後、四人が溺れたか、行方不明になった(戦争の超現実主義的な儀式として、五人の生存者は凍てつく海から敵によって引き上げられた。タングの艦長は、彼らを「火傷を負い、手足を失った我々の生存者」と表現した。この後彼らは、殴られ、そして捕虜として収容所に送られたのだった)。

モムセンラングを身につけタングの魚雷室にいた人たちには何が起きたのだろう? 彼らはなぜ脱出しなかったのか? 彼らはどうやって脱出したらいいのかわからなかったのだ。巡回報告書には「男性の大半は、モムセンラングを使用するための適切な訓練を受けておらず、また脱出タンクの操縦の訓練を受けていなかった。そのため、自らの脱出能力に自信が持てず、それが敗北の感情を引き起こしてしまった。最初の二人が脱出を試みた後は、自分たちの身に何が起きようとしているのか知りながらも、脱出を試みた男性はいなかった」。彼らの様子はすべて、脱出に関する要約に記されている。水中兵器担当下士官のメイト・フルーカー「二度目の挑戦以降、何もしようとはしなかった」。名前のわからない少尉「トランクから放心状態で担ぎ出された。もう挑戦したくないと言った」。名前不詳の機関兵曹「最初の挑戦以降、脱出をしようとはしなかった」

少し訓練を受けてさえいれば、状況を変えることができたかもしれなかった。「誰もが脱出のしかたを読んではいたものの、誰も一度たりとも実際にその動きを最後まで試したことがなかった」と報告書にはあった。一九三〇年、スウェード・モムセンの訴えにより、脱出訓練タンクはグロトンにある潜水艦基地に配置された。潜水艦に搭乗する兵士すべてに、その動きを習得する機会が与えられるように望まれてのことだった。

海軍潜水艦学校の加圧型潜水艦脱出訓練所は、十二メートルの深さで八万四千ガロンの水をたっぷりと使用する。これはホテルのスイミングプール内の水と同じほどの量である。しかし、直径はジャグジーサイズと言っていいだろう。それはうっかり落ちてしまうタイプの穴で、例えばマンホールなどがよい例になると思う。なぜなら、そこにあることに気づかないからだ。青い水と声がこだまするタイルの壁にもかかわらず、それは「プール」という言葉はふさわしくない。これは海を模した柱のようなもので、たった一つの、まったく楽しくない目的のためだけに存在する。沈没した潜水艦からの脱出を訓練するためのものだ。

二十六人の潜水艦学校の生徒が、お揃いの海軍ブルーの水泳用トランクス姿で水の周りに立っていた。彼らはまだ十分若く、背中のニキビの数はタトゥーの数を上回っていた。十年も経てばそれも変わるだろう。海軍ボーイズは、まるで日焼け跡のように気軽にタトゥーを増やす。毎年少しずつ、違う港で増やしていく。最初の訓練は、水深五メートル地点の水中にある脱出トランクではじまる。呼吸のための機械は身につけずに、ライフジャケットのみ着用する。指導官はそれを「吐き出し浮上」と読んだ。私が後々オペラのレビューを書くときのために使えるように、しまい込んでおくタイプの専門用語である。

息を吐き出すという言葉は、強調されるべきである。深い場所から上昇する場面に直面すると、泳ぐことになれていない者は息を止めようとする。生きるためではなく、浮かんで水面に出ようとするためである。彼らは元々肺にいっぱいに溜まっていた空気は、上昇して水圧が低くなると膨張することに気づかない。呼気が膨張しきってしまえば、空気と血液中のガスの交換が行われる小さな袋である肺胞を破裂させる。これが起きてしまうと、血流の中に空気の泡が混ざる。空気塞栓症である。これはまずい。救命救急ランチの開催だ。泡は血栓のような動きをして、血流を止めて臓器を酸欠状態にしてしまう。その臓器が脳や心臓だった場合、組織の破壊は命取りになる。潜水艦タングのパトロール報告書には、脱出トランクを使って脱出したにもかかわらず、その後消息を絶った四人の男性に起きたのがこの状態だったのではとの推論が記されている。モムセンラングのマウスピースを失い、息を止めることが引き起こす結果に気づいていなかったのではないかということなのだ。

「それは潜水艦学校の行動規範です」と、指導教官であるエリック・ネイバースは言う。「息を止めてはいけない」のだ。ネイバースは、ダイビング・オフィサーという刺激的な地位にあるし、鍛え上げられているようにも見える。髪は短く刈り込まれていて、結婚指輪はタトゥーで彫り込んであった。何であっても、ウェットスーツを着たエリック・ネイバースの流体力学的流れを崩すことはできない。

息の吐き出しを調整するために（早すぎず、遅すぎず）、若者たちは、バースデーケーキのろうそくを吹き消すマネをするよう指導されていた。叫ぶことも効果的だ。息を止めることを諦めさせるために、ネイバースと彼の同僚の指導員たちは、空気を入れた革製のワイン袋をプールに沈めて見せるそうだ。ワイン袋が浮上し水面に到達するや破裂する。

ネイバースと立ち話をしている時、私はワイン袋のことをボタ袋（訳注・スペインで用いられる革のワイン入れ）と言い続けていた。ネイバースは私の話をとうとう遮って、言った。「それってなんの話ですか？」

え？　違った？　私、何か間違えた？　ほら、あれでしょ、ヤギ革のバッグで羊飼いたちが肩から斜めがけにしてる、アレでしょ？　スペインの、ほら？　口を開けてそこにワインを注ぎ込むみたいな？

ネイバースは私を見て戸惑った。「僕が言っているのは箱ワイン（訳注・アルミもしくはポリエチレンの袋にワインが詰められており、その袋を硬い紙の箱に入れたもの）の中に入っている袋のことですよ」

その日の私の案内役がネイバースと話をしていて、彼女が彼のことを「ジム」と呼ぶことに気づいた。これで、彼のＩＤには「エリック・ネイバース」と記されているのに、ジム・ネイバースのアルバム（『キス・ミー・グッドバイ』）が事務所の壁に飾られていた理由がわかった。

「随分長い間抵抗したんですけどね」と、私がそれについて尋ねると彼は言った。ネイバースなんて名字であれば、何を言ったとしてもジムと呼びたがる人間はいる。「だから結局、諦めたんです」

破裂する袋は動画に差し替えられた。というのも、本物はあまりにも怖ろしいので、その後、誰も脱出トレーナーに乗りたがらなかったのだ。それに対処できる生徒もいるだろうが、今日のこの場所には不安感がつきまとっていた。生徒の中には泳げない人間がいるのだ。海軍への入隊条件は最低限のものだ。プールの端から十五メートルのところに投げ入れられたら、どうにかして端まで戻ってくること。海軍に入隊するために、水が好きでなくてはならないという条件はない。私が会った潜水艦乗組員は「僕は風呂だって好きじゃない」と言っていた。

ネイバースは今から行われることの順序を説明した。二人一組になったダイバーが、上昇をはじめる時まで生徒に付き添い、正しい調子で息を吐き、耳抜きを完了させ、パニックに陥っていないかを確認する。そして生徒を浮上させるのだ。これは数秒で終了する。「君たちが水の上に顔を出したら、ダイバーが『大丈夫か?』と声をかける」とネイバースは言った。「そうしたら、自分の名前、階級、そして『大丈夫です!』と叫べ」(叫び声があがったら、クリップボードを手にして立っている男性が名前の横にチェックを入れられるから)。「わかったか?」

「イエス、サー!」

数分後、最初の生徒が水面から顔を出した。十分な空気と安堵とともに、浮上することができた。彼の体を受け止めるためにダイバーが待機し、プールの端まで彼を導いた。自分がどこにいるのか理解できずにこのシーンに直面したら、**「洗礼式なの、これ？」**と考えるかもしれない。

「大丈夫か？」とダイバーが叫んだ。

「ああ」と、ネイバースとクリップボード男が視線を交わした。今日はガキばっかりだな。

とある生徒が浮上を諦めた。赤いローブを羽織っているから、それが誰かは、はっかりとわかる。ほかの生徒たちは青か黄色のバスローブを身につけているからだ。これは彼に恥をかかせるために行われたことではなく、スタッフが「赤いローブの人間」をはっきりと認識し、万が一、医療問題が発生した場合に備えて、スタッフが常に注意を払い見守ることができるためだ。このケースの場合は、ただ怖くなってしまっただけだった。彼は溺れることへの恐怖を打ち明けた。私は彼の裸足に彫られた伝統的な海軍式「溺れないためのタトゥー」を、ちらりと盗み見た。それは永遠に消えることのないインクで描かれた豚とニワトリの絵で、双方とも片足しかなかった。古いフリゲート艦が沈んだ時、船の食材として積み込まれていた豚やニワトリが水面に浮かんでいるのが目撃されたのが由来だった。

その生徒の友達は同情的だった。彼が望んでいたものは「一つのチーム、ひとつの戦い」だった。ブラザーフッドという言葉が、潜水艦乗組員たちを描写するときに使われていたのを聞いたことがある。海軍の七パーセントにあたる彼らは、緊密な共同体だ。特に、各潜水艦においては。航空機の乗組員が六千人いるところに、米軍潜水艦隊は二百人である。小さな潜水艦が原因で生み出されるパーソナルスペースの減少だけではなく、何ヶ月にもわたる孤立と、最近になるまでは女性の不在ということもあった。「抱き合ったり、頭を撫でられたりがよくありました」と、海軍潜水艦医療調査研究所の心理学者が教えてくれたことがある。「彼らのスキンシップの多さに驚かされたことがありますよ」

必然的に、これは噂を加速させた。『超低音性の帆船』の著者アンドリュー・カラムは、バーで仲間と座っていた時、「スキマー」（海上勤務の乗組員）が入ってきた時のことを教えてくれた。「俺たち全員が潜水艦の乗組員だと気づくと彼はこう言ったんだ。『ああ、あんたらのことだったら知ってるぜ。百四十人が潜って、七十組のカップルになって戻ってくる』ってね」

「それは真実じゃないですよ」とカラムは無表情に言った。「3Pって場合もあるでしょ」

アメリカ潜水艦フォースが女性職員を採用しはじめたのは二〇一〇年で、二〇一六年には入隊もはじまった。いまのところ、順調だ。ラリー・ラムは最近のタバコの禁止令の方がよほど騒ぎを引き起こしたと言った。そして実際には、こんな事件が起きた。私が訪問する前日、「ネイビータイムズ」誌が、戦艦ワイオミングに搭乗していた女性将校が、シャワーを浴びる姿を盗撮されたと暴露したのだ。

私はネイバースに、エスケープトレイナーの中では放尿禁止だと生徒たちに言う必要があるかどうかを尋ねた。

「それは議論のトピックにもあがらないですね。放尿はしますので」

私は彼がダイバーだったことを忘れていた。ダイバーはウェットスーツの中に放尿すると教えられたことがある。私？ したことなんてないわ。「私は海の中でだって、おしっこできません」

クリップボードを持った男性がネイバースをちらりと見た。そのちらりは「**マジで？**」とでも言っているようだった。**ちょっとは楽しめよ**と言っているようにも見えた。

生徒たちは吹き抜けまで一列縦隊となって進み、整列した。生徒たちはエスケープトレイナーの底まで下がり、約十二メートルの大浮上の練習をするのだ。この試みで彼らは、頭部と顔の一部を包みこむように空気で膨らませることができる、ＳＥＩＥ（潜水艦脱出浸水装備）スーツを着用していた（死体袋との求められていない比較を誘う、チャックのついたスーツ）。モムセンラングやスタインケ・フードよりは小型化したＳＥＩＥは、酸素の供給パーツと、浮上の際に膨張する時に余分な酸素を排出する開口部を組み込んでいる。脱出を試みるものはこれにより普通に呼吸することができ、肺の一部を破裂させる心配をしなくてよくなるのだ。生徒たちは「吐き出しながらの浮上」を練習していたので、脱出スーツに何か問題が起きたとしても、何をすればいいのかは知っている。例えばこんな時だ。「ゴムが割れてべたべたになって、ほとんどくっついてしまっていた」。これはメールでアンドリュー・カラムが私に書いた内容で、一九九〇年代後半、航行中の使用のためにスタインケ・フードの在庫を調べるように言われたときのことだそうだ。

「でもラッキーだったこともあって」とカラムは続けた。「三百メートル以上の深さでほとんどの時間を過ごしたんです。だからそれを使う機会なんて一切ありませんでしたから」。スタインケ・

フードが使用試験をパスしたのは、最も深い地点で約百四十メートルだった。ＳＥＩＥによって命を救われると期待できる深さは約一八〇メートルだ。それは使用者にとっては十分なものである。なぜなら、水深百八十メートルよりも深い場所から脱出する場合、何を着用していたとしても減圧症で命を落とすからだ。

減圧症を理解する際に役立つのはキッチンの調理台の上に置いてある炭酸水マシーンを想像することである。炭酸水とは水道水に潜水病が加えられたものと考えることができる。液体の入っているコンテナにガスを強制的に加えていくと（そのコンテナは炭酸水を作る機械かスキューバダイバーとしよう）、そのガスの一部が液体に入り込む（専門用語を使って書くならば、水との均衡を得るために「溶液となる」）。次にそのコンテナ内部の圧力が、例えばボトルが開けられたり、ダイバーが水面に向かって泳ぎ出すといった理由で突然開放されたとする。すると、空気圧で液体化した気体分子は、再び溶液に戻る（ここでも同じく、均衡を得るために）。この過程で気体分子は互いにリンクし合って泡となるのだ。理由なんて気にしないで。とりあえず泡になるんだし。さて、爽やかなシュワシュワのお水ができましたとさ、あるいは迫り来る減圧症とも言えるかな。減圧症とは泡が体を通して移動することで、それが問題を引き起こす。血栓のような動きをして重要な臓器への血流を乱したり、組織をバラバラにすることで痛みを発生させる。その両方の時もあるし、それ以上の症状を引き起こすこともある。

ダイバーたちはゆっくりと浮上することで減圧症を回避できる。ゆっくりと浮上することで、体は血液からガスを肺に吐き出すことができる（窒素が元凶である。酸素には多くの窒素が含まれていて、液化して脂肪の中に隠れたがる）。加圧した空気を吸えば吸うほど、また加圧の度合が強くなればなるほど、より多くの窒素を捨てていく必要が生じ、そのためよりゆっくりと浮上することが必要になるのだ。

減圧は脱出している潜水艦乗組員にとって、危険かもしれないし、そうでもないかもしれない。もし幸運であれば、苦境に陥った潜水艦内部に残っている酸素は、港を出た時の、海水面と同じレベルに加圧されたままである。その場合、潜水艦は、潰れる危険もほとんどなく脱出できる。しかし、もし乗り物が浸水するとなると、流れ込んでくる水がゴミ圧縮機のように中の空気を圧縮してしまう。そうなれば、乗組員たちはスキューバダイバーである。つまり加圧された空気を吸い込み、その空気中のガスが、血液と組織に押し込まれていく。この空気をどれだけ吸い続けるか、またその空気がどれぐらい加圧されているかによって、彼らはダイバーのように、水面に安全に浮上するために、減圧をする必要が生じるのだ。脱出トランクの中で圧縮された空気を少しの間吸っても、よほど深いところに潜っていなければ、中にいる人に問題が起きることはない。しかし例えば水深二百五十メートルの地点にいたとして、脱出トランクの中の酸素は非常に圧縮された状態になっているはずだ（外の圧力と同等にして、ハッチを開くことができるように）。その酸素を一分でも吸えば、体内に減圧症のリスクとなるに十分な窒素が強制的に送り込まれるだろう。

減圧症の悪夢とされるのは、爆発的減圧と呼ばれる症状だ。一九八三年の十一月五日、北海の石油掘削装置のデッキに設置された減圧チャンバーの中で、四人のダイバーが寛いでいた。理由は明らかになってはいないが、そのうちの一人のダイバーがハッチを開けて、水深約九十メートルの圧力から、水面の圧力まで、ほんの数秒の間に一気に減圧してしまった。窒素は男性たちの脳、血液、脂肪、組織の中で、瞬く間に溶液から泡となった。病理学者は事例報告書の中で、男性の脂肪は「フライパンで溶けるバターのようになっていた」と書いた。病理学者たちは血液は即座に泡立ち、「瞬間的に、そして完全に血液循環を止める状態に導いた」と推測した。

ダイバー四人は爆発が起きたとき、ハッチにいた。さようなら。彼らはシャンパンボトルの泡となった。一部開いたハッチから飛び出した時に受けた損傷に加えて、「爆発したに違いない」と病理医は推察した。死体解剖には、四つのプラスチックバッグに入った状態で現れた。臓器の一部は「直接海に吹き出したために」失われていた。死体の腹部のガスのように、脳内のガスも爆発と同じように膨張していた。「長いブロンドの髪のついた頭皮はあったが、頭蓋骨の上の部分と脳は失われていた」

私は脱出トレイナーの底にある舷窓をのぞき込んできた。ぬいぐるみの人形のような動きのダイバーたちと、ゆらゆらとハッチから浮かぶ銀色のクラゲみたいな気泡を見ていると、深海の凶暴さをあっさりと忘れてしまう。潜水艦の乗組員たちは、それを決して忘れることができないというのに。間違いは瞬く間に悲劇を引き起こす。その時、自分の居場所は？　助けを呼ぶには、脱出するにはあまりに深い場所に彼らはいる。

乗組員のなかの誰かが六十時間を超えて睡眠を取っていない場合にリスクは増幅される。潜水艦や戦闘機の操縦士、あるいは自動兵器を扱う人間が頻繁にやってしまう、とても頑固で破滅的な睡眠不足は、軍にとって終わることのない苦悩である。

第十三章

海の底で目を覚ます

眠ろうとする潜水艦

ミサイル区画内のベッドは最近追加されたものである。原子力潜水艦テネシーは、組み立てられた数年後に技術的なアップグレードを行ったために、サーバーを管理する追加の乗組員が必要になったのだ。これは問題となり、二発の核ミサイルの間のスペースに寝台を設置するまでに至った。トライデントⅡミサイル発射管は二十四本搭載されており、潜水艦の四箇所のデッキすべてにわたる、約十四メートルの高さである。多層になったミサイル区画は、潜水艦のなかでは最も静かな場所だ。そこはまるで歴史ある大学の図書館内の本の山のようで、何もかもが動きを止め、頭を下げて居眠りするためのプライベートな空間だ。

しかし、今は違う。「全員起床!」インターコムからの声の後には、大きくて執拗な警告音が鳴り響く。**ボーン、ボーン、ボーン、ボーン**。まるで棒と鍋を持ったクソガキみたいだ。

「すべてのミサイルの発射シミュレーション」と言われても、相当な数のミサイルである。各トライデントは複数の弾頭を有していて、その弾頭ひとつひとつに高精度の行き先がある。「ピッチャーマウンドにさえ当てることができる」と表現されたのを二度聞いたことがある。アメリカ合衆国艦隊の弾道ミサイル搭載潜水艦は全部で十四隻あり、核兵器を積み込んで、水中を放浪している。これら潜水艦は、地下のミサイル格納庫や爆撃機のミサイルに加えて、アメリカの戦略的抑止力である「三元戦略核戦力」を構成している。俺たちに核爆弾を打ち込もうなんてどうかしてるぜ……というのがここに込められたメッセージである。なにせ、俺たちはあんたらよりもずっと多くの爆弾を持っているし、それを俺たちから奪うことなんてできない。だってミサイルを積んだ潜水艦を発見できっこないんだぜ。弾道ミサイル搭載潜水艦は、広い海のなかのどこにでも隠れることができ、搭載された原子炉は電力と水を生み出すから、燃料補給のために海上に出る必要もないのだ。食糧が底をつくまで深海に潜んでいることができる。

原子力潜水艦テネシーの副司令官であり副艦長のネイサン・マレーは、訓練のため、私をミサイル区画に招き入れてくれた（私は、実用評価のため海外に向かっている、将来的に艦長になる可能性のある軍人のグループと一緒に潜水艦に乗り込んでいた）。私たちは壁沿いにある睡眠をとるための場所を通り過ぎた。一部は黒いビニールのカーテンが引かれていて、それは一九八〇年代のパンククラブのトイレのように見えた。マレーは消火用ホースを嵌めこんでいる壁と場所をシェアしている若い男性のベッドを指さした。彼は昨夜消火訓練で起こされたそうで、今、再び起こされたというわけだ。

潜水艦隊は睡眠問題を抱えていることを公式に認めている。「艦隊操作記録ニュースレター」（乗組員の休息に関する特別エディション）には、「海中の個人の睡眠環境は守られておらず、管理上の訓練や、メンテナンス、緊急の用事が常に睡眠時間を削ったり、睡眠を妨害したりする……」。テネシーの乗組員は、火災訓練、浸水訓練、水圧破裂訓練、酸素破裂訓練、落水訓練、安全の侵害訓練、魚雷発射訓練などに耐えている。彼らは私たちが歯にフロスをかけるよりも多い回数のミサイル発射訓練を、日常的に繰り返している。一方で、乗組員には十分な訓練を積んで欲しいと願っている。違うピッチャーマウンドを撃ってほしくないからだ。しかしもう一方で、訓練や演習が頻繁に行われることで、爆弾や原子炉を操作する人たちが慢性的な睡眠不足に陥ることを求めてもいない。

一九四九年、潜水艦でのスケジュールは、一日十時間の睡眠を確保できていた。「長時間の睡眠」に加えて、乗組員の半分が最低でも一回は昼寝をしていた。一九五四年を皮切りに、潜水艦はディーゼルエンジンから原子力エンジンに切り替わった。その結果、温度計と油量以外に監視するものが大いに増えたのだ。原子力潜水艦テネシーでは、四時間の睡眠時間が平均となっている。

潜水艦に搭乗する前に、私は睡眠研究者のグレッグ・べレンキー（すでに引退済み）と電話で話をする機会を得た。スポケーンにあるワシントン州立大学において、睡眠とパフォーマンス研究センターを創立したその人である。べレンキーは通常八時間睡眠の人が、四時間から五時間になると何が起きるのかを知っている。認知力は数日のうちに減退してゆき、瞬く間にそれが安定した状態となり、それに屈した新たな状態に落ち着いていく。睡眠時間が削られていくほど、精神的能力は安定に入る前に劣化していく。どの精神的能力かって？　ほとんどすべてだ。睡眠不足は記憶力を低下させ、思考、意志決定、理性と感情の統合を維持するネットワークを麻痺させるとべレンキーは言った。「問題に向き合っている時に、諦めてしまうことがありますよね？　でも夜にぐっすり眠って目を覚ますと、突然問題が解決することってないですか？　それが睡眠の効果なんです。睡眠は、脳の機能を正常に戻すんです」

潜水艦内部では下級乗組員が最もひどい状態にある。仕事と監視の任務に加え、彼らは「資格」

の取得のために勉強をしなければならないのだ。これは潜水艦バージョンの司法試験のようなもので、潜水艦の構成要素とシステムに関する六十問を超える口頭の質問と、搭乗している潜水艦の様々な要素に関する実用的なテストとなる。その内容は舵の取り方から、ファゾメーター（訳注・音響によって深さを測定する機械）を使ったトイレタンクの修理まで、様々だ。「一晩で三時間ぐらい眠ることができて、翌日は徹夜です」と、水蒸気の充満するテネシーの下士官専用ラウンジで潜水力学を学んでいた面長の海軍上等兵が言った（水蒸気の間からゾンビによる大惨事が巻き起こされるビデオゲームが見え、激しいフットボールのテーブルゲームが行われ、勉強をするには**最悪の**場所だった。それとも私が中年なだけだろうか）。

海軍上等兵は大丈夫だと言うが、ベレンキーは彼が大丈夫ではないことを知っている。一晩の睡眠時間が四時間を下回ると、安定した状態に入ることはない。能力は損なわれ続け、睡眠研究者が特別な単語「壊滅的な代償不全」を使うような状況まで辿りつく。「簡単に言えば」（ここで『艦隊操作記録』は活版印刷を暴走させる。ボールド、アンダーライン、そしてイタリック体を酷使する）「十分な、連続した睡眠が足りなくなるということは、過労状態にある人間を数日間酒に酔ったような状態で機能させることになる」

酩酊した人間のように、慢性的な睡眠不足は、自分自身の機能障害に対する判断を鈍らせるという意味で二重に危険なのだ。かつて心理学研究者として海軍潜水医学研究所に勤め、現在はジェームス・マディソン大学に勤務するジェフ・ディーチは私に六時間睡眠を二週間続けた人たちの認知能力が、四十八時間起き続けた人と同じぐらい低下していたとする調査について話をしてくれた。四十八時間ぶっ続けで起きていた人たちとは違い、習慣的に六時間しか寝ない生活を送った人たちは注意を必要とは考えていなかった。なんとなく疲れた状態があまりにも長く続いたために、それが彼らにとっての通常になってしまったのだとディーチは言った。「彼らは、『ああ、僕はもう慣れてますんで』と言ったんです」。実は私も、ここ二日で同じようなことを何度も聞いていた。「四時間半ぐらいの睡眠で、二十四時間は起きていられますね」とゴミ圧縮機にゴミを投げ込みながら、海兵隊員は言った。これはもちろん指の肉や骨も圧縮できるものだ。

マレーと潜水艦艦長のクリス・ボーナーは、乗組員たちが、健康のためにも（睡眠不足は近年、肥満や高血圧、糖尿病、心疾患の原因になるとされている）、安全に任務を遂行するためにも、よりよい休息を取り続けることを目的とした新しい監視スケジュールを試すことを引き受けた。これは簡単な仕事ではない。「人間の休息を解明するために、長時間費やしました」とマレーは言った。マレーは、その礼節と立ち居振る舞いの堅実さでもって人気の指導者だ。彼がダラダラと動いたり、どこかに寄りかかったり、斜め立ちしている姿を目にすることはない。まっすぐ、両足を開いて立つ姿は、まるで床に置かれたモルタルの袋のようだ。ベルトの上に乗せた両手で、時折、きっちりと刈り込んだ頭をなでつけている。マレーの生え際は、潜水艦そのもののように、私にとっては秘密めいていた。

問題は、次から次へと用事が重なることなのだ。作業が遅れ、スケジュールがメチャクチャになる。今週、問題になっているのは私の存在だ。全員の仕事が邪魔された。なぜなら、私たちの乗り込んだ船舶と潜水艦の間を繋ぐ桟橋を設置するために、穏やかな海の場所を四時間から五時間かけて探さねばならなかったからだ。

海軍の睡眠不足への取り組みの一部は、いつの頃からか、プライドが論点となりはじめた。私は海軍潜水医学研究所で長年、潜水艦の艦長を務めてきたレイ・ウーリッチと出会った。「バーに座っている海兵隊員たちは、どれだけ自分が腕立て伏せができるかを自慢する。飛行士はどれだけの重力に耐えられるか自慢する。潜水艦の乗務員たちは何時間起きていられるかを自慢するんです」。「網棚の上の犬」(※1)という評判を得るよりは、疲労困憊するほうがいいのだ。

何十年もの間、アメリカ軍の睡眠調査は融通の利かないやり方で進められ、睡眠時間を増やすよりは、足りない睡眠時間でも切り抜けられる方法に焦点を当ててきた。研究に研究を重ね、これをテストし、あれもテストし、興奮剤を飛行士や兵士、海軍軍人たちに試してきた。睡眠時間を確保することが国防総省の最優先事項になったのは、ほんの最近のことだ。現在の軍の方針では、部隊長が睡眠マネジメント計画を策定して、現場で実施することを義務づけている(しかしイラクやアフガニスタンから帰還した兵士への小規模な調査によると、八十パーセントの兵士たちがその概要

※1　軍隊には、友情のこもったスラングの形容詞がたくさんある。例えば私の場合は、「メディアのゲロ」である。

を把握していなかった）。変化のきっかけとなったのは、ベレンキーによると、陸軍のフィールドトレーニング・エクサイズ（ＦＴＸ）の延長だそうだ。兵士にとってそれは、大規模な模擬的対決であり、最終実務試験のようなものだ。「行くのに価値がある戦争は一週間から二週間継続されるってことで、軍事政策を決める連中が、ＦＴＸの時間を三日から二週間に変更したんですよ」とベレンキーは言った。その時まで、ＦＴＸの期間中は、「自分を積極的に見せ、良い評価を得るために」一度も寝ずにいるという伝統があったという。変更が行われてからすぐに、司令官から電話がかかってきたときのことをベレンキーは回想してくれた。「彼は、『薬学について君のアドバイスが欲しいんだ。部下にもっと長時間起きていてもらう必要があってね』と言ってましたね」。ベレンキーはこの人物が数日のことを言っているのかと考えた。「私は『どれぐらいの期間、起きていてほしいのですか?』と訊いたんです。そうしたら彼は『二週間だ』と答えたんですよ。実際にそれをやり抜こうとした人たちがいたということなんです」。それは軍隊の能力にとって睡眠がどれだけ重要かを示す、鮮明で疑う余地のないほど愉快なデモンストレーションだった。

歴史は、同じぐらい鮮明なデモンストレーションを提供してくれる。医学史家のフィリップ・マッコウィークは、南北戦争時の戦闘において、事前に睡眠を取ることができていた場合の、ストーンウォール・ジャクソン将軍の指導力に関する目撃証言と役人の報告を比較した。戦いの三日前までに睡眠を取ることができなかった戦いの百パーセントで、彼の指導力は「乏しい」と格付けされた。ゲインズミルの戦いでは、参謀総長曰く、「最初から最後まで完全に混乱していた」ということだった。彼の旅団は「バラバラだった」だけでなく、「自分たちがどこにいるのかも理解していなかった」そうだ。グレンデールの戦いでのジャクソンは「深く考えているからなのか、激しい移動によるものなのか、感覚を失い、役に立たず、無関心で無気力」だった。マルバーンヒルの戦いでは、ジャクソンは「ほとんど傍観者のように見えた」とされた。マクドウェルの戦いでは、昼寝をしているところを目撃された。

二十四時間起き続ける度に、人々は役に立つ知的活動のための能力の約二十五パーセントを失うとベレンキーは教えてくれた。ジャクソンは彼のベストの二十五パーセントで指揮を執っていたのだ（執っていなかったかもしれない）。私は原子力潜水艦テネシーの機械室にいるパターソンという男性のことを考えないように努めた。彼は二十二時間起きたままで、巨大で、金属で覆われた分子のスプリッターである電解酸素発生装置を修理しようとしていたのだ。「基本的に、これって水素爆弾なんですよね」と、彼は明るく言っていた。

ベレンキーの被験者で、最も長く起きていたのは八十五時間（三日と少しぐらい）だったそうだ。それが、人間が起きていられる限界だとベレンキーは言う。「まったく誰の役にも立たなくなりますよ」と、彼は付け加えた。百時間とか、二百時間も起きていたと主張する人たちがいるが、彼らの脳波がベレンキーの研究対象のように継続的にモニタリングされていなかったことから、瞬間的な睡眠をしていなかったことを確実に知ることは不可能だ。限界まで疲労している人間がステージ1の睡眠に瞬間的に入ることは可能で、目を開いたまま、何をしていたかにかかわらず、うわべだけの作業は続けることができる。飛行機の中で眠った経験があるひとなら理解できると思うけれど、筋緊張を維持することは可能だ。しかしそれは、筋肉がリラックスするレム睡眠に入るまでのことだ（概日周期（サーカディアンリズム）（訳注・二十四時間周期で変動する生理現象、いわゆる体内時計のこと）のなかで、いつもとは違った時間に眠りに入ると、早い段階からレム睡眠に入ることがある。それは早期型のレム睡眠と呼ばれていて、座りながら居眠りをすると、口を開けて、頭がだらりと傾いてしまうのはそれが原因だ）。

ストーンウォール・ジャクソンの兵士たちもそうだったようだが、兵士たちが夜間の進軍中に何度も眠ったことがあると報告されている。体が疲れ切っていたら、瞬間的に脳の一部が眠った状態となり、他の部分が動いている状態に分かれることがあるとベレンキーは言う。これを定期的に管理している、鳥や海洋哺乳類がいるそうだ。イルカやアザラシは脳の半分だけを使って眠ることができる。これは、それらの場合、泳いで水面に出る必要のある呼吸を、もう片方の脳で管理しなければならないからだ。ガチョウやアヒルが集団になって地面で眠る時は、外側にいる鳥が目を開け続け、関係する脳の半分を覚醒させ、捕食動物を監視している。

軍事的な観点から言えば、行進したり泳いだり、敵を探したりするのと同時に、睡眠を取ることができる兵士が望まれるだろう。それは軍の未来派と言われる国防総省国防高等研究事業局の目標の一つに繫がっている。その目標とは「兵士たちが最長七日間、現存するいかなる覚醒剤も使用せず、睡眠することなく起き続け、警戒態勢を取り、行動可能な状態でありつづけること。そして、有害な精神的あるいは肉体的影響を受けずにいること」である。半脳の浅い眠りに関する基本研究のスポンサーリストに国防総省を見つけるのはこれが理由だ。科学がアヒルの行動を解明することができたら、たぶん軍隊だって、化学的に、あるいは手術で……それは神のみぞ知ることだけれど、できるかもしれないのだ。ベレンキーはフンと笑った。「**脳全体**が眠るきっかけが何なのかもわかってないってのに」

この事実も、軍の組織が夢見ることを止めることはできていない。私は、NATOの人間の能力の最適化に関するシンポジウムに出席した。このシンポジウムには、戦士たちの最適化に転用できる可能性のある医療技術のまとめが含まれていた。義肢では「超人的な強さを提供できる」こと、そして赤外線と紫外線の視力を与える眼球のインプラントは、「半脳による睡眠と継続的な覚醒を可能にする」脳梁離断術だった。重度のてんかん患者の発作の数を減らす方法として、外科医は脳の左右の間の接続を切る手術をしてきた。これは実際のところ、患者の睡眠に何か影響を及ぼすのだろうか？　答えはノーだと南フロリダ大学の包括的てんかん医療プログラムの指導者で、その手順を記した論文の執筆者であるセリム・ベンバディスは言った。彼は脳梁が未発達の子どもが存在するが、その子たちの睡眠は正常で両方の脳半球が同時に睡眠に入ると付け加えた。

「無謀なことがらをいいアイデアだと考えるんです」とベレンキーは事業局で発言した。その通りだ。彼らのウィッシュリストには「外科的手術によって取りつけられた（魚の）エラ」もあった。

＊＊＊

「核兵器の発射が許可された」。インターコムの男性の声だ。これが演習だとしても、まったく聞くに堪えないものだ。私は近くにいた乗組員を見回した。一人は延長コードの結び目をほどいていた。彼の表情を読み取ることはできなかった。制御装置に腰かけている乗組員は鼻をかんだ。「これって、こんな感じでいいんですか？」と、私はマレーに訊いた。「もし本当のことだったとしたらどうなるの？　静かにやるべきことをやって、鼻をかんで……」。すべてのものごとが、私のファゾメーターを混乱させた。

マレーはゲームをしているわけではない。「鼻が出たら、かめばいいんです」

二人の乗組員が早足で通り過ぎた。ぱっと見、宝くじのチケットのようなものの隅っこを、二人で一緒に握りしめていた。これにはキーボックスの暗号が書かれている。ミサイルを発射するためのキーが入った箱だ。二〇一五年、ドイツの航空機の自殺フライトが起きた後、コックピットには必ずもう一人が滞在しなければならなくなった理由と同じで、安全を確保した状態から外に出た場合は、常に二人で取り扱わなければならないのだ。

これがもし本当のミサイル発射だとすれば、彼らが何時間起き続けていたかにかかわらず、放出されたアドレナリンが乗組員たちの警戒状態を継続させると賭けてもいい。しかし、日々の潜水艦の弾道ミサイルのルーチンは、そう元気になれるものでもない。監視のほとんどは、ただ見るだけである。何時間も何時間も監視する。ディスプレイ、情報の読み出し、ダイアル、音波探知機のフィード。これは心配になるコンビネーションだ。睡眠不足、単調な時間、そして、巨大で、破壊的な可能性を秘めたアイテムである。「海軍は原子炉を扱っている人間が監視中に居眠りしているだなんて発表したくありませんからね」と、ディーチは言った。「でもそれが実際に起きていることはわかっていますよ」。目を覚ましていたとしても、疲労している人間は立ち番には完全に不向きだとされる。心理学者が睡眠不足の患者に、標準的な認知的作業の複合テストを行うと、精神運動ヴィジランス（警戒しつつ、ヤバイできごとに気づく能力）と呼ばれる評価のスコアは劇的に低下する。安全確保ができなかったため、原子力潜水艦テネシーの原子炉とその見張り番たちを訪問することはできなかったが、私は魚雷室を訪れることができた。そこには四発の魚雷があった。まるで中世の破城槌（大きな木槌で、兵士が担いでいた）のように巨大だった。ロマンチックなことに（たぶんね）、魚雷には妻たちの名前がつけられていた。監視にあたっている魚雷担当下士官に、最後にアメリカの潜水艦がほかの船に魚雷を発射したのはいつのことなのか質問した。彼はしばし考えると「第二次世界大戦ですかねえ」と答えた。彼は修理工で、まったくありそうもない出来事のために行動する準備ができている。魚雷担当下士官の仕事は、検査項目のチェックリスト作成、巡回点検、書類作成。いつもいつも書類作成だ（※2）。ソナー部屋とミサイル管理センターの外では、潜水艦テネシーは魅力的なほどにアナログだ。私はミサイル格納庫を見て回って、ある部分がチューバの部品みたいだと思った。魚雷発射コンソールには、フラッド・チューブ、シャトル開、発射準備完了など、大きな四角いプラスチックのボタンがたくさんついていた。あの赤と緑のボタンって、まるで『007』のQがジェームス・ボンドのアストン・マーチンに設置するタイプのものだ。ミサイル区画にも、よく似たレトロな感じのボタンパネルがある。これらのボタンは、マレーが私に言ったどんな言葉よりも引用に値する一文を提供してくれた。事故を起こしたアポロ十三号のラヴェル船長が言った「ヒューストン、何か問題が発生したようだ」など、控えめだけど有名な災害時のセリフの神殿に加わってもおかしくないような、最高のひと言だった。「僕だったらそのパネルには寄りかかりませんけど」

直感的に言って、原子炉や魚雷や大量破壊兵器を、あまり用心深くない人物が面倒を見ているというのは、落ち着かないものだ。それが深さ何百メートルもの水中の船のなかで起きている場合は、なおさらである。しかし、統計的に見ると、最も高いリスクは原子炉区画や、もっとはっきり言えば、深海には存在していない。最も大きなリスクは、一見単純明快ではあるが、実際には頭が痛い仕事である潜水艦の浮上にあるのだ。

弾道ミサイルを搭載した潜水艦は、一度も行ったこともないような遠い場所に連れて行ってくれながら、その様子を一切見せてくれない。潜水艦には窓もなければヘッドライトもない。全身黒ずくめで、その姿を目立たせるものは一切ないのだ。太陽光が入らないほどの深い場所では、潜望鏡は役に立たない。乗組員は音波探知機を使ってものを見る。ほかの船のプロペラの音を拾い、その距離とコースを推測するのだ。敵に感知されないように、弾道ミサイル搭載の潜水艦が使用するのは、音を出さないパッシブ・ソナーだけだ。反響位置測定（音を出して、それが反響して戻ってくる時間を測る）は、潜水艦自体の位置を知らせてしまう。原水力潜水艦テネシーはコウモリよりも盲目なのだ。

今、私たちがいる約百四十メートルの深さでは、衝突してしまう船舶は存在しない（各潜水艦に割り当てられたテリトリー、あるいは「ボックス」と呼ばれる区画は、二隻の船舶が衝突するわずかな可能性をなくすものだ）。この時、外で最も危険なのはエビである。乗組員が生ゴミのバケツを空にすると、大量のテッポウエビがエサを目当てに船体に突進してくる。彼らの目立つ大騒ぎが

※2　海軍中尉のジョセフ・メットカルフ三世の努力もむなしく、潜水艦は人間の重さよりも多くの書類を運んでいる。グレナダ侵攻を指揮したメットカルフは、船舶のコンピュータ化を強く推し進めた。一九八七年、「ニューヨークタイムズ」紙に「一九九〇年までに船舶のペーパーレス化を行いたい」と彼は語っている。彼は表面積がより小さい軍艦でも、二十トンの技術マニュアル、ログ、フォーム、そして棚が積み込まれていると割り出し、そのトン数は燃料や軍需品を積み込むために使うことができるとした。メットカルフの鬨(とき)の声が（「我々は敵に書類を打ち込むのではない」）メディアの注意を引き、上層部に紙つぶてを投げつけることはできたものの、（もし潜水艦テネシーがその効果を示すものだとするならば）変更への真摯な約束を得ることはできなかった。

ほかの船からのエンジン音をかき消してしまう。

今朝、音波探知機の部屋で、四人の男性がモニターの前に座り、不明瞭な緑色のイモムシが動いているような音波探知機のフィードを監視し、ヘッドフォンから何かを聞いていた。水測員はプロペラ音で船の種類を聞き分けることができる。それは鳥類飼育者が、速さや鳴き声の音質でキツツキの種類を判別する方法と同じである。誰かがヘッドフォンを私に手渡し、ネズミイルカのおしゃべりを聞かせてくれた。数日間潜水艦のなかにいると、わずかな自然との関わりも大興奮のできごとである。「フリッパーだ！」私は自分自身を表現するのに「金切り声をあげる」という動詞を使うのは大嫌いだが、それはまさに金切り声だった。

「その通り」と水測員が言った。「**寝ても覚めても**フリッパー」

弾道ミサイルを搭載した潜水艦が何ヶ月も深海に滞在できるとはいえ、普段はそうしているわけではない。原子力潜水艦テネシーは頻繁に浮上し、クジラのように電子メールを吐き出している。私たちはちょうど、誰もが少しイライラする渋滞回避レーンに入るところだった。潜水艦が水面に飛び出す何時間も前から、誰かが潜望鏡に張り付いて、接眼レンズに目をくっつけて、音響探知機が検知できていなかったかもしれない何かがあるかどうか、精査している。眺めは三百六十度以下なので、ゆっくりと回って、片足をもう片方の足にクロスさせ、キャニスター型掃除機とスローダンスを踊るように何度も回転するのだ。絶対に、絶対に見逃してはならない。そこに何かいるかどうかを。

二〇〇一年、原子力潜水艦グリーンビルが、日本の漁業訓練船の約六十メートルの真下から浮上した。潜水艦のはしごが訓練船の船体を切り裂き、沈め、結果として乗船していた九人の命が奪われた（この事故の原因として、睡眠不足は言及されていない。この事故の原因となったのは、訪問者のグループだった。十四人のCEOと、一人の……えっと…ライターというメンバー構成だった。一部を除く全員が制御室にいて、潜望鏡のプラットフォームが混み合った状態となり、重要なディスプレイへのアクセスが制限され、水測員の邪魔をしていたのだ）。

グリーンビルの艦長は、潜望鏡規則を遵守していなかった。彼は必要とされる手順の半分しか精査しなかったのだ。潜水艦が浮上する際のもう一つの潜在的危険は「艦首の零位」である。船首がまっすぐ潜水艦のソナーアレイに向かっている場合、船の推進力から生じる音波が、船体と貨物によって遮断されてしまう。原子力潜水艦テネシーの安全管理者は、これを「車の前にいる子どもに向かって、車のトランクの中から叫ぶこと」に喩えてくれた。不安な時にとっても役に立つ隠喩である。

週末になった。浮上するにはより危険な時間だ。標準的な週間勤務時間外に港に接近するコンテナ船は、賃金が通常に戻る月曜日まで何をするでもなく過ごして、時間を調整することがある。コンテナ船の大きさはショッピングセンターほどもあるけれど、そのエンジンが静かであれば、弾道ミサイル搭載の潜水艦の乗組員にとっては見えないも同然なのだ。テネシーに乗り込んでいる時は、戦艦よりも帆船の方がより悩みの種である。これで、二〇〇五年一月に原子力潜水艦サンフランシスコがなぜ海底の山に衝突したのか、理解していただけると思う。あたりまえだが、山は静かだったのだ。

ストレスレベルに、瀬戸際の回避行動が追加されるなど問題外である。弾道ミサイルを搭載した潜水艦の浮上は、時速約一〇キロから二〇キロの間で行われる。「まるでトラックの進行方向で赤ちゃんがハイハイしているようなものですよ」と、車のトランクから叫ぶように、少し腹立たしげに安全管理者は言った。

最後のとりでは、やはり人間の注意である。浮上中にソナーで探知した新規の物体がスクリーン上に現れれば、「エマージェンシー・ディープ」を指令しなければならないだろう。なぜなら、反響位置測定器がなければ、ほかの船舶がどのあたりにいるのか、すぐに知ることができないからだ。「まずは安全を保ち、ほかはまた後で」と、昨日、数キロ先に現れるであろう船を回避するため潜行した時、艦長は言っていた。弾道ミサイルを搭載した潜水艦は行き先のない船のようなものであり、その進路には、回避や神経をすり減らす退却が続いている。三キロ程度の距離まで近づいたと計算された時は必ず、艦長が呼ばれる。そして、多くの場合、航海士、そして副艦長も呼び出される。

そしてまた、もう一晩、私はここで眠ることになった。「起こされるのは三回か四回ぐらいだと思ってましたね」と、航海士は私に言った。特別室の壁の、枕の上に備えつけられたスピーカーから制御室でのやりとりが流れてくるため、マレー自身も起床するそうだ。彼はまるで、ベッド脇のテーブルに置かれたベビーモニターと新米ママのようだ。「やかましいバックグラウンドの音や話し声の合間に、誰かが発する特定の単語や、声のトーンや大きさが突然変われば、いやがおうにも飛び起きてしまいますよ」

当然のごとく、潜水艦乗組員たちには頑固なカフェイン摂取（※3）の伝統がある。原子力潜水艦テネシーも大量のコーヒーを積み込んで港を離れた。世界最初の原子力潜水艦が作られたのは一九五四年で、今現在はコネチカット州グロトンの博物館で浮かんでいる。ツアーに行くと、金属の輪が制御盤や遮蔽壁に取りつけられているのを見ることができる。ほら、ここにもカップホルダーがあるわよ！　カフェインは安全で効果的だけれど、もちろんありがたくないことも起きる。その人の感受性によるが、六時間から八時間が半減期だ。夜遅くにコーヒーを飲んでも問題なく眠りにつける人だったとしても、夜中に起きやすくなっているはずだ。なぜなら、神経系はその時も

※3　部隊の荷物を減らすため、軍は、兵士が携行するガム、ミント、ジャーキーなどの食べ物にカフェインを加えている。ネイティックの広報担当官デイヴィッド・アセッタはカフェイン入りのミートスティックを、食品研究所を訪れる記者たちに配っている。私には、それはカフェイン入りの肉の味がした。アセッタはびっくりした様子だった。「ブライアン・ウィリアムズ（訳注・アメリカの著名なアンカーマンだったが虚偽発言問題を起こして降板した）は大好きだったんだけどなあ」。**あいつ、本当に食べたの？**

興奮した状態であり、脳は、音や、普段であれば気にもならない刺激に反応してしまう。睡眠の質が悪くなればなるほど、翌日にはより多くのカフェインを摂取する傾向になり、その翌日の晩の睡眠はより浅くなってしまう。それは続いていく。マレーは私がマグカップにコーヒーを注ぐ様子を見ながら、「それは長持ちする解決策じゃないよ、船乗りさん」と言った。

私たちは潜望鏡深度にまで浮上した。制御室の明かりは消されていた。これは、潜望鏡を覗く男性のために行われている。こうすれば早朝五時の闇のなかで周囲を見ることができるからだ。この人以外の乗組員たちにとって——みんな四時間からそれ以下しか眠っていない——暗闇はためになどまるでなりはしない。ここは暖かくて暗いだけでなく、海上まで浮上しようとしている潜水艦は波のうねりとともに優しく揺れているのである。「拷問ですよ」と舵手が言った。

「拷問ですよ」とは、睡眠研究者のウィリアム・ディーメントが使った言葉で、彼は一九五〇年代、ナサニエル・クレイトマンが、レム（急速眼球運動）睡眠に関する論文を作成した時に生徒として手助けした。まぶたの電極と眼電図の前の時代では、大学の卒業生が徹夜仕事をしていた。「成人している人間の、眠っているまぶたを、三十ワットの電球のほのかな明かりの下で、深夜に観察するのは、まったく拷問だった」とディーメントは、その分野では「睡眠研究の父」として知られていたクレイトマンへの追悼文で書いた（これよりも大変だったのは、お目付役のクレイトマンが、被験者が女性の時に側（そば）にいると主張した時だった。クレイトマンは眠る誰かを監視する**誰か**を監視していたというわけだ）。

その写真は一九三八年に撮影されたものだ。ナサニエル・クレイトマンがディナーテーブルに座っていて、クルミで薫製したハムにナイフとフォークを立てている。この写真が普通ではないのは、撮影された場所が地下約三十六メートルの洞窟内だったということである。クレイトマンは卒業生の助けを受けながら、睡眠サイクルと覚醒状態について調査するため、ケンタッキー州のマンモス・ケーブで三十二日間を過ごしたのだ。外部刺激の繰り返しが、この睡眠のリズムにどの程度の範囲で結びついているのか、彼は解明したかったのだ。もし外部刺激である太陽光、決まった時間の食事、通常の勤務時間などを取り除くと、人間の繰り返しの行動は簡単に変更されるのだろうか？　地下に潜るのが、最も簡単な答えへの道のように思えたのだ（※4）。

潜水艦はクレイトマンとの間に利害関係があった。なぜなら、洞窟と同じく、潜水艦は、時間生物学のための現実世界の実験室だからだ。そしてクレイトマンもお返しに、潜水艦隊に利益を提供できた。彼らは当時、今現在もそうであるように、注意力の低下という問題を抱えていた。クレイトマンは、潜水艦乗組員たちが太陽の光に晒されていないことの利点を活かした（実際のところ、潜水艦での暮らしは常に、「室温二十度、蛍光灯」だとマレーは言っていた）、監視スケジュールを組み立てた。この状況だからこそ、三人の監視係が別々のスケジュールで、就労時間を短く切り、各乗組員が違う時間で起床することが可能になるとクレイトマンは論じた。

一九四九年の初頭、三隻の潜水艦コルセア、トロ、タスクが、クレイトマンの当直表の二週間トライアルを開始した。終了時に、クレイトマンは質問票を配布した。最後の質問は「古いスケジュールは新しいものと変更するべきですか?」というものだった。イエスと答えたのは十九人の乗組員たち。ノーと答えたのは百四十三人だった。さて、何が起きたのだろう? それは、調理室内の壊滅的な機能不全だった。朝食の調理をして片付けをし、ランチを作り、そして夕食を作るというサイクルを、二十四時間ごとに行うのではなく、調理担当者たちは各監視グループの「一日」の異なる開始時間に合わせて、三食を三回ずつ調理せねばならなかった。調理師たちは疲労困憊となって怒りをぶちまけた。調理室はごちゃごちゃの状態となった。「一時間半以上、きれいな状態でいられることはなく」、これが原因で、「食事にはすべて前の調理の風味がついてしまい、腐りかけた生ゴミの匂いが充満していた」。その上、潜水艦の調理室はレクリエーション室も兼ねていることから、映画鑑賞ができなくなってしまったのだ。「レクリエーション活動は、ほかの人の邪魔にならないようにぶらぶらする時間ぐらいに短縮せねばならなかった」そうだ。同じ「タイムゾーン」にいない仲間は、互いから隔離されてしまった。「これ以上、この実験的監視スケジュールは求められていないし、実行することもできないと考えられる」と、ナサニエル・クレイトマンの論文が綴じられた潜水艦フォルダの最後の覚え書きには結論づけられていた。

潜水艦艦隊のなかには、調理室とレクリエーションの調節は両立もできたのだから、クレイトマンの当直表にもう一度チャンスを与えるべきだというひともいた。とある管理職の人間は「これは単に乗組員の頑固さが原因だ。新しいことに挑戦するのが嫌なだけだ」と書いた。「船を揺らさない」「波を立てない」という言葉が、乗組員の基礎であることは、たぶん偶然ではない。

　この管理職の人間が言ったことはたぶん正解だったのだろう。クレイトマンの当直表は、確かな科学に基づいていた。太陽光は人間にとって最もパワフルな体内時計調整ツールだ。桿（かん）状体、円錐体とともに、私たちの体には第三種の光受容体があり、それは太陽光の青い波長へのカギとなる。この光に含まれる情報が（あるいはその欠如が）、体の自然な睡眠薬であるメラトニン（訳注・

※4　しかし、ナサニエル・クレイトマンの関連論文には、そう簡単にはいかなかったことが記されている。「ネズミが飛びつく危険」を回避するために、研究者のベッドには約一・五メートルの高さがあり、「ブリキ製のネズミガード」も取りつけられていたそうだが、宣伝効果をねらったツアー客のアトラクションマネージャーと、やかましい記者たちたちを遮るガードはついていなかったようだ。クレイトマンは取材陣が関わることを求めないとはっきりと表明していたが、実験を開始して一週間ほど経過した時、マンモス・ケーブの統括マネージャーであるW・W・トンプソンは、**不思議なことに、**記者たちが嗅ぎつけて、話を聞きたいと強く要求してきたとメモに記して夕食とともに送った。クレイトマンはだまってはいなかった。記事を読みたいと頼んだ。クレイトマンは「今日のできごと」の項目に「絶対に実験を嘲笑の的にするな」と発言したと書かれた。「ライフ」誌は最後の勝利を収めている。謝罪文の中の編集者の言葉として、「印刷会社のミスで」クレイトマンの肩書きが「博士」ではなく、彼の弟子の「ミスター」と「入れ替わってしまった」としたのだ。

脈拍・体温・血圧などを低下させ、睡眠をうながすホルモン）を生成する松果腺に伝えられる。太陽光はメラトニン生成を止めるきっかけとなり、覚醒状態をもたらしてくれる（室内のタブレットとスマートフォンからの明かりは、同じくメラトニンの生成を抑制するが、太陽光の圧倒的な効果には程遠い）。これが理由で、朝日のなかを運転して自宅に戻り、眠ることができなくなってしまう夜のシフトで働く人たちが、U2のボノがかけているタイプの琥珀色のレンズの眼鏡を購入して太陽の青い波長をブロックすることで、救いを見つけられる可能性があるのだ。

海軍潜水艦医学研究所は、メラトニンを抑制する青い波長の光を放つ、バッテリー駆動のゴーグルの開発を行ってきた。これを使用することにより、脳が日中だと勘違いするよう促すのだ。どの方向に飛んでいるかによって、この特別な機能を持つ眼鏡を一組、あるいは二組使用することで、新しいタイムゾーンにあらかじめ調整することができるわけだ。あるいは、中東に向かっている特殊作戦タイプの任務で、午前三時に行われるミッションであれば、現地時間に調整しないことも可能だ。海軍潜水艦医学研究所で概日リズムの研究を行っているケイト・クチュリエ大尉は、ネイビーシールズに、青い波長を発するゴーグルをグアムからアメリカ東海岸までの一連のフライトで使用してもらい、女性が魅力的に見えなくなるかどうか、あ、間違えた、彼らがグアム時間のまま東海岸に到着できるかどうかを調べた……と、書きたかったのだ。ハイ、効き目はありました。

概日リズム障害は、睡眠時間の長さと同じほど、あるいはそれ以上に、敏捷性やパフォーマンスに影響を与えると言ってもいいだろう。一九九〇年代後半、睡眠研究者チームとスタンフォード大学の統計学者たちが、二十五シーズンにわたる、月曜夜のフットボールのスコアについて分析した。なぜなら、試合は東部標準時の夜の九時からはじまり、西海岸の選手たちは時間生物学的に身体能力のピークとなる夕方六時に戦っていたのだ（※5）。研究者たちが予想した通り、西海岸のチームがより多く勝利を収め、一試合につきより多くの点を得ていた。その効果は絶大で、チームは時には数日前倒しで移動をして、選手たちに体内リズムを調整する機会を与えた。

軍隊の睡眠の別のややこしい要素は、スケジュールを組む人物は中年であることが多々あり、それに従うのはティーンエイジャーであることだ。概して青年がより多くの睡眠が必要であるだけではなく、彼らの概日リズムは、大人と比べて「フェーズ遅れ」なのだ。メラトニンの分泌は夜遅くに行われ、そのためティーンエイジャー、あるいは二十二歳の青年であっても、深夜まで眠たくならないという結果に繋がるのだ。怖ろしいことに、伝統的なブートキャンプの消灯時間は午後十時で、起床時間は午前四時である。

ジェフ・ディーチが、海軍のブートキャンプにおける睡眠不足について取り組みたいと希望した艦隊司令長官のことを話してくれた。彼女は消灯時間を一時間早くしたいと考えていたそうだ。そうすることで若者たちがより眠ることができると、ディーチは彼女を消灯後のキャンプ内の散歩に

※5　一進一退するのは注意力だけではない。腸運動も概日パターンに従うのだ。遠く離れたタイムゾーンから来たばかりでない限り、健康な人は夜中以降に排便することは滅多にない。

そっと連れ出した。

「乗組員のほとんど全員が完全に起きていて、両手を組んで親指をくるくると回していた。どれだけ早く起きなければならなくても、彼らは全員、夜中になるまで眠らない」。ディーチは朝四時の起床を六時起床に変えることができた。テストのスコアは劇的に改善し、最先任上級曹長の一人は不正行為が行われたのではと疑った。

過去四十年にわたって、潜水艦は「シクセズ」という、乗組員の乗船時間を六時間毎に分けた当直表を使用してきた。六時間の当直、六時間のその他任務と勉強、六時間のプライベートと睡眠で一クールとするものだった。一日を十八時間として考えることで、二十四時間の中に六時間の自由時間を得ることができた。問題は、その活動が生物学的リズムと合わなくなったことだった。体が最も睡眠を必要とする時間に、働いていることになる。「毎日パリまで飛ぶようなものですよ」と、ケイト・クチュリエは言った。いや、パリとは言わなかった。「三重の呪いみたいなものですね」と、クチュリエの同僚ジェリー・ラムは、テネシーに搭乗する前、彼ともう一人の睡眠研究者に私が会ったときに話していた。「睡眠と勤務時間をひっくり返したり、くたくたになるまで働かせて、それから訓練でたたき起こすんですからね」。彼は同僚の方を向いて、「俺、何か言い忘れたことある?」と訊いた。

ラムは新しい「サーカディアン・フレンドリー」な当直表を強く求める動きに関わっていた。そこには、そしていつもそうだけれど、抵抗する声があった。シクセズは五十年にわたって行われてきたのだ。「欠点があったとしても、我々は完璧にやってきたのです」と、艦長のボーナーがある朝、彼の特別室で話をしているときに私に言った。「ということで、我々はこれからボールを振って、バラバラになった破片を元に戻すんです」と彼は言った。私は、それはどんなゲームなのかしらと必死に考えていた。

主な問題は夜中から朝八時のシフトで起きていた。非常に怖ろしい深夜シフトだ。当直が終わり、夕食を食べるかわりに朝食を食べる。午後の四時から眠りはじめ、午後十時まで寝るけれど、その時間はネイサン・マレーの最大限の努力にもかかわらず、ベッドから出なければならないようなことが頻繁に起きる。より公平に、最悪な状況を分かち合うために、乗組員たちは二週間おきに当直時間を交換する。毎日パリへ飛ぶ代わりに、二週間毎にパリに飛ぶというわけだ。切替日は日曜で、それは通常、最も静かな日だ（迷惑なやつが来て、余計な仕事を作らないのが日曜日だから）。

さて、今日はその日曜日だ。ケドロウスキ大尉は潜望鏡のプラットフォームにいる、デッキの見張り番だが、今日は深夜の当直に交代する日だ。今日は彼の誕生日。お誕生日おめでとう、ケドロウスキ。今日は概日リズムが狂っちゃうし、三時間しか眠れないわね。それも、カリフォルニアから来たライターに貸しちゃったから、寝台はその人の匂いがしてるし。

「寝台のこと、本当にごめんなさいね」。私は、弾頭の上に寝てもよかったんだけど。

「かまいませんよ」と、ケドロウスキは明るく言ってくれた。私がここで出会った誰もがとても気楽で、陽気だった。彼らはすごく疲れているはずなのに。調理室のドールバナナのカートンに書いてある文字を引用すれば、私は「とってもクールなやつら」と一緒にいることができたのだ。世界中のすべての人が海軍勤務を経験したならば、海軍は必要なくなるだろうにね。

ケドロウスキの頭の上で赤いランプが点滅しはじめた。ケドロウスキは、それが火災報知器だと教えてくれた。アメリカ合衆国大統領が核ミサイルの発射を指示したときに点滅するものである。

「これは訓練なの?」

「違います」と、バインダーに何か書き込み、警報器を見てケドロウスキは言った。「ちょっと壊れてるんですよ」。彼はペンを置いて耳をすましました。「『無視していい警報』って言うはずなんですけどね」。そうは放送されずに、しばらくすると警報は止まった。「修理しないとダメですね」と、彼は言う。

ミサイルの警報も、少しいらつくものだが(あきれた! いらつかないわけないでしょ?)、特に怖ろしいというわけでもない。一般的な戦争の奇妙なロジックと、核兵器による大災害が発生した状況では、水深百五十メートルにいる検知不能な弾道ミサイル潜水艦は、最も安全な場所だと言えるだろう。弾道ミサイル搭載潜水艦の乗組員は、長時間の労働、退屈な時間、ホームシック、性的ムラムラ、豆の缶詰めに耐えているが、私たちのほとんどが従軍せずに済んでいるのは、彼らがその仕事を負担してくれているからである。延々と続く、いつ何時撃たれるのでは、爆破されるのではという心配を背負ってくれているのだ。死ぬよりも、死ぬほど疲れる方がマシである。

第十四章

死人からのフィードバック

兵士への死者の貢献

私を悲しくさせるのは、銃撃された人や爆破された人の写真に写る血液ではない。私を悲しくさせるのは、彼らが写真のなかで身につけている衣服である。朝起きて、クローゼットに向かい、最後の機会になるなどとはみじんも思わすに靴下を履き、検視に向かうためにネクタイを締めたのだ。衣服はその人物の、地球上最後の、とても胸にこたえる、いつもの一日を反映するスナップショットだ。生と死を一度に見せるもの。アメリカ軍の検視写真では、その二つの間に何が起きたのかも見て取ることができる。国防総省の方針では、救命具についてはすべて身につけたままにすることになっている。衛生兵たちの切羽詰まった処置や手術の跡。死に抵抗した、止血帯と管。

軍の検死解剖では、医療用ハードウェアは臓器や表皮といったソフトウェアとともに検査される。患者に検死を行う男性や女性にフィードバックを提供するという考えからこれが行われている。新しい声門上器具は製造会社が約束したようにしっかりと機能したか、といったことがつまびらかにされるのだ。正しい位置に取りつけられたか、別のやり方で取りつけることができたものはいたのか? フィードバックは、毎月行われる戦闘中の死亡に関するテレビ会議を経由して行われる。この会議は、部隊監察医組織（AFMES）の、現地へのフィードバックの一環として行われているのだ。かつてフィードバックは分厚い公表論文として発表されていた。医学雑誌で論評され、公開されるのを待つ間に、多くの命が失われる可能性があった。状況は飛躍的に良くなっている。

システムは深い褐色の二棟のレンガ造りの建物で構成されている。葬儀場と死体安置所だ。葬儀場は、美しい庭がある方の建物だ。だからといって死体安置所が、陰気で憂鬱な場所というわけではない。実際のところ、そんな雰囲気の建物ではないのだ（そこに辿りつくまでの道のりにあった、酒屋、格安ホテル、鶏肉料理のチェーン店、ファミリーレストラン、保護観察所、マクドナルド、ウェンディーズ、依存症治療センター、ケータリングショップ、巨大なネズミの広告を出している試験サービスの建物を見れば、その建物が陰気でないのは明らかだ）。庭の小道は二つの建物に繋がっているけれど、片方の建物からもう一方の建物に入るドアを開けるには、ＩＤバッジが必要になる。家族のメンバーが建物の内部で迷って解剖室に辿りつくことは避けたいからだ。

あるいは、今朝の場合は会議室だ。第七回戦闘中の死に関する会議がちょうどはじまるところなのだ。テレビ電話でつながれた八十人が参加者である。三十人ぐらいが、ここ部隊監察医組織にいて、同じぐらいの人数がアフガニスタンとイラクから繋がり、数人がテキサス州サンアントニオにある陸軍外科学研究所から繋がっていた。彼らは音声でのみで交流する。ビデオ用のスクリーンもあったが、それは話をしている人物を映すのではなく、話題となる軍人たちを映すためのものだった。

スクリーンに映る遺体の写真はすべて仰向けである。両目と性器には黒い線が引かれている。三枚目の写真の両足にも黒い線を引いておいてほしかった。二本の足は、奇妙に横に、同じ方向を向いて、明らかに間違った様子で折れ曲がっていた。それはまるでエジプトの壁画に描かれているような、あるいはメイドがぎちぎちにベッドメイクしたふとんに入れた足のように見えた。アフガニスタンから話に加わっている男性が病院でのケアの前のシナリオについて語っていた。「彼が病院に到着した時はCPR（心肺機能蘇生）が行われていました。治療はJETT（結合部緊急治療ツール）止血帯、血漿、エピネフリンの投与二回によるものでした。医療機関への搬送時、心肺停止状態でした。CPRが行われました。どうぞ」。どうぞとは、もちろん無線通信の最後で言う言葉で、軍人のクセであり、私が最初に聞いた時に感じたような、軍隊の大げさな言葉遣いには聞こえなかった。

　解剖を行った監察医が、その概要を発表しはじめた。「……広範囲にわたる頭部の損傷、頭蓋骨の骨折。脳幹の裂傷。大量出血。複数の顔面損傷。上肢の広範囲の損傷。両方の頚骨と腓骨骨折。上顎、下顎骨の骨折」。血液はすべてきれいに拭われていたので、私が耳にしたものごとは視覚的には表れていない。見えているものもある。**遺体の男性の口髭がめくれあがっているのだ。**付け髭のノリが剝がれて、役者の顔からめくれ、ぶら下がる、昔のドタバタ喜劇を彷彿とさせるものだ。ドタバタ喜劇で見てもたいして面白くなかったが、今の状況では、まったく面白いと感じることはできない。

　神経質な編集者のように、監察医ははっきりとした口調でフィードバックを読み上げはじめた。「輪状甲状靱帯切開（クライク）は的確に、完璧に行われていました」。クライクとはクリコサイロトミーの短縮形で、輪状甲状膜に緊急の気道を開けることだ。監察医は続けた。「JETTの設置について」。JETTは、大腿部の動脈を足の関節と胴体部分で圧迫する新しいタイプの止血帯だ。「JETTは搬送時に動かされた可能性があります」。これは、本来装着する場所に装着されていなかったと、遠回しに、丁寧に表現したものだった。こういった会議では、ものごとを表現するときには細心の注意が払われている。監察医は治療を施した人たちを責めたり、批判したりしたくはないのだ。治療に当たった人たちを呼ぶときは、名前や等級を言わずに、「機器の使用者」と呼ぶのである。

軍の外科研究施設で働く人物には、付け加えることがあったようだ。「新入りの間違いなんです」と彼は話しはじめた。「JETTの装着が体の基部に近すぎるんですよ。大腿動脈は、この機器が装着された場所より、もう少し末端（遠いところに）に装着することで簡単に圧迫できますから」。そして彼は話を戻した。「しかし、搬送中に機器が動いてしまった可能性も考えられるでしょう」とした。それでも付け加えずにはいられなかったようだ。「ただし、搬送中に動いたことはなかったと思われます。使用方法を伝達します。ありがとうございました」

次のケースに関しては、見ていてつらくはならなかった。むしろとても楽だった。死んだ人の体格の良さを称賛してしまうなんていうシチュエーションはあるべきではない。世界が神の思し召し通りであるのならば、死体は古びて見えるだろうし、弱々しいだろうし、くたびれているはずである。ちらりと見ただけで、その死体にはわずかな命も残っていないことがわかるものだ。「胸骨IOが正しく装着されていることがわかると思います」と監察医は言っていた。IOとは「骨髄を通して」（intraosseous）の省略形である。これは静脈注射（IV）（intravenous）のいとこと言ってもいい装置である。IOとは血管ではなく、骨髄を経由して輸血する方法なのだ。大量の血液を失った場合、血管壁が伸縮性を失うため、見つけにくくなり、針を刺すことができなくなる。これは膨らませたばかりの風船と、パーティーの後に一週間ほど放置され、壁の隅に追いやられた風船の違いである。骨は（ほとんどの場合は血液を多く生み出す胸骨だ）、小さなドリルかエアガンで穴を開ける。電気が供給されていないときは、手でそれらの機器に力を加えて穴を開ける。

数日前、この男性の素晴らしい胸筋は彼の死の加担者でもあったかもしれない。AFMESが現場に伝えたフィードバックはこのようなものだった。ウェイトリフターであった軍人、あるいは海兵隊員の胸筋は、多くの場合、大変厚く、肺の虚脱（例えば肺に銃弾が当たって穴が開き、空気が外側に漏れ出しているという場合）のため、空気圧を下げようと針を刺しても筋肉を貫き通すには短い場合があるのだ。これは、男性患者のおよそ半数で起きていたケースだった。現場にフィードバックされた内容から、胸板の厚い軍人には長い針が使用されている。

最後のケースは背後から撃たれた女性だった。監察医は読み上げる。「貫通した二箇所の弾丸による負傷で、心臓を貫き、右肺に達しています……。胸骨IOは正しい位置にあります。脛骨IOの位置も正しいです」。それ以外は特に言及はなかった。それ以外、できることがなかったのだ。女性兵士は下着を身につけたままだった。それは薄い黄色の（※1）、無地のものだった。この映像は、私の心をかき乱した。命を失った人が身につけているもの。疑うことを知らない、無邪気さ。二枚目のスライドでは、遺体はうつぶせになっていた。下着の裏側が、ピンク色に見えることに私は気づいた。その理由を理解するのにしばらくかかった。黄色と血液が混ざり合えば、ピンク色になる。

死体解剖室は、夏の匂いがする。排気システムが外部からの空気を入れているのだと、今日、案内してくれているAFMESの広報担当官ポール・ストーンが説明してくれた。「ちょうど芝生を刈ったばかりなんですよ」と彼は言った。部屋は二十二体を一度に検死するのに十分な広さがある。ストーンは、チヌークヘリコプターがアフガニスタンで撃ち落とされ、三十八人と軍用犬一匹が命を落とした事故の発生した週に、ここにいたのだそうだ。その時は、ジェット燃料と焼けただれた皮膚の匂いがとても強く、ドライクリーニングからは二倍の料金を請求されたという。『一体、何を**やってたんだ**よ?』って言われちゃって」。ストーンは以前、国防長官事務所のスポークスマンだったそうだ。彼を慌てさせるのは難しい。彼にウラジーミル・プーチンに似てるって言われない? と質問してみた時も、眉ひとつ動かさなかった。

イラク戦争のピーク時、毎週、二十体から三十体の死体がこの部屋を通り過ぎていった。この場所では、二〇〇四年以降、約六千回の検死が行われた。アメリカ合衆国のために軍務につき、そ

※1　女性兵士には男性兵士と違い、下着を買うためのクーポンが配布される。**ラジオの充電ができるように、**太陽電池パネルを埋め込んだ制服の導入を検討中の軍だが、女性兵士用のブラを用意しようとはしないのだ。「そういう買い物を妻と一緒にしたことがあります」と、軍のスポークスマンは「ブルームバーグ・ビジネス」誌で語った。「ちょっと恥ずかしいですからね」

して命を落としたすべての人間が（そして犬も）検死される。しかし、以前はそうではなかった。二〇〇一年より前の時代は、死の目撃者がいない場合、あるいは死の原因になったものがはっきりしない場合にのみ検死が行われていた。ストーンは殺人が疑われる場合を例に出して、そして黙ってしまった。「とはいえ、厳密にはすべて殺人なのですが」と続けた。殺人（homocide）とは、ラテン語の人間（homo）と、殺すという行為（-cidium）から作られた言葉だ。彼は、故意の殺人（murder）、罪に問うことができる殺人のことを言っていた。

六千件の殺人が、彼らの人生の盛りに行われた。この仕事はその六千人に何をしてあげられるの？　と疑問を投げかけてみた。この質問には、うんざりしていることだろう。「我々は医者で、彼らは患者です」と、返ってきたのは平凡な答えだった。彼の言う医者の仕事は、大変だろうと私は思った。医学を志すほとんどの人が、患者の健康を取り戻し、痛みを緩和させ、命を延ばすことができますようにと、希望と目標を抱くだろう。命を**救う**ことだ。現場へのフィードバックがあるからこそ、この監察医たちは命を救うことができる。しかし、その救う命は彼らが毎日交流する人たちのものではないのだ。

ストーンは、死亡した男性と女性がＣＴスキャンを受ける、Ｈ・Ｔ・ハーク放射線学室に私を連れて行ってくれた。全身ＣＴスキャンは多くの放射線を浴びるが、死体はそれを心配する必要はない。弾道とか、弾が入った角度のような特定のものは、ＣＴスキャンの明瞭なグレースケールの画像のほうが、血液や肉などが見える検死よりもわかりやすいのだ。ハーク大佐本人が、放射線病理学の基礎を見せてくれた。研究室の名前は彼の名前からつけられていた。私はてっきりその分野の先駆者を讃えるために名前はつけられるものだと思っていた。「名前をつけてもらおうと思ったら、死ぬか二百万ドル寄付するかですね。どちらかはご想像にお任せします」と、私がそれについて話すと彼は言った。

ハークは匿名の人体の局所解剖図を、マウスを使ってスクロールして見せてくれた。頭皮からブーツの踵に移動すると、簡易爆発物の欠片が輝く星のように広がっている様子が見えた。筋肉、血液、骨（※2）が灰色に映るのに対して、金属は明るく白く表示される。そのコントラストははっきりしていて、様々なことを物語る。ものすごい速度の金属の前では、最も強靱な肉体を持つ者さえも、潰されてしまう。脆弱性を表現する言葉は、監察医の使う専門用語でさえ、はっきりとそれとわかる。例えば、**やわらかな組織**とか、**卵の殻のような頭蓋骨**などがそうである。

ストーンの事務所に戻る際に、統計学が専門のピート・セギンを訪ねた。彼のデスクの上には写真の束があり、戦闘に関する死亡会議で紹介されたケースを印刷した紙が置いてあった。「本物に

※2　通常、犠牲者の骨だが、時折、自爆テロ犯の骨が混ざっている場合もある。ストーンによると、自爆テロ犯の骨が原因で死亡したという、文書化されたケースはないそうだ（監察医たちは「有機榴散弾」という言葉は使わない。それは『墜ちてゆく男』の著者、ドン・デリーロの頭の中で生まれたものだ）。

は見えませんよ」と、彼は死体について話した。「まるで人形みたいです」。彼がどこで人形を買うのか私にはわからなかった。私はストーンをちらりと見た。

「彼が言ったのは磁器の人形のことですよ」とストーンは言った。「真っ白い肌のことです」とセギンは青ざめた色、つまり、遺体の血液貯留について説明してくれた。ポンプが停止すれば、重力が勝つ。死体は仰向けに搬送されるため、まるで芸者のように真っ白になって検死に運び込まれる。血液は、顔、肺、両足の上側から下の方向に流れてしまうのだ。

「でも彼らをそこで見ると……」と、死体解剖室のことを指して言った。「こればかりは、まったく違う経験なんです。悲しすぎて」。彼の声はほとんど消え入りそうだった。「みんな、若者ですよね。私たちの子どもの年齢ですよ。どうしたって考えてしまう。この死は価値があったのかってね」

死体解剖室には、車輪のついたアルミニウムの脚立で作った台がある。私は天井を修理でもしているのかと思っていた。「いや、これは全体像を撮るためですよ」とストーンは教えてくれた。検死解剖撮影者は、体全体をフレームに収めるために、高いところに上る必要があるのだ。戦争って、こういうことなのだろうと私は思う。千個の明かりだと彼らは言う。下がって、すべてを見てはじめて、その価値を理解し、一点の消滅の正当性を証明できるのだ。今、この時点では、その全体像を描くのは困難だ。そんなに高い脚立など、私には想像もできないから。

訳者あとがき

本書の翻訳作業に入る前に、著者のメアリー・ローチについて調べようと思い立った。もちろん、彼女の名前はそれ以前にも聞いたことはあったけれど、その人となりを詳しく知っておきたいと思ったのだ。調べはじめてすぐに、彼女がTED（価値ある情報の拡散を目的とした、様々な分野のエキスパートや著名人によるスピーチフォーラム）で行った『あなたの知らないオーガズムに関する10の事実』のスピーチ動画に行きついた。実はこの時点で、彼女のこのプレゼンテーションはすでに視聴したことがあった。ああ、この人だったのか！　と、俄然うれしくなった。なぜなら、抜群に面白いプレゼンテーションだったからだ。彼女は最初から最後まで、聴衆を大いに笑わせ、楽しませた。そして彼女自身も、いたずらっぽい笑顔を見せながら、クスクスと笑い続けていた。プレゼンテーションの最後、聴衆の大喝采を受けながら舞台から去っていく時も、彼女の「ムフフフ、ウフフフ」という楽しそうな笑い声を、マイクが拾い続けていた。そして一度だけ振り返った彼女は、聴衆に向かってうれしそうに手を振った。

本書は、著者メアリー・ローチがアメリカの最新軍事サイエンス、なかでもとりわけ人びとの注目を集めることのない特定の分野に絞って、綿密に調査を行い、その内容をまとめたものである。彼女が、その強い好奇心を武器に潜入したのは、軍事車両のテストを行うアバディーン性能試験場、負傷兵の治療を行うウォルター・リード陸軍病院、軍人の健康管理に関する研究を行う軍人保健科学大学など、さまざまである。彼女はこういった軍事サイエンスの最先端を担う施設に赴き、あっけらかんと遠慮のない質問をして専門家を当惑させつつ、それまで誰も知ることのなかった、無名の人びとが確立した驚くべき技術を明らかにしていく。

軍人保健科学大学では熱中症のメカニズムを解明するための施設「クックボックス」に直腸プローブ（柔軟性のある直腸に挿入するタイプの体温計）をつけて入り、重い荷物を背負いながら実験に参加した。軍人が高温多湿の戦地で進軍する際の、発汗状況のモニタリングをするためだ。また、慢性的な睡眠不足に悩む海軍の調査では、原子力潜水艦テネシーに乗り込み、軍人に混じって果敢に演習の取材を行った。戦争を経験したことのない自分は、どうしたって部外者であるという思いを抱きつつも果敢に潜入を続け、時には目を背けたくなるような現実さえも直視する姿は、ただ単に愉快なものごとを追い求めるのではなく、その裏にある技術にも、そして科学者、医療従事者たちにも光を当てたいという強い意志が現れているように思える。

著者は本書冒頭で、これらの技術は、殺すのではなく、生かし続ける分野だと書いた。敵対する相手ではなく、自分自身や仲間を守るための、静かなる深淵のバトルであるとした。たとえ、結局は他の人間の命を奪うために生かし続ける技術だとしても、その技術自体が日の目を見ないことに著者は不満を抱く。なぜなら、傷ついた帰還兵たちにはその先、長い人生が待ち受けており、そんな彼らを支える多種多様な最先端技術は、それが性器移植であれ、ウジ虫治療であれ、すべて賞賛に値するものなのだから。

著者は、くすりと笑ってしまうような技術の裏側には、ほとんどの場合、多くの人間の献身的な行いと努力が隠れていることも明らかにしている。車両爆破実験に献体するドナーの行為を著者は、入隊することなく、国に尽くす方法だと書く。そして実際の爆破実験でドナーの体が動く様を、優雅で美しく、暴力的な要素は見つけられないと表現する。著者は、本当の勇気とは何かと繰り返し問いかけている。

最先端技術に人生を賭ける人たちの白衣の後ろ姿を見つめながら、クスッと笑って小さく手を振る著者の姿が見えるようだ。そんな姿を想像すると、こちらまでなんだか楽しくなってくる。同時に、どこかで彼女がこちらをこっそり見ていて、そんな私の姿にウフフと笑っているのではないかと錯覚してしまう。本書を読み、著者のユニークな視点を通じて、さまざまな先端技術に触れていただければ幸いだ。文中に何度も挟まれる彼女の愉快な独り言も、是非堪能してほしい。若くして命を落とした兵士たちへの思いや、軍人たちとの交流の様子には、著者の女性らしい視点と優しさも垣間見える。おもしろいけれど、少しだけ悲しい。そんな著者の筆致は、なんだかクセになる。

二〇一七年八月

村井理子

参考文献

イントロダクション

- Beason, Robert C. "What Can Birds Hear?" *USDA National Wildlife Research Center—Staff Publications, Paper* 78, 2004.
- Lethbridge, David. "'The Blood Fights on in Other Veins': Norman Bethune and the Transfusion of Cadaver Blood in the Spanish Civil War." *Canadian Bulletin of Medical History* 29, no. 1 (2012): 69–81.
- Speelman, R. J. III, M. E. Kelley, R. E. McCarty, and J. J. Short. "Aircraft Birdstrikes: Preventing and Tolerating." IBSC-24/WP31. Wright-Patterson Air Force Base, OH: Air Force Research Laboratory,1998.

第1章　第二の皮膚

- "DOD Should Improve Development of Camouflage Uniforms and Enhance Collaboration Among the Services." Report to Congressional Requesters. Washington, DC: US Government Accountability Office, 2012.

- Oesterling, Fred. "Thermal Radiation Protection Afforded Test Animals by Fabric Ensembles." Operation Upshot-Knothole Project 8.5: Report to the Test Director. WT-770. Quartermaster Research and Development Laboratories, 1955.
- Phalen, James M. "An Experiment with Orange-Red Underwear." *Philippine Journal of Science* 5, no. 6 (1910): 525–46.
- White, Bob. "How Your Meat Helps Your Men." *Breeder's Gazette*, July–August 1943, 20–21.

第二章　ブーム・ボックス

- Balazs, George C., et al. "High Seas to High Explosives: The Evolution of Calcaneus Fracture Management in the Military." *Military Medicine* 179, no. 11 (2014): 1228–35.
- Warrior Injury Assessment Manikin (WIAMan) Project Boot Fitting Procedures, version 1.2. Warrior Injury Assessment Project Management Office: November 10, 2015. Distribution Statement, W0060.

第三章　耳の戦い

- Berger, Elliott H. "History and Development of the E-A-R Foam Earplug." *Canadian Hearing Report* 5, no. 1 (2010): 28–34.
- Bradley, J. Peter. "An Exploratory Study on Sniper Well-Being." Defence R&D Canada–Toronto, Contractors Report. DRDC Toronto CR 2009-196. 2010.
- McIlwain, D. Scott, Kathy Gates, and Donald Ciliax. "Heritage of Army Audiology and the Road Ahead: The

Army Hearing Program." *American Journal of Public Health* 98, no. 12 (2008):2167–72.
- Sheffield, Benjamin, et al. "The Relationship Between Hearing Acuity and Operational Performance in Dismounted Combat." *Proceedings of the Human Factors and Ergonomics Society Annual Meeting* 59 (1): 1346–1350.

第四章　ベルトの下の世界

- Dismounted Complex Injury Task Force. "Report of the Army: Dismounted Complex Blast Injury." June 18, 2011.
- Ellis, Kathryn, and Caitlin Dennison. *Sex and Intimacy for Wounded Veterans: A Guide to Embracing Change*. The Sager Group, 2014.

第五章　ヘンな話かもしれないが

- Dubernard, Jean-Michel. "Penile Transplantation?" *European Urology* 50 (2006): 664–65.
- Hu, Weilie, et al. "A Preliminary Report of Penile Transplantation: Part 2." *European Urology* 50 (2006): 1115–16.
- Reed, C. S. "The Codpiece: Social Fashion or Medical Need?" *Internal Medicine Journal* 34 (2004): 684–86.

第六章　炎の大虐殺

- Arora, Sonal, et al. "The Impact of Stress on Surgical Performance: A Systematic Review of the Literature."

Surgery 147, no. 3 (2009): 318–30.
- Landis, Carney, William A. Hunt, and Hans Strauss. *The Startle Pattern*. New York: Farrar & Rinehart, Inc., 1939.
- Love, Ricardo M. *Psychological Resilience: Preparing Our Soldiers for War*. Carlisle Barracks, PA: US Army War College, 2011.
- Webb, Brandon. "A Kit Up Inside Look at 'Goat Lab.'" February 21, 2012. http://kitup.military.com/2012/02/goat-lab-an-inside-look .html.

第七章　汗をかく銃弾

- Adolph, E. F. *Physiology of Man in the Desert*. New York: Interscience Publishers, 1947.
- Carter, Robert III, et al. "Epidemiology of Hospitalizations and Deaths from Heat Illness in Soldiers." *Medicine and Science in Sports and Exercise* 37, no. 8 (2005): 1338–44.
- Heat Injuries, Active Component, U.S. Armed Forces. *Medical Surveillance Monthly Report* 19, no. 3 (2011): 14–16.
- Kuno, Yas. Human *Perspiration*. Springfield, IL: Charles C. Thomas, 1956.
- Tucker, Patrick. "The Very Real Future of Iron Man Suits in the Navy." Defense One, January 12, 2015. www.defenseone.com/technology/2015/01/very-real-future-iron-man-suits-navy.102630.
- Update: Exertional Rhabdomyolysis, Active Component, US Armed Forces, 2011. *Medical Surveillance Monthly Report* 19, no. 3 (2012): 17–19.

第八章　漏らすSEALs

- Barbeito, Manuel S., Charles T. Mathews, and Larry A. Taylor. "Microbiological Laboratory Hazard of Bearded Men." Technical Manuscript 379. Frederick, MD: Department of the Army, 1967.
- Connor, Patrick, et al. "Diarrhoea During Military Deployment: Current Concepts and Future Directions." *Journal of Infectious Diseases* 25, no. 5 (2012): 546–54.
- Dandoy, Suzanne. "The Diarrhea of Travelers: Incidence in Foreign Students in the United States." *California Medicine* 104, no. 6 (1966): 458–62.
- Lim, Matthew L., et al. "History of US Military Contributions to the Study of Diarrheal Diseases." *Military Medicine* 170, no. 4 (2005): 30–38.
- Porter, Chad K., Nadia Thura, and Mark S. Riddle. "Quantifying the Incidence and Burden of Postinfectious Enteric Sequelae." *Military Medicine* 178, no. 4 (2013): 452–59.
- Sanders, John W., et al. "Impact of Illness and Non-Combat Injury During Operations Iraqi Freedom and Enduring Freedom." *American Journal of Tropical Medicine and Hygiene* 73, no. 4 (2005): 713–19.
- Vaughan, Victor. "Conclusions Reached After a Study of Typhoid Fever Among the American Soldiers in 1898." *Journal of the American Medical Association* 34 (June 9, 1900): 1451–59.

第九章　ウジ虫の逆説

- Baer, William S. "The Treatment of Chronic Osteomyelitis with the Maggot (Larva of the Blow Fly)." *Journal of Bone and Joint Surgery* 13, no. 3 (1931): 438–75.

- Fennell, Jonathan. *Combat and Morale in the North African Campaign: The Eighth Army and the Path to El Alamein.* Cambridge, UK: Cambridge University Press, 2014.
- *Filth Flies: Significance, Surveillance and Control in Contingency Operations*. Armed Forces Pest Management Board Technical Guide No. 30. Washington, DC: Armed Forces Pest Management Board Information Services Division, 2011.
- Heitkamp, Rae A., George W. Peck, and Benjamin C. Kirkup. "Maggot Debridement Therapy in Modern Army Medicine: Perceptions and Prevalence." *Military Medicine* 177, no. 11 (2012): 1411–15.
- Kenney, Michael. "Experimental Intestinal Myiasis in Man." *Proceedings of the Society for Experimental Biology and Medicine* 60 (November 1945): 235–37.
- Lenhard, Raymond. William Stevenson Baer: *A Monograph.* Baltimore: Schneidereith & Sons, 1973.
- Lovell, Stanley. *Of Spies and Stratagems*. Englewood Cliffs, NJ: Prentice-Hall, 1963.
- Miller, Gary L., and Peter H. Adler. "' ...Drenched in Dirt and Drowned in Abominations ... ': Insects and the Civil War." In *Proceedings of the DOD Symposium on Evolution of Military Medical Entomology*, November 16, 2008.
- Sharpe, D. S. "An Unusual Case of Intestinal Myiasis." *British Medical Journal,* January 11, 1947, 54.
- Sherman, R. A., M. J. R. Hall, and S. Thomas. "Medicinal Maggots: An Ancient Remedy for Some Contemporary Afflictions." *Annual Review of Entomology* 45 (2000): 55–81.

第十章　殺しはしないが、やたらとくさい

- Washington Services Branch Records. Record Group 226: Records of the Office of Strategic Services. 1919–2002.

第十一章　古い仲間

- Baldridge, David H., Jr. "Analytic Indication of the Impracticability of Incapacitating an Attacking Shark by Exposure to Waterborne Drugs." *Military Medicine* 134 (November 1969): 1450–53.
- ———. "Shark Attack: A Program of Data Reduction and Analysis." Published as a monograph entitled *Contributions from the Mote Marine Laboratory*, Volume 1, Number 2, 1974.
- Baldridge, David H., Jr., and L. J. Reber. "Reaction of Sharks to a Mammal in Distress." *Military Medicine* 131, no. 5 (May 1966): 440–46.
- Castro, Jose I. "Historical Knowledge of Sharks: Ancient Science, Earliest American Encounters, and American Science, Fisheries, and Utilization." *Marine Fisheries Review* 75, no. 4 (2013): 12–25.
- Cushing, Bruce S. "Responses of Polar Bears to Human Menstrual Odors." *International Conference on Bear Research and Management* 5 (1980): 270–74.
- Golden, Frank, and Michael Tipton. *Essentials of Sea Survival. Champaign*, IL: Human Kinetics, 2002.
- Llano, George A. "Open-Ocean Shark Attacks." Chapter in *Sharks and Survival*, edited by Perry Gilbert. Boston: D. C. Heath, 1963.
- Rogers, Lynn, Gregory A. Walker, and Sally S. Scott. "Reactions of Black Bears to Human Menstrual Odors." *Journal of Wildlife Management* 55, no. 4 (1991): 632–34.
- Tester, Albert. "The Role of Olfaction in Shark Predation." *Pacific Science* 27 (April 1963): 145–70.

第十二章　沈む

- "Loss of the USS Tang." In *Medical Study of the Experiences of Submariners as Recorded in 1,471 Submarine Patrol Reports in World War II*, edited by Ivan F. Duff. Washington, DC: US Navy Bureau of Medicine and Surgery, 1960.
- Giersten, J. C., et al. "An Explosive Decompression Accident." *American Journal of Forensic Medicine and Pathology* 9, no. 2 (1988): 94–101.
- Karam, Andrew. *Rig Ship for Ultra Quiet: Living and Working on a Nuclear Submarine at the End of the Cold War.* Hartwell, Australia: Temple House, 2002.
- Maas, Peter. *The Rescuer*. Alternate title for The Terrible Hours. New York: Harper & Row, 1967.（ピーター・マース『海底からの生還　史上最大の潜水艦救出作戦』江畑謙介訳、光文社文庫、二〇〇五年）

第十三章　海の底で目を覚ます

- Dement, W. C. "Remembering Nathaniel Kleitman." *Archives Italiennes de Biologie* 139 (2001): 11–17.
- Friedl, Karl E. "Medical Technology Repurposed to Enhance Human Performance." In Overview of the HFM-Symposium Programme, October 5, 2009. RTO-MP-HFM-181.
- Mackowiak, Philip A., Frederic T. Billings III, and Steven S. Wasserman. "Sleepless Vigilance: 'Stonewall' Jackson and the Duty Hours Controversy." *American Journal of the Medical Sciences* 343, no. 2 (2012): 146–49.
- Miller, Nita Lewis, Lawrence G. Shattuck, and Panagiotis Matsangas. "Sleep and Fatigue Issues in Continuous Operations: A Survey of U.S. Army Officers." *Behavioral Sleep Medicine* 9 (2011): 53–65.
- Rattenborg, N.C., S. L. Lima, and C. J. Amlaner. "Facultative Control of Avian Unihemispheric Sleep Under the Risk of Predation." *Behavioral Brain Research* 105, no. 2 (November 15, 1999): 163–72.

- "Special Crew Rest Edition." CSL-CSP Force Operational Notes Newsletter. N.d. http://my.nps.edu/documents/105475179/105675443/FON+Newsletter+Sleep+Edition+-+Final.pdf/66e0b291-3708-428b-844d-e633d6c50527.
- Smith, Roger S., Christian Guilleminault, and Bradley Efron. "Circadian Rhythms and Enhanced Athletic Performance in the National Football League." *Sleep* 20, no. 5 (1997): 362–65.

第十四章　死人からのフィードバック

- Eastridge, Brian J., et al. "Death on the Battlefield (2001–2011): Implications for the Future of Combat Casualty Care." *Journal of Trauma and Acute Care Surgery* 73, no. 6 (December 2012): Supplement 5, S431–S437.

著者｜メアリー・ローチ *Mary Roach*

1959年生まれ、カリフォルニア州オークランド在住。

「アウトサイド」誌、「ワイアード」誌、「ナショナル・ジオグラフィック」誌、「ニューヨーク・タイムズ」紙など多数寄稿。

代表作は『死体はみんな生きている』、『セックスと科学のイケない関係』、『わたしを宇宙に連れてって 無重力生活への挑戦』（いずれもNHK出版）など。

訳者｜村井理子 *Murai Riko*

1970年静岡県生まれ。翻訳家。訳書に『ヘンテコピープルUSA』（中央公論新社）、『ローラ・ブッシュ自伝 脚光の舞台裏』（中央公論新社）、『ゼロからトースターを作ってみた結果』（新潮社）、『ダメ女たちの人生を変えた奇跡の料理教室』（きこ書房）、『7日間で完結! 赤ちゃんとママのための「朝までぐっすり睡眠プラン」』（大和書房）など。
著書に『ブッシュ妄言録』（二見書房）、『村井さんちのぎゅうぎゅう焼き』（KADOKAWA）。
Twitter:@Riko_Murai
ブログ:https://rikomurai.com/

兵士を救え！ ㊙軍事研究

2017年10月17日　第1版第1刷発行

著者　メアリー・ローチ
訳者　村井理子

発行者　株式会社亜紀書房
郵便番号101-0051
東京都千代田区神田神保町1-32
電話(03)5280-0261
振替00100-9-144037
http://www.akishobo.com

装丁・レイアウト　坂川栄治＋鳴田小夜子（坂川事務所）
DTP　コトモモ社
印刷・製本　株式会社トライ
http://www.try-sky.com

Printed in Japan

意識はいつ生まれるのか
――脳の謎に挑む統合情報理論

ジュリオ・トノーニ＆
マルチェッロ・マッスィミーニ著
花本知子訳

ヒトはどこまで進化するのか

エドワード・O・ウィルソン著
小林由香利訳

愛しのオクトパス
――海の賢者が誘う意識と生命の神秘の世界

サイ・モンゴメリー著
小林由香利訳